边学边用边实践

西门子S7-200系列 PLC 变频器 触摸屏 综合应用

陶 飞 / 编著

中国电力出版社
CHINA ELECTRIC POWER PRESS

内 容 提 要

本书从工程应用的角度出发，主要以西门子 S7-200 系列 PLC 为载体，以 KTP1000 系列 HMI 为触摸屏对象，以西门子 G120 系列变频器为目标，按照基础、实践和工程应用的结构体系，精选了 PLC、HMI 和变频器的 36 个应用案例，使用目前流行的 S7-200 系列 PLC 编程软件 Micro/WIN 软件和博途 TIA V13 控制平台，对工业控制系统中的四类典型应用，即模拟量输入（AI）、模拟量输出（AO）、数字量输入（DI）和数字量输出（DO）的程序设计方法进行了详细的讲解，由浅入深、循序渐进地介绍了 PLC、HMI 和变频器在不同应用案例中的材料选型、电路原理图设计、梯形图设计、变频器参数设置和调试方法。通过学习本书的应用案例，读者可以快速掌握 PLC 在实际工作中的程序编制、HMI 的项目创建和应用、驱动电动机带动不同负载运行时变频器的参数设置，这些案例还可以稍作修改后直接移植到工程中使用。

本书深入浅出、图文并茂，具有实用性强、理论与实践相结合等特点。书中每个案例提供了具体的设计任务和详细的操作步骤，注重解决工程实际问题。本书可以供计算机控制系统研发的工程技术人员参考使用，也可以供各类自动化、计算机应用、机电一体化等专业的师生使用。

图书在版编目（CIP）数据

西门子 S7-200 系列 PLC、变频器、触摸屏综合应用/陶飞编著. —北京：中国电力出版社，2016.10
（边学边用边实践）
ISBN 978-7-5123-9666-1

Ⅰ.①西… Ⅱ.①陶… Ⅲ.①PLC 技术②变频器③触摸屏
Ⅳ.①TM571.61②TN773③TP334

中国版本图书馆 CIP 数据核字（2016）第 192791 号

中国电力出版社出版、发行
（北京市东城区北京站西街 19 号 100005 http://www.cepp.sgcc.com.cn）
三河市航远印刷有限公司印刷
各地新华书店经售

*

2016 年 10 月第一版 2016 年 10 月北京第一次印刷
787 毫米×1092 毫米 16 开本 22 印张 543 千字
印数 0001—2000 册 定价 **55.00** 元

　　可编程序控制器 PLC、触摸屏和变频器是电气自动化工程系统中的主要控制设备，本书主要以西门子 S7-200 系列 PLC 为载体，以西门子 KTP1000 系列 HMI 为触摸屏对象，以西门子 G120 系列变频器为目标，编写了应用入门、应用初级、应用中级和应用高级四个等级的 36 个工程案例，每个案例都有实例说明、相关知识点和创作步骤的详细说明。本书具有深入浅出、图文并茂，实用性强、理论与实践相结合等特点。

　　可编程序控制器 PLC 部分以西门子 PLC 编程软件 Micro/WIN 为核心，演示了西门子 S7-200 系列 PLC 的项目创建、硬件组态、符号表制作、数字量和模拟量模块的接线以及模块的参数设置等，在相关知识点中对 PLC 中的数据类型和 I/O 寻址进行了充分的说明和介绍，对 Micro/WIN 中比较重要的定时器和计数器指令均有应用案例。在本书应用中级和应用高级部分中，笔者对实际工程项目中常常用到的 PLC 控制电动机的正反转运行、PLC 控制直流调速器的运行、控制卷取设备的张力、控制冶金设备中的位置测量，从电气设计、项目组态和程序编制等角度入手，尽可能使用不同的指令来完成案例中的工艺要求，将在实际的工程中真实要用到的设备，包括按钮、开关、指示灯、接触器、继电器、空气开关、保险、热继电器、光电传感器、编码器、限位开关、电磁阀、报警器、变频器、位移传感器、液位计、张力传感器等常用的电气设备结合到案例当中，使读者能够迅速掌握 PLC 的项目创建和程序编制。

　　触摸屏 HMI 部分以博途 TIA V13 控制平台为核心，演示了西门子 KTP1000 系列 HMI 的项目创建、组态、画面制作、网络通信和通信参数设置，在相关知识点中对人机界面产品 HMI 的硬件和博途 TIA V13 控制平台给予充分的说明和介绍，对 HMI 项目中比较重要的画面创建、按钮、指示灯和库都单独进行了应用举例。在应用中级和应用高级部分，笔者对实际工程项目中常常用到的报警系统、配方应用、趋势图、HMI 上 I/O 域和 HMI、PLC 和变频器 G120 的综合应用都以案例的形式加强了说明，使读者能够迅速掌握 TIA V13 控制平台的操作与应用，使用户能够非常容易地与标准的用户程序进行结合，利用 HMI 的显示屏显示，通过输入单元（如触摸屏、键盘、鼠标等）写入工作参数或输入操作命令，实现人与机器的信息交互，从而使用户建立的人机界面能够精确地满足生产的实际要求。

　　西门子 G120 系列是新一代西门子通用型变频器，采用的是控制单元和功率模块分离的设计结构，功率最大到 250kW，今后将会逐步取代 MM4 系列。本书对 G120 系列变频器的参数设置进行了详细介绍，包括西门子 G120 系列变频器的停车方式、直流制动、复合制动及动能制动，G120 变频器的主电路回路设计、面板操作、调试、正反转运行控制和 G120 的 PROFINET 通信。在"变频器 G120 的同速控制和检修与维护"案例中，首先介绍了 G120 多种同速控制的电气设计电路，还说明了变频器的检修方法和日常维护细则。在应用中级和应用高级部分，通过 G120 在自动喷漆设备上的应用详细讲解了 BiCo 功能，并在恒压供水的

PID 系统案例中介绍了 G120 的参数设置。本书意在让读者了解相关知识点中变频器的各种基本功能之后，再与笔者一起在案例创建步骤中结合功能参数的设置要点，以及端口电路的配接和不同功能在生产实践中的应用，来掌握变频器的频率设定功能、运行控制功能、电动机方式控制功能、PID 功能、通信功能和保护及显示等功能。这样，就能够使读者尽快熟练地掌握变频器的使用方法和技巧，从而避免了大部分故障的出现，让变频器应用系统运行得更加稳定。

本书中的每个案例提供了具体的设计任务和详细的操作步骤，注重解决工程实际问题，按照本书的应用案例，读者可以快速掌握西门子 S7-200 系列 PLC 在实际工作中的程序编制、HMI 的项目创建和应用、驱动电动机带动不同负载运行的变频器 G120 的参数设置，这些案例在用户今后的项目中只作相应的简单修改后便可以直接应用于工程，这样可以减少项目设计和开发的工作量。

在本书编写过程中，王峰峰、戚业兰、陈友、王伟、张振英、于桂芝、王根生、马威、张越、葛晓海、袁静、董玲玲、何俊龙、张晓琳、樊占锁、龙爱梅提供了许多重要资料，张振英和于桂芝参加了本书文稿的整理和校对工作，在此一并表示感谢。

由于作者水平和时间有限，书中难免会有疏漏之处，希望广大读者批评指正。

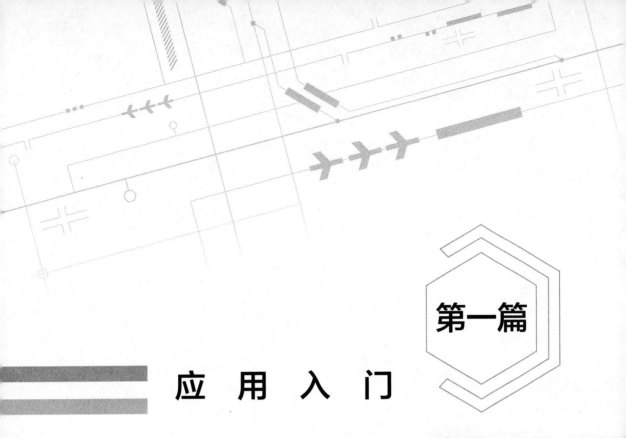

第一篇

应 用 入 门

案例 1　西门子 S7-200 系列 PLC 项目创建与保存

一、案例说明

西门子 S7-200 系列 PLC 是模块化的一体式 PLC，可以进行扩展，使用 STEP7-Micro/WIN 编程软件进行项目的创建、硬件组态、程序编制和通信的设置。

本案例使用 STEP7-Micro/WIN 编程软件创建了西门子 S7-200 系列 PLC 的新项目，并对项目进行保存和另存。在实际创建项目前，还详细介绍了 STEP7-Micro/WIN 编程软件的编程界面、程序结构与程序编辑器。

二、相关知识点

1. STEP7-Micro/WIN 编程软件的界面

STEP7-Micro/WIN 编程软件的界面包括标题栏、菜单栏、工具栏、状态条、浏览条、指令树、工作窗口和输出窗口，用于项目文件的管理、对象的编辑和插入、程序的下载、监控、诊断、视图、窗口排列、在线帮助等。STEP7-Micro/WIN 编程软件的界面如图 1-1 所示。

图 1-1　STEP7-Micro/WIN 的编程软件界面

标题栏包含窗口标题和控制窗口的按钮，菜单栏包含当前窗口的所有菜单，工具栏包含最常用的任务图标，这些图标带有浮动标注，状态条显示当前状态和附加信息。

2. STEP7-Micro/WIN 编程软件的工具栏图标

为了使操作更方便更快捷，STEP7-Micro/WIN 编程软件已经将常用菜单命令的快捷按钮放置到工具栏中，读者只要使用鼠标左键单击就可以快速进行所选功能的操作，同时，读者还可以显示或者隐藏任意工具栏。工具栏的图标详解如图 1-2 所示。

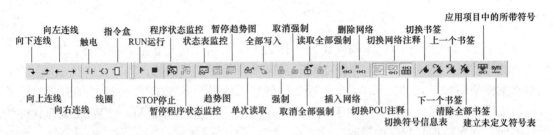

图 1-2　工具栏的图标详解

3. 定制 Micro/WIN 的工具栏

首先选择主菜单【工具】→【自定义】命令。在弹出的【自定义】对话框中，单击【命令】选项卡，勾选【显示工具提示】的复选框后，将鼠标指针停留在工具按钮的图标上时，按钮会自动显示工具提示信息。勾选【显示扁平按钮】复选框后，工具的按钮图标将会显示平面外观而不是三维外观，具体操作如图 1-3 所示。

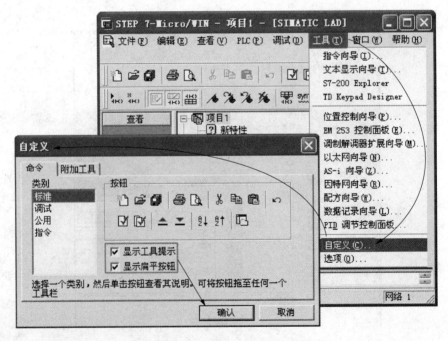

图 1-3　定制工具栏图示

三、　创作步骤

1. 西门子 S7-200 系列 PLC 的编程软件的安装

第一步　**安装 Micro/WIN 对硬件的要求**

安装 Micro/WIN 编程软件的计算机必须是 IBM 486 以上的兼容机，内存在 8MB 以上，VGA 显示器，至少有 50MB 以上的硬盘空间，Windows 支持的鼠标。

通信电缆为 PC/PPI 电缆或使用一个通信处理器卡，将计算机与 PLC 连接起来。

第二步　**安装 Micro/WIN 对软件的要求**

Micro/WIN 可以安装的操作系统，包括 Windows 95、Windows 98、Windows ME 和 Windows 2000。Micro/WIN 编程软件的使用环境是支持 Windows 的应用软件的。

第三步　**安装界面**

双击 STEP 7-Micro/WIN 编程软件的安装程序 setup.exe，运行安装软件的图标是 ，安装程序将会一步一步地引导读者进行安装。

值得注意的是：安装编程软件 STEP7-Micro/WIN 前，必须将 360、杀毒和实时防火墙等软件关闭。然后双击 STEP 7 安装软件开始安装，如图 1-4 所示。

图 1-4　开始安装界面

第四步　**安装语言选择**

安装时可以通过图 1-5 所示的下拉按钮，选择安装程序的语言，进入安装程序时选择英语作为安装过程中的使用语言，如图 1-5 所示。

第五步　**安装协议**

在安装协议页面，读者只需单击【Yes】按钮即可，如图 1-6 所示。

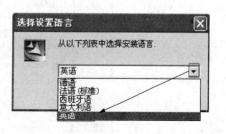

图 1-5　语言选择图示

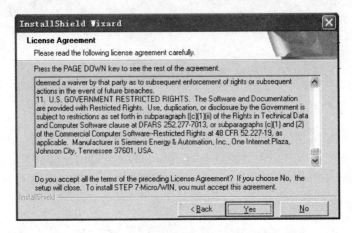

图 1-6 安装协议窗口图示

第六步 安装过程

安装的进程可以通过小窗口进行查看，如图 1-7 所示。

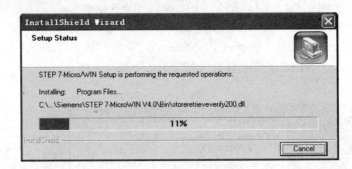

图 1-7 安装过程图示

安装过程中，安装软件会询问是否安装 VC＋＋2005 的补丁 SP1，此时单击【Yes】按钮确认即可，如图 1-8 所示。

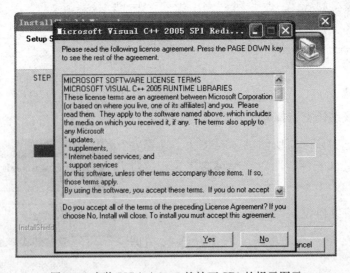

图 1-8 安装 VC＋＋2005 的补丁 SP1 的提示图示

第七步 驱动安装

安装过程中，还会安装 SIMATIC Device 的驱动，如图 1-9 所示。

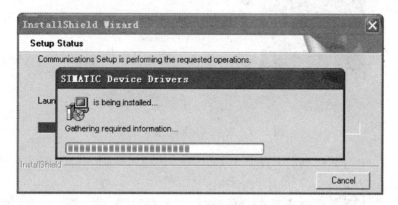

图 1-9 安装 SIMATIC Device 的驱动图示

另外，在安装过程中，会提示读者设置 PG/PC 接口，这个接口是 PG/PC 和 PLC 之间进行通信连接的接口。安装完成后，通过 SIMATIC 程序组或控制面板中的【Set PG/PC Interface】选项随时更改 PG/PC 接口的设置，读者在安装过程中也可以通过按钮【Cancle】来忽略这步操作，如图 1-10 所示。

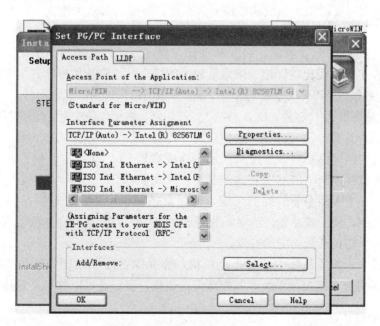

图 1-10 设置 PG/PC 接口页面

第八步 安装完成

单击【Finish】按钮即可，如图 1-11 所示。安装成功后，需要重新启动计算机才能使安装的 Micro/WIN 编程软件生效。

图 1-11　安装成功后的提示页面

安装完成后，在计算机桌面上有个 Micro/WIN 快捷图标。运行时，双击这个快捷图标就可以快速地进入 Micro/WIN 编程软件。

完成安装后，用菜单命令【工具】→【选项】打开【选项】对话框，在【一般】选项卡中选择语言为中文，使编程环境为中文状态即可。

2. PLC 的选型与系统配置

第一步　机型的选择

一般选择机型时要以满足系统功能需要为宗旨，不要盲目贪大求全，以免造成投资和设备资源的浪费。

由于模块式 PLC 的配置灵活，装配和维修方便，因此，从长远角度来看，提倡选择模块化的 PLC。在工艺过程比较固定、维修量较小的场合，建议选用整体式结构的 PLC。

对于开关量控制以及以开关量控制为主、带有少量模拟量控制的工程项目，一般其控制速度无需考虑，因此选带 A/D 转换、D/A 转换、加减运算、数据传送功能的低档机就能满足要求。

对于含有 PID 运算、闭环控制、通信联网等控制比较复杂，控制功能要求比较高的工程项目，可以根据控制规模及复杂程度来选用中档或高档 PLC 来组建系统。其中，高档 PLC 主要用于大规模过程控制、PLC 分布式控制系统以及整个工厂的自动化等系统中。

另外，对于一个大型企业的控制系统，应尽量做到机型统一。这样，同一机型的 PLC 模块可以互为备用，便于备品备件的采购和管理。统一的功能及编程方法也有利于技术力量的培训、技术水平的提高和功能的开发。

在工程项目中，如果系统中配置了上位机，那么读者还可以把各独立控制系统的多台 PLC 联成一个多级分布式控制系统，其外部设备通用，资源还可以共享，这样便于相互通信和集中管理。

第二步　确定 I/O 点数

确定项目中 PLC 系统的 I/O 点数，实际上就是确定 PLC 的控制规模。根据控制系统的要求确定所需要的 I/O 点数时，应考虑到以后工艺和设备的改动和 I/O 点的损坏和故障等，一般应增加 $10\% \sim 20\%$ 的备用量，以便随时增加控制功能。同时，应考虑 PLC 提供的内部继电器和寄存器的数量，以便节省 I/O 资源。对于一个控制对象来说，由于采用的控制方法不同，因此 I/O 点数也会有所不同。

第三步 确定 I/O 模块的类型

西门子的 I/O 模块有开关量输入/输出类型、模拟量输入/输出类型，还有特殊功能的输入/输出模块，如定位、高速计数输入、脉冲捕捉功能等。

另外，不同的负载对 PLC 的输出方式也有相应的要求，如频繁通断的感性负载，应选择晶体管或晶闸管输出型模块，而不应选用继电器输出型模块。

继电器输出型模块的导通压降小，有隔离作用，价格相对便宜，承受瞬时过电压和过电流的能力较强，其负载电压比较灵活，负载电压有交流也有直流，并且电压等级范围也相对较大，所以动作不频繁的交、直流负载可以选择继电器输出型模块。

第四步 智能式 I/O 模块

西门子智能式的 I/O 模块有高速计数器、凸轮模拟器、单回路或多回路的 PID 调节器、RS232C/RS422 接口模块等。一般智能式 I/O 模块本身带有处理器，可以对输入或输出信号作预先规定的处理，并将处理结果送入 CPU 或直接输出，这样可以提高 PLC 的处理速度并节省存储器的容量。

第五步 存储器类型及容量选择

PLC 系统所用的存储器基本上由 PROM、EEPROM 及 RAM 三种类型组成，存储容量则随机器的大小变化。一般小型机的最大存储能力低于 6KB，中型机的最大存储能力可达 64KB，大型机的最大存储能力可上兆字节，使用时可以根据程序及数据的存储需要来选用合适的机型，必要时也可以专门进行存储器的扩充设计。

PLC 的存储器容量选择和计算有两种方法：一是根据编程使用的总点数精确计算存储器的实际使用容量；二是估算法，用户可以根据控制规模和应用目的进行估算，为了使用方便，一般应留有 25％～30％的余量。

获取存储容量的最佳方法是生成程序，即用了多少步，知道每条指令所用的步数，用户便可以确定准确的存储容量。

第六步 电源选择

在校验 PLC 所用电源的容量时，要注意 PLC 系统所需电源一定要在电源限定电流之内。如果满足不了这个条件，则此时解决的办法有三个：一是更换电源；二是调整 I/O 模块；三是更换 PLC 机型。如果电源干扰特别严重，则可以选择安装一个变比为 1∶1 的隔离变压器，以减小设备与地之间的干扰。

第七步 通信接口选择

如果 PLC 控制的系统需要接入工厂自动化网络，则 PLC 需要有通信联网功能，即要求 PLC 应具有连接其他 PLC、上位机及 CRT 等器件和设施的接口。大、中型机都有通信功能，目前大部分小型机也具有通信功能。

第八步 对 I/O 响应时间的选择

PLC 的 I/O 响应时间包括输入电路延迟、输出电路延迟和扫描工作方式引起的时间延迟

（一般在 2～3 个扫描周期）等。对于开关量控制的系统，PLC 的 I/O 响应时间一般都能满足实际工程的要求，读者可以不必考虑 I/O 的响应问题；但对于模拟量控制系统，特别是闭环控制系统，就需要考虑这个问题。

总的来说，PLC 选型时读者要考虑功能性和经济性，要结合工艺要求并综合考虑上述几项性能特点，选择最合适而不是最好或最贵的 PLC。

3. 新项目的创建

第一步 创建 Mirco/WIN 中的新项目（另一种方法）

首先启动 STEP7-Micro/WIN 编程软件，双击电脑桌面上的图标，在软件的主菜单上单击【文件】→【新建】选项后，系统会自动分配一个"项目 X"的文件名，X 是一个十进制常数表示的序号，项目创建如图 1-12 所示。

图 1-12 项目创建

第二步 创建新项目的第二种方法

单击 STEP7-Micro/WIN 编程软件的 Windows 图标 ，系统会自动生成一个项目，名称为"项目 X"，X 是一个十进制常数表示的序号，然后，按照第一种方法创建新项目的方法中所述的那样，对新项目命名并存储即可。

新项目创建完成后，在主窗口将显示出新建的项目文件主程序区。主程序的默认名称为MAIN，在 S7-200 的编程系统中，任何项目文件的主程序只有一个。

第三步 项目另保存

对于新建项目文件，单击菜单【文件】→【另存为】，或单击工具栏上的【另存为】按钮，如图 1-13 所示，来更改编程软件自动创建的"项目 1"的项目名称，项目存放在扩展名为".mwp"的文件中。

图 1-13 【另存为】按钮的位置

在弹出的【另存为】对话框中，先输入项目的名称"水箱自动控制"，然后单击【保存】按钮，如图 1-14 所示。

第四步 项目保存

新项目保存时，用户可以使用鼠标左键单击【文件】→【保存】选项，在随后弹出的【另存为】对话框中的【文件名】输入栏中，输入新项目的名称，这里输入的是"电动机启动项目"，然后单击【保存】按钮后，大家会看到，STEP7-Micro/WIN 编程软件的状态栏发生了

图 1-14　输入项目名称并保存的图示

改变。新建和保存项目的流程如图 1-15 所示。

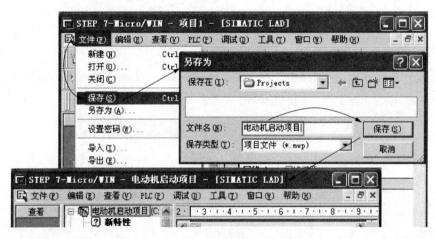

图 1-15　新项目保存的过程图示

在 STEP7-Micro/WIN 编程软件中，对项目进行了部分的编辑工作后，也可以对项目进行保存，以便后续调用或日后继续进行项目的编辑。在图 1-15 所示的 STEP7-Micro/WIN 编程软件中，读者可以看到没有保存过的项目在标题栏中的标示，STEP7-Micro/WIN 编程软件会为每个项目自动分配一个项目号，此处是"项目 1"，保存后软件的标题栏被改写为"电动机启动项目"了。

● ──第五步　配置项目的 CPU 的型号

右击项目图标，在弹出的对话框中单击【类型】选项，或用菜单命令【PLC】→【类型】来选择 PLC 的型号，红色标记"×"表示对选择的 PLC 无效，这里为项目"电动机启动项目"选配的 CPU 是"CPU226"，版本号是"02.01"，选配完成后可以看到，在"电动机启动项目"下的 CPU 变成了"CPU 226 REL 02.01"，操作如图 1-16 所示。

● ──第六步　在存储卡中存储应用程序

首先检查存储卡是否已经安装完毕，然后将 S7-200 CPU 置于停止模式，即将模式开关置位到 STOP 位置，如果程序尚未下载到 S7-200 CPU 中，那么要先下载程序，然后使用菜单命令【PLC】→【存储卡编程】向存储卡中复制程序，在【存储卡编程】窗口中，读者可

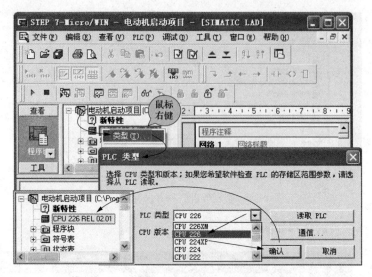

图1-16　项目中的CPU的配置流程图示

以在【选项】下勾选【程序块】【数据块】【系统块】【配方】和【数据记录配置】这五个选项，用来确定复制到存储卡里的内容，复制的流程如图1-17所示。

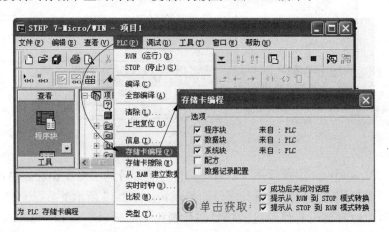

图1-17　复制到存储卡的流程图示

第七步　从存储卡中恢复程序

为了把存储卡中的程序传送到S7-200 CPU当中，必须先插入存储卡，然后给CPU上电。

此时，如果存储卡中的内容与EEPROM中不同，则S7-200会清除RAM区。S7-200会将存储卡中的内容复制到RAM中。

另外，在CPU通电时，如果存储卡是空白的，或者存储的是不同类型CPU的程序，编译时将产生错误。高型号的CPU可以读出用低型号CPU写入的存储卡数据，反之则不行。例如，用CPU221或者CPU222写入的存储卡数据可以用CPU224读出来的，但CPU224写入的存储卡数据却不能够用CPU221或者CPU222读出来。

如果S7-200从存储卡中复制了程序块，则永久存储器中的程序块就会被替换掉。

　　如果从存储卡中复制的是数据块，则永久存储器中的数据块会被替换掉，而 V 存储器会清空，然后写入数据块的内容。

　　如果从存储卡中复制的是系统块，则永久存储器中的系统块和强制值会被替换掉，并且所有的保持存储器都会清空。

第八步　数据保持和恢复的过程

　　开机后，S7-200 从 EEPROM 中恢复程序块和系统块。同时，CPU 检查 RAM 存储器，确认超级电容器是否成功保存了 RAM 存储器中的数据。如果成功保存，则 RAM 存储器的保持区域将保持不变。这里需要说明的是：超级电容是可以在掉电后保护功能性数据达到 50～190h 的。

　　V 存储器中的保持区和非保持区是从 EEPROM 中的相应区域恢复回来的。如果 RAM 存储器的内容没有保持下来（如较长时间的断电），则 CPU 会清除 RAM 存储器（包括保持区和非保持区），并在上电后的第一个扫描周期置保持数据丢失标志位（SM0.2）为"1"，然后将 EEPROM 中的数据恢复到 RAM 当中。

　　另外，MB0～MB13 共 14 字节，是可以在掉电后永久保持（可选）的。

西门子 S7-200 系列 PLC 的用户程序和符号表的创建

一、案例说明

本案例在"相关知识点"中介绍了 S7-200 PLC 的用户程序结构和符号表，然后在案例中分两部分对程序和符号表的操作进行了详细说明。在第一部分中创建了项目中的主程序、子程序及中断程序，并介绍了如何在程序中插入位逻辑元件，如何串联和并联编程元件，如何复制和删除程序等常用操作。西门子 200 系列 PLC 中的符号表是公共数据库，在工程项目的程序编制中使用 STEP7-Micro/WIN 编程软件中【查看】菜单下的符号表，将梯形图中的直接地址进行编号，用具有实际意义的符号代替，使程序更加直观、易懂。

二、相关知识点

1. Micro/WIN 软件的程序结构

S7-200 PLC 的用户程序结构可分为两种，即线性程序结构和分块程序结构。

（1）线性程序结构。线性程序结构是指一个工程的全部控制任务被分成若干个小的程序段，这些小的程序段按照控制的顺序依次排放在主程序中。

（2）分块程序结构。分块程序结构是指一个工程的全部控制任务被分成多个任务模块，每个模块的控制任务由子程序或中断程序完成。

编程时，主程序和子程序（或中断程序）分开独立编写。在程序执行过程中，CPU 不断扫描主程序，碰到子程序调用指令就转移到相应的子程序中去执行，执行完毕后再返回主程序接着运行。

2. 直接寻址

S7-200 CPU 将信息存储在不同的存储单元，每个单元都有唯一的地址。S7-200 CPU 使用数据地址访问所有的数据，称为寻址。

S7-200 PLC 的寻址方式有直接寻址和间接寻址两种。

S7-200 PLC 将信息存储在存储器中，存储单元按字节进行寻址，无论所寻址的是何种数据类型，通常应该指出它所在存储区域内的字节地址。每个单元都有唯一的地址，这种直接指出元件名称的寻址方式称为直接寻址。

通俗地说，"直接寻址"就是直接指出存储器的区域、长度和位置。在实际的工程实践当中，取代继电器的数字量控制系统时一般只用直接寻址的方式。

S7-200 采用分区结合字节序号寻址，有位寻址、字节寻址、字寻址和双字寻址四种寻址形式。

（1）位寻址。按位寻址时的格式为：Ax.y，使用时必须指定元件名称、字节地址和位号。

位寻址是最小存储单元的寻址方式，位地址的取值范围是 0～7。

位寻址时采用的结构是：存储区关键字＋字节地址＋位地址。以 Q2.5 为例，位地址在程序中的表示方法如图 2-1 所示。

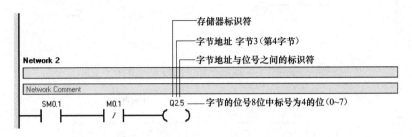

图 2-1　位地址在程序中的表示方法

Q2.5 在输出过程映像区的示意图如图 2-2 所示。

存储器区、字节地址（Q 代表输出，2 代表字节 2）和位地址（第 5 位）之间用"."隔开。

（2）字节寻址。字节寻址时，访问的是一个 8 位的位存储区域，字节地址的最低位的位地址是 □0.0，最高位的位地址是 □0.7。

寻址时采用的结构是：存储区关键字＋字节的关键字 B＋字节地址。以 VB200 为例，字节地址在程序中的表示方法如图 2-3 所示。

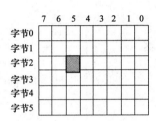

图 2-2　Q2.5 输出过程映像区示意图

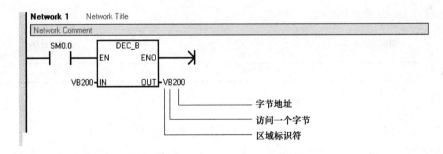

图 2-3　字节地址在程序中的表示方法

字节与位的对应关系，如图 2-4 所示。

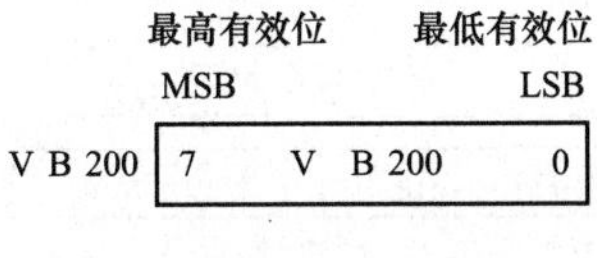

最高有效位		最低有效位
MSB		LSB
V B 200　7	V　B　200	0

图 2-4　字节与位的对应关系

（3）字寻址。字寻址访问的是一个 16 位的存储区域。

寻址时采用的结构是：存储区关键字＋字的关键字 W＋第一字节地址。以 VW200 为例，字地址在程序中的表示方法如图 2-5 所示。

字与位的对应关系如图 2-6 所示。

（4）双字寻址。双字寻址访问的是一个 32 位的存储区域，包含 4 字节。

寻址时采用的结构是：存储区关键字＋字的关键字 D＋第一字节地址。以 VD200 为例，双字地址在程序中的表示方法如图 2-7 所示。

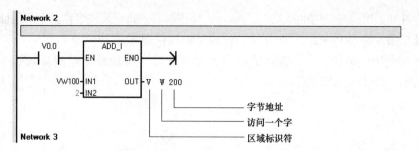

图2-5　字地址在程序中的表示方法

图2-6　字与位的对应关系

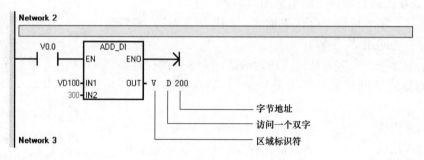

图2-7　双字地址在程序中的表示方法

双字与位的对应关系如图2-8所示。

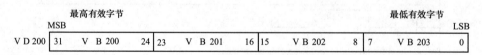

图2-8　双字与位的对应关系图

一字节（Byte）等于8位（Bit），字节与位的关系图如图2-9所示。

相邻的两字节（Byte）组成一个字（Word），用来表示一个无符号数，因此，字为16位。字与位的关系图如图2-10所示。

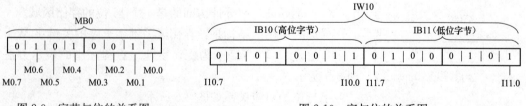

图2-9　字节与位的关系图　　　　　图2-10　字与位的关系图

相邻的4字节组成一个双字，下面以局部双字LD10为例说明双字与字节的关系，如图2-11所示。

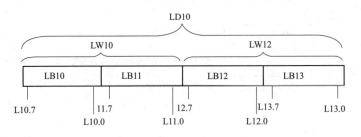

图 2-11　双字与字节的关系图

3. 间接寻址

间接寻址方式是将数据存放在存储器或寄存器中，它们分别用存储单元和地址寄存器来作地址指针，也就是说间接寻址使用指针来存取存储器中的数据。

通俗地说，"间接寻址"就是使用指针来存取存储器中的数据。

用间接寻址方式存取数据需要做的工作有建立指针、间接存取和修改指针三种。

（1）建立间接寻址的指针。S7-200 CPU 允许使用指针对 I、Q、V、M、S、T 和 C 这些存储区进行间接寻址，但不能对独立的位（Bit）或模拟量进行间接寻址。

使用间接寻址之前，应该先创建一个指向该位置的指针，指针为双字值，用来存放另一个存储器的地址，只能用 V、L 或累加器 AC1、AC2 和 AC3 作指针。为了生成指针，必须用双字传送指令（MOVD）将某个位置的地址移入另一位置或累加器中作为指针。指令的输入操作数开始处使用"&"符号，表示某一存储器位置的地址，而不是存储器里的值，指令的输出操作数是指针的地址。例如，MOVD　& VB200、AC1。

（2）用指针间接存取数据。用指针来存取数据时，操作数前加"*"号，表示该操作数为一个指针，图 2-12 所示的 * AC1 是一个指针，* AC1 是 MOVW 指令确定的一个字长的数据。此例中，存于 V200 和 V201 的数据被传送到累加器 AC0 的低 16 位。

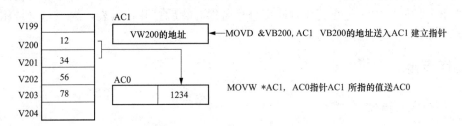

图 2-12　用指针间接存取数据的示意图

（3）修改指针。用户可以改变一个指针的值。由于指针为 32 位的值，所以需使用双字指令来修改指针值。简单的数学运算指令，如加法或自增指令可以用于修改指针值。请注意要调整存取的数据的长度。

1）当存取字节时，指针值最少加 1。

2）当存取一个字、定时器或计数器的当前值时，指针值最少加 2。

3）当存取双字时，指针值最少加 4。

改变指针的图示如图 2-13 所示。

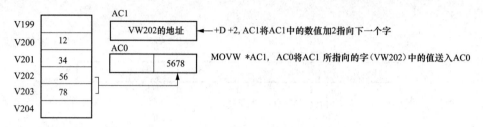

图 2-13 改变指针的图示

4. PLC 变量表格列的含义

PLC 变量表包含对于某个 PLC 有效的变量和常量的定义。系统会为项目中创建的每个 PLC 自动创建一个 PLC 变量表。

变量表中各表格列的含义见表 2-1。

表 2-1 变量表中各表格列的含义

表格列	说明
名称	为变量定义的且在整个 PLC 中唯一的名称
数据类型	为变量指定的数据类型
地址	变量地址
保持性	保持性变量的值将保留，即使在电源关闭后也是如此
监视值	PLC 中的当前数据值
注释	用于记录变量的注释

5. 变量表的两种使用方法

变量表就是符号表。第一种使用方法是在编程时使用直接地址（如 I1.0），然后打开符号表，编写与直接地址对应的符号（如与 I1.0 对应的符号为 E-stop），编译后由软件自动转换名称；第二种使用方法是在编程时使用符号名称，然后打开符号表，编写与符号相对应的直接地址，编译后得到相同的结果。

三、创作步骤

1. 程序的常用操作

第一步 打开主程序的操作

打开 Micro/WIN 编程软件，双击【浏览器】窗口中的【程序块】选项就打开了主程序。

第二步 添加子程序

一般数字量控制系统只有主程序（OB1），当系统规模较大、功能较为复杂时，除了主程序外，还有子程序、中断程序和数据块。S7-200 CPU 最多可以调用 64 个子程序（CPU226XM 可以调用 128 个子程序）。

子程序可以嵌套调用，即子程序中可以再调用子程序，一共可以嵌套 8 层。

在中断服务程序中不能嵌套调用子程序，被中断服务程序调用的子程序中不能再出现子程序调用。

子程序可以带参数调用，用户在子程序的局部变量表中设置参数的类型，子程序一共可以带 16 个参数（形式参数）调用。

在 STEP7-Micro/WIN 编程软件中，添加子程序的方法有三种。

（1）在指令树窗口中右击【程序块】选项，在弹出的对话框中单击【插入】→【子程序】选项来进行子程序的添加，如图 2-14 所示。

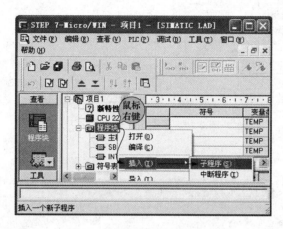

图 2-14 子程序的创建方法一

（2）使用菜单命令【编辑】→【插入】→【子程序】来完成子程序的添加，如图 2-15 所示。

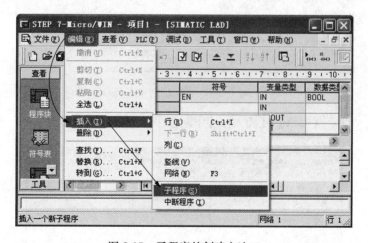

图 2-15 子程序的创建方法二

（3）在编辑窗口右击编辑区，在弹出的菜单中，选择【插入】→【子程序】命令来实现子程序的添加，如图 2-16 所示。

新生成的子程序或中断程序用户可以根据已有的数目自行更名，子程序的默认名称为 SBRn，中断程序的默认名称为 INTn。

第三步 添加中断程序

在 STEP7-Micro/WIN 编程软件中，添加中断程序的方法有以下三种。

（1）在指令树窗口中右击【程序块】选项，在弹出的对话框中单击【插入】→【中断程

图 2-16　子程序的创建方法三

序】选项即可，如图 2-17 所示。

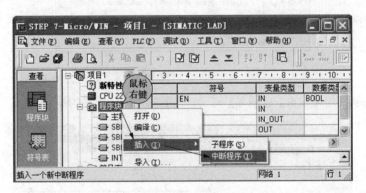

图 2-17　中断程序的创建方法一

（2）使用菜单命令【编辑】→【插入】→【中断程序】来完成子程序的添加，如图 2-18 所示。

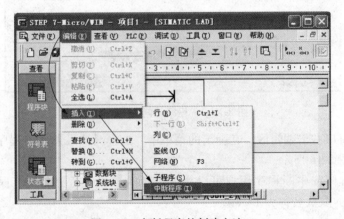

图 2-18　中断程序的创建方法二

（3）在编辑窗口右击编辑区，在弹出的菜单中，选择【插入】→【中断程序】命令来实现子程序的添加，如图 2-19 所示。

图 2-19 中断程序的创建方法三

新生成的子程序或中断程序用户可以根据已有的数目自行更名，子程序的默认名称为 SBRn，中断程序的默认名称为 INTn。

● 第四步 程序段的说明

使用梯形图编程时，LAD 程序被分为很多程序段。一个程序段是按照顺序安排的以一个完整电路的形式连接在一起的触点、线圈和程序盒，不能短路或者开路，也不能有能流倒流的现象存在。程序段 10 和程序段 11 如图 2-10 所示。

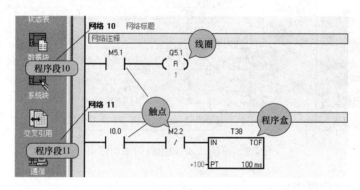

图 2-20 两个程序段的图示

STL 程序是不用分段的，但可以用关键词 NETWORK 将程序分段。

● 第五步 在程序中插入列

在程序中添加的列将出现在所选的程序元件前，添加前首先是选择程序元件，这里选择的程序元件是输入继电器 I0.0，使用鼠标左键单击 I0.0 后，单击主菜单上的【编辑】→【插入】→【列】选项即可，如图 2-21 所示。

● 第六步 添加网络注释

梯形图编辑器中的"网络 n"表示每个网络或梯级，同时又是标题栏，可以在此为每个网络或梯级加上标题或必要的注释说明，使程序更加清晰易懂。

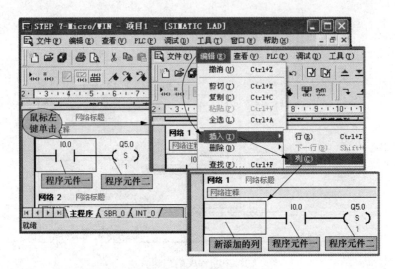

图 2-21　程序中插入列的图示

FBD 编程是使用程序段的概念对程序进行分段和注释。

双击"网络 n"区域，弹出对话框，可以在"网络标题"文本框中输入相关标题，在"网络注释"文本框中输入注释，如图 2-22 所示。

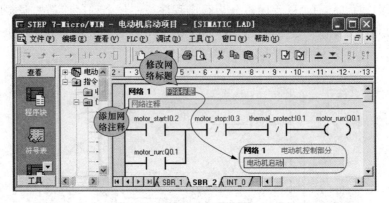

图 2-22　网络标题和注释的添加图示

第七步　添加位逻辑指令

编程时输入位逻辑指令可以单击编程路径，出现编程方框图示后，在 STEP7-Micro/WIN 编程软件的指令树中，单击【位逻辑】指令边上的图标田打开所有位逻辑指令，然后使用鼠标左键双击其中的一个指令。此时大家就可以看到，这个被选中的指令已经出现在程序当中了。操作的流程如图 2-23 所示。

程序中动合触点的图标为-||-，动合触点的激活取决于相关变量的信号状态。

如果变量的信号状态为"1"，则动合触点闭合。信号流从左侧电源线通过该动合触点流到右侧电源线，并且该指令输出的信号状态设置为"1"。

如果变量的信号状态为"0"，则动合触点不会被激活。到右侧电源线的信号流中断，并且该指令输出的信号状态复位为"0"。

动断触点-|/|-，它的作用与动合触点基本相同的，只是以相反的方式响应变量的信号

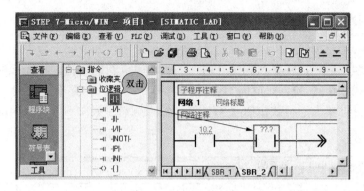

图 2-23　位逻辑指令的输入

状态。

● 第八步　**编程元件串联的操作**

编程元件串联时，输入和输出是无分叉的，从网络的开始依次输入编程元件，每输入一个元件，矩形光标自动移动到下一列，图示"——>"为一个梯级的开始，表示可以在此继续输入元件。红色问号"???"表示此处必须有操作数，单击新出现的元件上面的红色问号"???"后，可以设置该元件的地址。单击工具栏上带箭头的线段，可以在矩形光标处生成元件之间的连线，具体操作如图 2-24 所示。

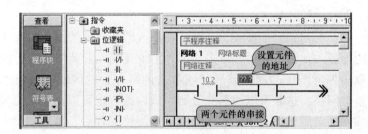

图 2-24　两个元件的串联和元件地址的设置图示

● 第九步　**插入编程元件**

如果想在任意位置添加一个编程元件，则只需要单击这一位置，将光标移到此处，然后输入编程元件即可，在编程元件 I0.2 和 I0.5 之间插入一个动断元件的操作流程如图 2-25 所示。

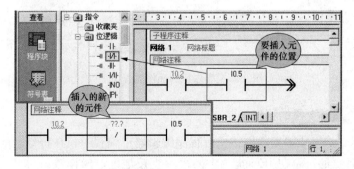

图 2-25　插入编程元件的流程图示

● **第十步** 并联编程元件

用工具栏上的指令按钮，可以编辑复杂结构的梯形图。如要向上合并一个触点，则可以单击此行下面的编程区域，在显示光标处输入触点，生成新的一行，将光标移到要合并的触点处，单击上行线按钮【↲】，完成向上合并。如果要在一行的某个元件向下分支，则可以将光标移到该元件，单击下行线按钮【↴】，然后输入触点完成向下合并，向上合并的操作如图 2-26 所示。

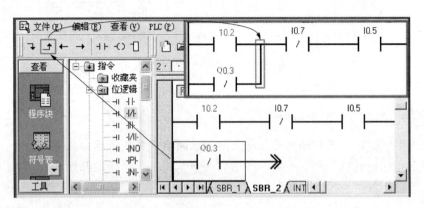

图 2-26　向上合并的操作图示

● **第十一步** 插入或删除程序

插入或删除一行、一列、一个梯级、一个子程序或中断程序的具体操作方法：使用鼠标右击要进行操作的位置，弹出子菜单，单击【插入】或【删除】菜单，然后进行编辑。

用户也可以双击梯形图中的网络编号，或单击网络左边的区域，该网络的背景即会变暗，表示选中了整个网络。这时可以用删除键删除该网络，也可以用剪贴板复制该网络，然后将它粘贴到别的网络。用光标选中梯形图中的某个编程元件后，可以删除它，或用剪贴板复制和粘贴它，删除一行的操作如图 2-27 所示。

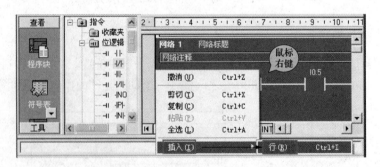

图 2-27　删除行的操作流程图示

● **第十二步** 局部变量的程序编制

读者使用 Micro/WIN 编程软件在所有程序编辑器中编程时，在符号名前加＃（＃Var1）表示该符号为局部变量，而在 IEC 指令中％表示直接地址，操作数符号"？.？"或"？？？？"表示需要一个操作数组态，如图 2-28 所示。

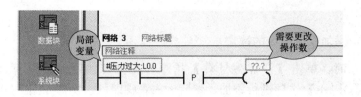

图 2-28　局部变量 L0.0 和未定义的操作数的图示

第十三步　添加线圈的操作

程序中"输出线圈"指令的图标为"—( )"，用户可以使用"输出线圈"运算置位指定变量的位。

如果线圈输入的信号状态为"1"，则变量位置位为"1"；如果线圈输入的信号状态为"0"，则变量位的信号状态也为"0"。

程序中"取反线圈"指令的图标为"—(/)"，"取反线圈"操作对信号状态取反并将相应的位分配给指定变量，如果线圈输入的信号状态为"1"，则相应位复位为"0"。如果线圈输入的信号状态为"0"，则变量位置位为"1"。

在 LAD 编辑器中，可以使用 F4、F6 和 F9 键来快速输入触点、盒和线圈指令。符号"➔"表示开路或者需要能流连接，符号"——"表示指令输出能流，可以级连或串联，符号"≫"表示可以使用能流。为能流添加线圈的流程如图 2-29 所示。

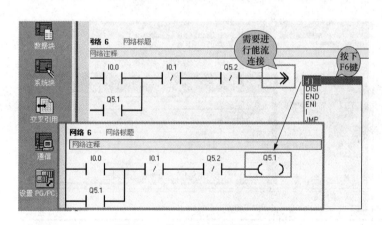

图 2-29　能流添加线圈的图示

EN（使能输入）是 LAD 和 FBD 中盒的布尔输入。要使盒指令执行，必须使能流到达这个输入。在 STL 中，指令没有 EN 输入，但是要想使 STL 指令执行，则堆栈顶部的逻辑值必须是"1"。

ENO（使能输出）是 LAD 和 FBD 中盒的布尔输出。如果盒的 EN 输入有能流并且指令正确执行，则 ENO 输出会将能流传递给下一元素。如果指令的执行出错，则能流在出错的盒指令处被中断。

在 STL 中没有使能输出，但是 STL 指令像相关的有 ENO 输出的 LAD 和 FBD 指令一样，置位一个特殊的 ENO 位。这个位可以用 AND ENO（AENO）指令进行访问，并且可以产生与盒的 ENO 位相同的作用。

第十四步 **添加乘除指令的操作**

添加乘除指令时，单击【浮点数计算】指令，在打开的浮点数计算命令当中，单击【MUL_R】或【DIV-R】选项进行添加，然后输入管脚即可，操作如图2-30所示。

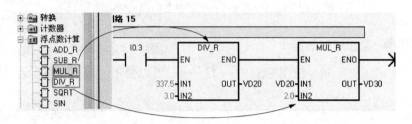

图2-30 乘除指令的应用图示

2. 符合表操作

第一步 **打开符号表**

打开符号表的快捷方式：在STEP7-Micro/WIN中的导引条中，双击【查看】窗口下符号表的图标▓后，在右侧的工作窗口中就会弹出符号表，如图2-31所示。

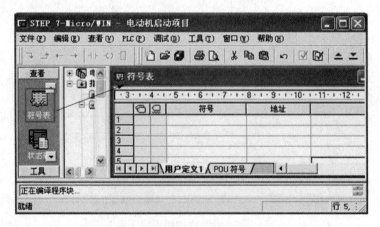

图2-31 符号表图示

第二步 **全局变量的创建**

在STEP7-Micro/WIN编程软件界面中，单击浏览条中的符号表，在软件右侧的工作窗口中，将打开一个空白的符号表，读者应该按照输入输出地址表来定义全局变量表。

在"符号"栏下写入与直接地址对应的符号（如与I0.2对应的符号为motor_start），在"注释"栏下写入这个地址的注释（如I0.2为电动机启动），在"地址"栏下输入硬件地址（如I0.2）。编译后由软件自动转换名称，或在编程时使用符号名称，如图2-32所示。

第三步 **局部变量的创建**

在使用STEP7-Micro/WIN的编程软件编制的程序中，每个程序组织单元（POU）都由

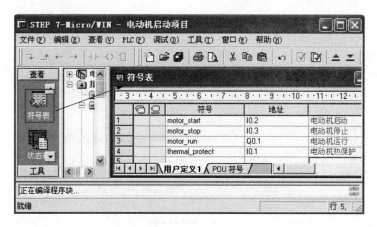

图 2-32　编辑符号

64KB（字节）L 存储器组成的局部变量表，用它们来定义有范围限制的变量，局部变量只有在它被创建的 POU 中有效，而全局变量在各 POU 中均有效，只能在符号表中进行定义。

设置全局变量时，将光标移到编辑器的程序编辑区的上边缘，向下拖动上边缘，将会自动显示出局部变量表，此时可以为子程序和中断程序设置局部变量。

语句表允许将若干个独立电路对应的语句放在一个网络中，但是这样的语句表不能转换为梯形图。输入语句表程序时，不能使用中文标点符号，必须使用英文标点符号。

局部变量表的设置需在程序编辑器的上方，读者要在"符号"栏里输入局部变量的符号名称，然后在"数据类型"栏下通过单击图标▼选择局部变量的类型，如图 2-33 所示。

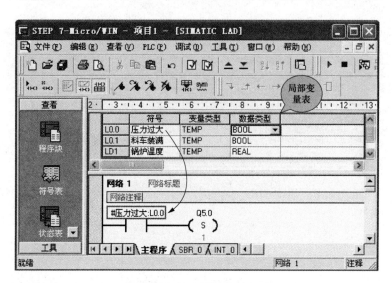

图 2-33　局部变量表

另外，局部变量可以用于子程序传递参数，它增强了子程序的可移植性和再利用性。

● ──■ 第四步 ■　符号表写入和插入行的方法

如果要在符号表中添加一个空行时，可以选择一行，使背景色变暗后，鼠标右击，在弹出的子选项中，单击【插入】→【行】选项来插入新行，具体操作如图 2-34 所示。

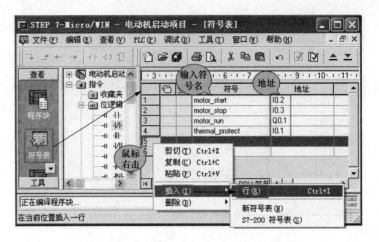

图 2-34 符号表写入和插入行的方法图示

符号表的地址也可以根据需要进行修改，如序列号为 1 的符号为 motor_start 的地址 I0.2 可以修改为 I0.0，符号为 motor_stop 的地址可以修改为 I0.1，电动机热保护 thermal_protect 的地址 I0.1 可以修改为 I0.2，这样它与硬件连接的地址就相一致了。

第五步 **打开活动窗口的符号表**

用户可以通过主菜单【窗口】下的子菜单来设置活动窗口的排列，如层叠窗口、横向平铺和纵向平铺，打开的活动窗口在子菜单的下方，如梯形图、状态表、数据块、交叉引用和符号表。将符号表设置为活动窗口的操作如图 2-35 所示。

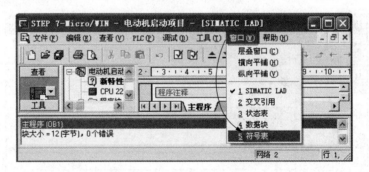

图 2-35 打开活动窗口的符号表

案例 3　S7-200 系列 PLC 模块的接线和模拟量的处理

一、案例说明

工程项目中，使用 PLC 进行模拟量的控制时，可以使用 A/D、D/A 单元，并可以用 PID 或模糊控制算法实现控制，这样可以得到很高的控制质量。

用 PLC 进行模拟量控制的好处是，在进行模拟量控制的同时，也可以同时进行开关量的控制。这个优点是其他控制器所不具备的，或其他控制器控制的实现不如 PLC 方便。当然，如果全部都是模拟量的系统，则使用 PLC 可能在性能价格上不如使用调节器。

西门子 S7-200 系列 PLC 有两种类型，即 DC/DC/DC 和 AC/DC/Relay。它们的供电电压分别为直流 20.4～28.8V 和交流 85～264V。

直流供电 CPU 集成的数字量输出为晶体管类型，交流供电 CPU 集成的数字量输出为继电器输出，集成数字量输入都为 24V 电压。

本案例给出了各种西门子 200 系列 PLC 数字量模块的接线和模拟量模块的应用案例。

二、相关知识点

1. 数字量扩展输入模块的接线

数字量模块分为直流输入模块和交流输入模块。

每一个输入点可接收一个来自用户设备的开关量信号（ON/OFF），如位置开关、按钮、选择开关、继电器触点等输入设备。

2. 数字量输出模块的接线

数字量输出模块分为直流输出模块、交流输出模块、交直流输出模块三种（晶体管、晶闸管、继电器输出方式）。

数字量输出模块的每一个输出点能控制一个用户的离散型（ON/OFF）负载。典型的负载包括继电器线圈、接触器线圈、电磁阀线圈和指示灯等。

每一个输出点与一个且仅与一个输出电路相连，输出电路把 CPU 运算处理的结果转换成能够驱动现场执行机构的各种大功率的开关信号。PLC 的输出端子是 PLC 向外部负载发出控制命令的窗口。

3. 模拟量模块的接线

模拟量模块有模拟量输入模块、模拟量输出模块、模拟量输入/输出模块。

模拟量模块在接线时，传感器接线的长度应该尽可能短，并使用屏蔽双绞线。在敷设线路时应使用电缆槽，避免将导线弯成锐角。还应该避免将信号线与电源线路平行接近去布置。另外，如果在系统中选配高质量的 24V DC 传感器电源，可以降低噪声并使系统稳定运行。

4. 模拟量模块在工程中的作用

模拟量在时间上、数值上都是连续变化的物理量，并且模拟量随时间的变化曲线是光滑而连续的，没有间断点。

在项目中往往要通过速度、压力、温度、流量、pH 值、粘度和物位等各种类型的传感器，来进行实际工程量的测量，这些测量用的传感器经变送器后将输出标准的电压、电流、温度或电阻信号供 PLC 采集，然后 PLC 的模拟量输入模块将该电压、电流、温度或电阻信号等模拟量转换成数字量，这些数字量信号在读者编制的 PLC 程序内部进行处理，处理过程首先是对应于传感器的量程转换成实际的物理值，再通过相应的信号进行比较和运算，而经程序运算后得到的结果要先转换成与实际工程量对应的整型数，后经模拟量输出模块转换成电压、电流信号去控制现场的执行机构，另外，在程序中实现量程转换是通过调用功能块来完成的。PLC 的系统处理外部物理量（如传感器等）的信号处理过程如图 3-1 所示。

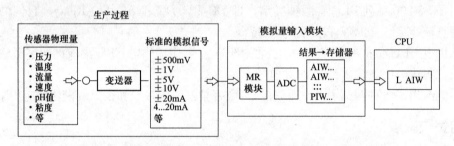

图 3-1　模拟量的物理量的 PLC 系统的信号处理过程图示

S7-200 系列 PLC 中的 EM231 系列模拟量输入模块、EM232 系列模拟量输出模块和 SM235 模块能够进行模拟量输入或输出的操作，处理的信号类型大致分为电压、电流、温度和电阻，变送器变换后的信号有 $\pm500mV$、$\pm1V$、$\pm5V$、$\pm10V$、$\pm20mA$、4～20mA 等，模拟信号的产生过程如图 3-2 所示。

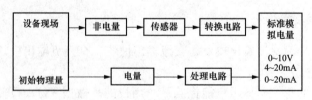

图 3-2　模拟信号的产生过程图示

三、 创作步骤

1. S7-200 的模块接线

第一步 **CPU 模块的接线**

（1）CPU 226 AC/DC/继电器模块的接线图。M、L＋两个端子提供 DC 24V 电源，它既可以为传感器提供电源，也可以作为输入端的检测电源使用。

CPU 226 AC/DC/继电器模块输入、输出单元的接线图，如图3-3所示。

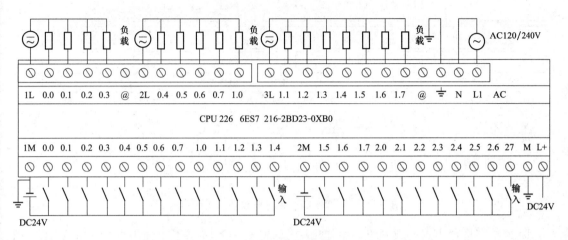

图 3-3 CPU 226 直流输入模块的接线示意图

其中各部分接线说明如下。

输出端子排的右端 N、L1 端子是 CPU 供电电源 AC 120/240V 输入端。该电源电压允许范围为 AC 85~264V。

24 个数字量输入点分成两组，第一组由输入端子 I0.0~I0.7、I1.0~I1.4 共 13 个输入点组成，每个外部输入的开关信号均由各输入端子接出，经一个直流电源终至公共端 1M。第二组由输入端子 I1.5~I1.7、I2.0~I2.7 共 11 个输入点组成，各输入端子的接线与第一组类似，公共端为 2M。

由于该模块是直流输入模块，所以采用直流电源作为检测各输入接点状态的电源（用户提供）。M、L+ 两个端子提供 DC 24V/400mA 传感器电源，它既可以为传感器提供电源，也可以作为输入端的检测电源使用。

16 个数字量输出点分成三组，由输出端子 Q0.0~Q0.3 共 4 个输出点与公共端 1L 组成第一组，第二组是由输出端子 Q0.4~Q0.7 和 Q1.0 共 5 个输出点与公共端 2L 组成的，第三组则是由输出端子 Q1.1~Q1.7 共 7 个输出点与公共端 3L 组成的。每个负载的一端与输出点相连，另一端经电源与公共端相连。

（2）CPU 224 DC/DC/DC 模块接线图。CPU 224 DC/DC/DC 模块连接的输入电源是直流 24V 电源，有 14 点的直流数字量输入和 10 点的直流数字量输出，输出类型是固态 MOS-FET 源型，额定电压是 DC24V，输入类型为源型/漏型，额定电压为 DC24V，最大持续允许电压为 DC30V。CPU 224 DC/DC/DC 模块的接线图如图 3-4 所示。

其中各部分接线说明如下。

输出端子排的右端 M、L+ 端子是 CPU 供电电源 DC24V 的输入端。该电源电压的允许范围为 DC 20.4~28.8V。

14 个数字量输入点分成两组。第一组由输入端子 I0.0~I0.7 共 8 个输入点组成，每个外部输入的开关信号均由各输入端子接出，经一个直流电源终至公共端 1M。第二组由输入端子 I1.0~I1.5 共 6 个输入点组成，各输入端子的接线与第一组类似，公共端为 2M。

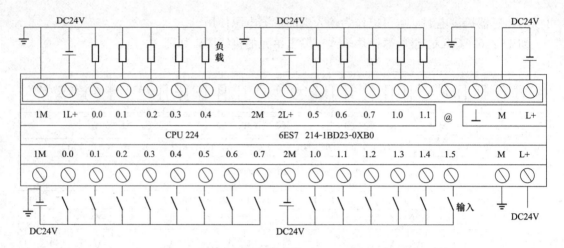

图 3-4 CPU 224 DC/DC/DC 模块的接线图示

10 个数字量输出点分成两组，由输出端子 Q0.0～Q0.4 共五个输出点与公共端 1L＋组成了第一组，第二组是由输出端子 Q0.5～Q0.7、Q1.0 共 5 个输出点与公共端 2L＋组成的，每个负载的一端与输出点相连，另一端经电源与公共端相连。

（3）CPU221 DC/DC/DC 模块接线图。CPU221 DC/DC/DC 模块的输入电源是 DC24V，有 6 点数字量输入和 4 点数字量输出。CPU221 的 DC 输入 DC 输出接线图如图 3-5 所示。

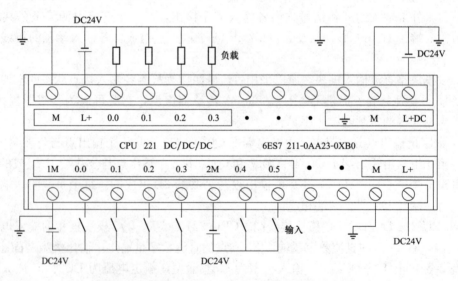

图 3-5 CPU221 的 DC 输入 DC 输出接线示意图

其中各部分接线说明如下。

输出端子排的右端 M、L＋端子是 CPU 供电电源 DC24V 的输入端。该电源电压的允许范围为 DC 20.4～28.8V。

6 个数字量输入点分成两组，第一组由输入端子 I0.0～I0.3 共 4 个输入点组成，每个外部输入的开关信号均由各输入端子接出，经一个直流电源终至公共端 1M。第二组由输入端子 I0.4～I0.5 共两个输入点组成，各输入端子的接线与第一组类似，公共端为 2M。

4 个数字量输出点由输出端子 Q0.0～Q0.3 与公共端 L＋组成，每个负载的一端与输出点相连，另一端经电源与公共端相连。

（4）CPU222 AC/DC/继电器模块接线图。CPU222 AC/DC/继电器模块的输入电源是交流 220V，有 8 点数字量输入和 6 点数字量输出。CPU222 AC/DC/继电器模块的接线如图 3-6 所示。

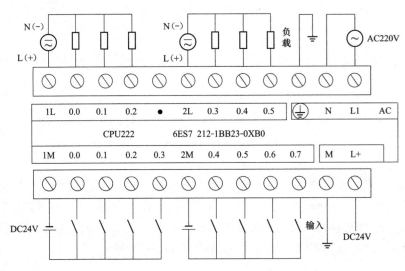

图 3-6 CPU222 AC/DC/继电器模块接线图

其中各部分接线说明如下。

输出端子排的右端 N、L1 端子是 CPU 供电电源 AC 120/240V 输入端。该电源电压的允许范围为 AC 85～264V。

8 个数字量输入点分成两组，第一组由输入端子 I0.0～I0.3 共 4 个输入点组成，每个外部输入的开关信号均由各输入端子接出，经一个直流电源终至公共端 1M。第二组由输入端子 I0.4～I0.7 共 4 个输入点组成，各输入端子的接线与第一组类似，公共端为 2M。

由于是直流输入模块，所以采用直流电源作为检测各输入接点状态的电源（用户提供）。M、L＋两个端子提供 DC 20.4～28.8 V 的传感器电源，它既可以为传感器提供电源，也可以作为输入端的检测电源使用。

6 个数字量输出点则分成两组，由输出端子 Q0.0～Q0.2 共 3 个输出点与公共端 1L 组成第一组，第二组是由输出端子 Q0.3～Q0.5，共 3 个输出点与公共端 2L 组成的。

● **第二步** **直流输入模块**

直流输入模块 EM 221 有 16 个数字量输入端子。在接线时，这 8 个数字量输入点是分成四组的。1M、2M、3M 和 4M 分别是四组输入点内部电路的公共端，每组都需要另外连接一个 DC24V 的电源，6ES7 221-1BH22-0XA0 接线示意图如图 3-7 所示。

现场开关的通/断状态，对应 S7-200 输入映像寄存器的 I/O 状态，即当现场开关闭合时，对应的输入映像寄存器为"1"状态；当现场开关断开时，对应的输入映像寄存器为"0"状态。当输入端的发光二极管点亮，即指示现场开关闭合。外部直流电源用于检测输入点的状态，其极性可以任意接入。

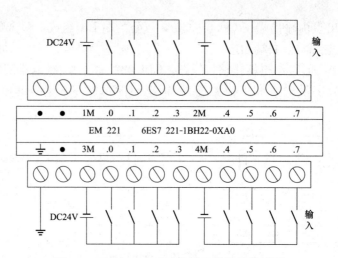

图 3-7　EM 221 16 点直流输入模块的接线图

●——　**第三步**　交流输入模块

　　交流输入模块有 8 个分隔式数字量输入端子，每个输入点都占用两个接线端子。它们各自使用一个独立的交流电源（由用户提供）。由于交流 I/O 都是分隔式的，所以这些交流电源可以不同相。6ES7 221-1EF22-0XA0 接线示意图如图 3-8 所示。

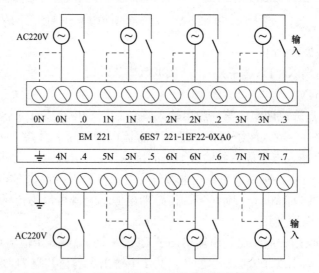

图 3-8　EM222 8 点交流输入模块的接线图

　　交流输入模块的输入电路中，当现场开关闭合后，交流电源经模块内部的电阻和电容然后经双向光电耦合器的发光二极管，使发光二极管发光，经光电耦合，光电三极管接收光信号，并将该信号送至 PLC 内部电路，供 CPU 处理。双向发光二极管指示输入状态。

●——　**第四步**　直流输出模块

　　EM222 直流输出模块 6ES7 222-1BF22-0XA0 有 8 个数字量电源是 DC24V 的输出点，在接线时，8 个数字量输出点是分成两组的。1L＋、2L＋分别是两组输出点内部电路的公共端，每组需用户提供一个 DC24V 的电流。6ES7 222-1BF22-0XA0 接线示意图如图 3-9 所示。

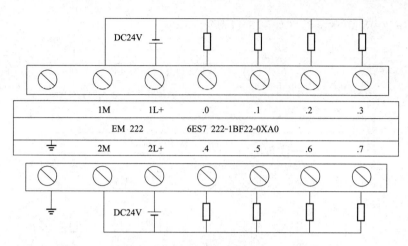

图 3-9 直流输出模块 EM222 8×24VDC 的接线示意图

当输出映像寄存器为"1"状态时，负载在外部电源激励下通电工作；而当输出映像寄存器为"0"状态时，外部负载断电，停止工作。

第五步 交流输出模块

EM222 交流输出模块 6ES7 222-1EF22-0AX0 有 8 个分隔式数字量电源是 AC 120/230V 的输出点，在接线时每个输出点占用两个接线端子，并且它们各自都由用户提供一个独立的交流电源，这些交流电源是可以不同相的。6ES7 222-1EF22-0AX0 的接线图如图 3-10 所示。

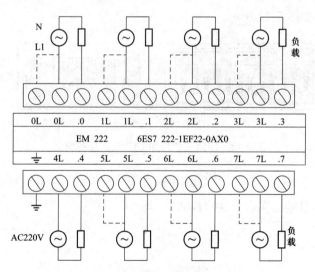

图 3-10 EM222 交流输出模块的接线示意图

当输出映像寄存器为"1"状态时，负载在外部电源激励下通电工作。当输出映像寄存器为"0"状态时，外部负载断电，停止工作。

第六步 交直流输出模块

EM 222 交直流输出模块 6ES7 222 1HF22-0XA0 有 8 个继电器输出点，分成两组，1L、2L＋是每组输出点的公共端。每组需用户提供一个外部电源（可以是直流或交流电源），

6ES7 222 1HF22-0XA0 的接线图如图 3-11 所示。

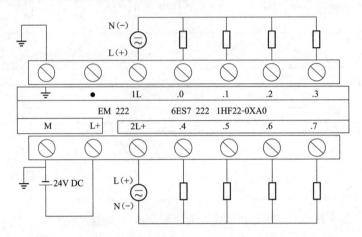

图 3-11 交直流输出模块 EM222 8×继电器的接线示意图

继电器输出方式的输出电流大，可以达到 2～4A，可以带交流、直流负载，适应性强，但响应速度慢。

● 第七步 模拟量输入扩展模块 （A/D）

模拟量的转换精度高，A/D 转换达到 12 位。EM231 模块单极性输入 0～5V、0～10V、0～20mA。满量程的精度可以达到 ±0.01％。EM231 模块有多种量程输入范围，可以通过 DIP 开关进行设置，如图 3-12 所示。

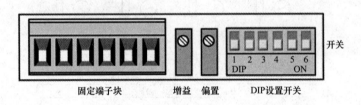

图 3-12 固定端子块和 DIP 设置开关图示

模拟量输入模块 EM231 具有 4 个模拟量输入通道，EM231 的接线图如图 3-13 所示。

● 第八步 模拟量输出扩展模块 （D/A）

模拟量输入模块 EM232 具有四路模拟量输出通道，6ES7 232-0HD22-0XA0 的接线图如图 3-14 所示。

● 第九步 模拟量输入输出扩展模块 （D/A）

EM235 模块的上部端子排为标注 A、B、C、D 的四路模拟量输入接口，可以分别接入标准电压、电流信号。DC24V 电源的正极接入模块左下方 L+端子，负极接入 M 端子。

下部端子为一路模拟量输出端的 3 个接线端子 MO、VO、IO，其中 MO 为数字接地接口，VO 为电压输出接口，IO 为电流输出接口。

另外，EM235 模块在接线时，未使用的接口要用短路线短接，以免受到外部干扰，如未用的 B+与 B−端时，6ES7 235 0KD22-0XA0 的接线如图 3-15 所示。

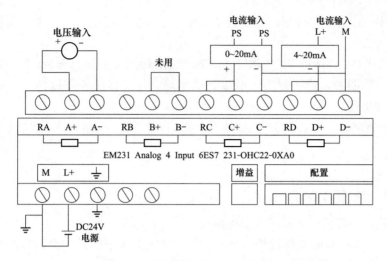

图 3-13 扩展模块 EM231 的接线图

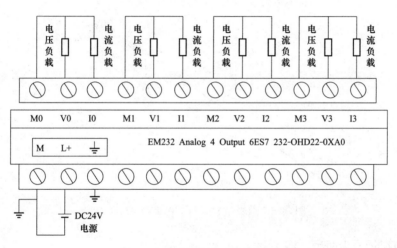

图 3-14 扩展模块 EM232 图示

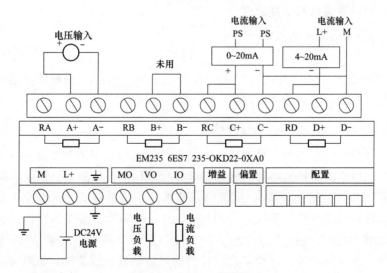

图 3-15 EM235 接线图示

EM235 模块 AI 对应二线制、三线制、四线制传感器的接线，以其中一通道为例来进行说明。

（1）对于二线制的，传感器的＋端接到 24V，传感器的一端接到 A＋端，A－端和 M 端连接。

（2）对于三线制的，传感器的＋端接到 A＋端，传感器的一端接到 A－端，外供电源的一端和 A－端相连。

（3）对于四线制的，传感器的＋端接到 A＋端，传感器的一端接到 A－端，电源直接外供。

2. 模拟量的处理

● ──[第一步] 模拟量转换为工程量

模拟量转换为工程量分为单极和双极两种。

双极型的－32000 对应工程量最小值，32000 对应工程量的最大值，双极型输入与工程量的对应关系如图 3-16 所示。

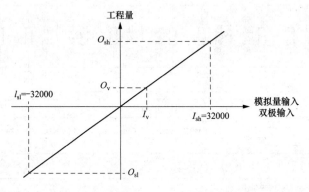

图 3-16　双极型输入与工程量的对应关系

单极型模拟量分为两种，即 4～20mA 和 0～10V、0～20mA。

● ──[第二步] 模拟量通用的换算公式

模拟量的输入/输出的通用换算公式为

$$O_v = [(O_{sh} - O_{sl}) \times (I_v - I_{sl}) / (I_{sh} - I_{sl})] + O_{sl}$$

其中：O_v 为换算结果；I_v 为换算对象；O_{sh} 为换算结果的高限；O_{sl} 为换算结果的低限；I_{sh} 为换算对象的高限；I_{sl} 为换算对象的低限。

● ──[第三步] S7-200 模拟量输入信号的精度

模拟量输入模块有两个参数容易混淆，即模拟量转换的分辨率和模拟量转换的精度（误差）。分辨率是 A/D 模拟量转换芯片的转换精度，代表用多少位的数值来表示模拟量。

S7-200 模拟量模块的转换分辨率是 12 位，能够反映模拟量变化的最小单位是满量程的 1/4096。模拟量转换的精度除了取决于 A/D 转换的分辨率外，还受到转换芯片的外围电路的影响。在实际的工程项目的应用中，输入的模拟量信号会有波动、噪声和干扰，内部模拟电路也会产生噪声和漂移现象，这些都会对转换的最后精度造成影响，也就是说这些因素带来的误差要大于 A/D 芯片的转换误差。

第四步 **4～20mA 是带有偏移量的模拟量处理**

使用一个 4～20mA 的模拟量信号输入，在 S7-200CPU 的内部，4～20mA 对应的内部数值为 6400～32000。例如，如果一个测量压力的智能仪表的工程量的量程是 0～16MPa，那么智能仪表所变送的模拟量电流为

$$Y=(16MPa-0MPa)\times(X-6400)/(32000-6400)+0MPa$$

因为 4mA 为总量程的 20%，而 20mA 转换为数字量的时候为 32000，因此 4mA 对应的数字量为 6400。模拟量转换为数值是 PLC 完成的，读者要在程序中将这些数值转换为工程量，如温度、流量、压力等。4～20mA 与工程量的对应关系如图 3-17 所示。

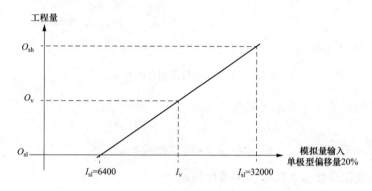

图 3-17　4～20mA 与工程量的对应关系

假设模拟量的标准电信号是 4～20mA，A/D 转换后数值为 D_0～D_m（如：6400～32000），设模拟量的标准电信号是 A，由于是线性关系，因此函数关系 $A=f(D)$ 可以表示为数学方程

$$O_v=(O_{sh}-O_{sl})/(I_{sh}-I_{sl})\times(I_v-I_{sl})+O_{sl}$$

根据该方程式，可以方便地根据模拟量 AIW 的值计算出工程量的值。

处理温度传感器的工程量时，$-10℃\sim60℃$ 与 4～20mA 相对应，以 T 表示温度值，AIW0 为 PLC 模拟量采样值，则根据上式直接代入得出

$$T=70\times(AIW0-6400)/25600+(-10)$$

用户可以用 T 直接显示温度值。

处理压力变送器的工程量，当压力达到满量程 6MPa 时，压力变送器的输出电流是 20mA，AIW0 的数值是 32000。可见，每毫安对应的 A/D 值为 32000/20，测得当压力为 0.1MPa 时，压力变送器的电流应为 4mA，A/D 值为（32000/20）×4＝6400。由此得出，AIW0 的数值转换为实际压力值（单位为 kPa）的计算公式为

$$VW0 的值=(AIW0 的值-6400)(6000-100)/(32000-6400)+100（单位：kPa）$$

第五步 **0～20mA 没有偏移量的模拟量处理**

使用一个 0～20mA 的模拟量信号输入，在 S7-200 CPU 的内部，0～20mA 对应数值范围 0～32000，如果一个测量压力的智能仪表的工程量的量程是 0～16MPa，那么智能仪表所变送的模拟量电流为

$$Y=(16MPa-0MPa)\times(X-0)/(32000-0)+0MPa$$

没有偏移量的单极型工程量，可以是 0～10V 或 0～20mA 等模拟量，32000 对应最大工程量，0 对应工程量的最小值。0～20mA 与工程量的对应关系如图 3-18 所示。

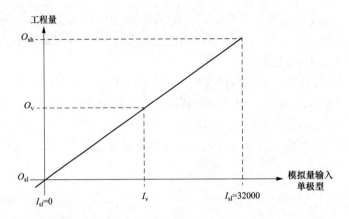

图 3-18　0～20mA 与工程量的对应关系

模拟量与工程量的对应关系使用的公式为

$$O_v = (O_{sh} - O_{sl})/(I_{sh} - I_{sl}) \times (I_v - I_{sl}) + O_{sl}$$

此时由于 $I_{sl} = O_{sl} = 0$，所以公式简化为 $O_v = O_{sh}/32000 \times I_v$。

第六步　模拟量转换为工程量的程序编制

在 S7-200 PLC 的子程序中创建一段程序，用于 0～20mA、4～20mA、0～10V 等对应于工程量 "0～工程量" 的最大值。

本例中使用的公式在 $O_v = (O_{sh} - O_{sl})/(I_{sh} - I_{sl}) \times (I_v - I_{sl}) + O_{sl}$ 的基础上做了简化，$O_{sl} = 0$，$I_{sh} = 32000$，I_{sl} 在 4～20mA 时为 6400，否则为零。

$$O_v = O_{sh}/32000 \times I_v \text{ 或 } O_v = O_{sh}/(32000 - 6400) \times (I_v - 6400)$$

子程序声明的变量如下。

（1）Analog_IN：整型，模拟量输入填入 AIW0.2…。

（2）Engineering_Max：实数，工程量的最大值。

（3）Four_Twenty：布尔量，为真时代表 4～20mA 输入，为假时是其他输入形式，包括 0～20mA、0～10V 以及双极型输入。

（4）Engineer_OUT：实数模拟量转换成的工程量。

子程序中的变量声明如图 3-19 所示。

	符号	变量类型	数据类型
	EN	IN	BOOL
LW0	Analog_IN	IN	WORD
LD2	Engieering_Max	IN	REAL
L6.0	Four_Twenty	IN	BOOL
		IN	
		IN_OUT	
LD7	Engineer_OUT	OUT	REAL
		OUT	
LD11	Analog_DI	TEMP	DINT
LD15	Analog_R	TEMP	REAL
LW19	Analog_I	TEMP	INT
LD21	temp_r	TEMP	REAL

图 3-19　子程序中的变量声明图示

在 Network1 中如果不是 4～20mA 输入，则使用 I_DI 指令将模拟量的值先转换为双整型，然后使用转换指令 DI_R 转换为实数。

如果是 4～20mA 输入，则先将模拟量的值减去 6400 后转换为双整型，再转换为实数。程序如图 3-20 所示。

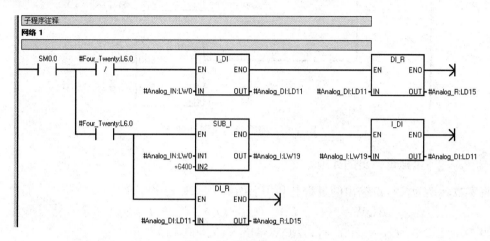

图 3-20　数据类型转换

在网络 2 中如果不是 4～20mA 输入，则使用 DIV_R 指令将工程量的最大值除以 32000.0；在网络 2 中如果是 4～20mA 输入，则将工程量的最大值除以 25600.0。

如果模拟量值在 −32000～32000，则将 temp_r 的值乘以网络 1 计算的值，然后送到输出的工程量的值完成转换，程序如图 3-21 所示。

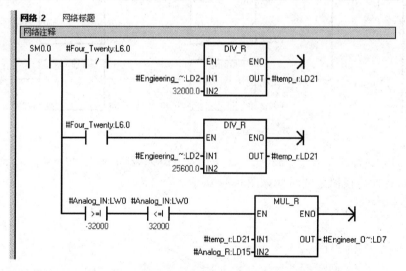

图 3-21　工程量转换

第七步　**模拟量的超限处理**

模拟量超过 32000 时，送最大工程量到输出中，当模拟量小于 −32000 时，将最大工程量乘以 −1 然后送到输出中，程序如图 3-22 所示。

功能块编程完成后就可以在程序中重复调用了。

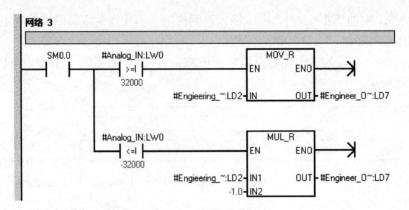

图 3-22 模拟量的超限处理

第八步 模拟量输出的处理

将实数转换为模拟量输出的过程与利用上面的公式求 I_v 相类似，即

$$\mathrm{AQW}=[(I_N-I_{sl})\times(O_{sh}-O_{sl})]/(I_{sh}-I_{sl})+O_{sl}$$

当 $O_{sl}=I_{sl}=0$，$O_{sh}=32000$ 时，$\mathrm{AQW}=\mathrm{IN}\times(32000/I_{sh})$

当模拟输出为双极型时，其线段为上面单极型线段沿原点延长至-32000。

将工程量转换为非 4～20mA 的程序时，程序如图 3-23 所示。

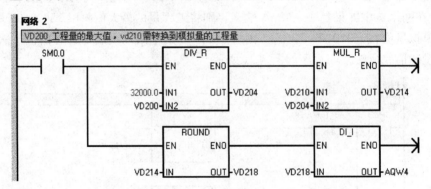

图 3-23 工程量转换为非 4～20mA 的程序

当 $O_{sl}=6400$、$I_{sl}=0$、$O_{sh}=32000$ 时，$\mathrm{AQW}=\mathrm{IN}\times(25600/I_{sh})+6400$

将工程量转换为模拟量的转换如图 3-24 所示。

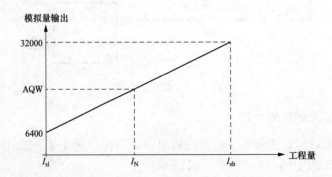

图 3-24 将工程量转换为模拟量图示

另外，在程序中使用了数据转换指令 ROUND，将实数输入数据 IN 转换成双整数、小数部分四舍五入，结果送到 VD218 当中。

3. 模拟量输入模块的校准

● ——**第一步** 出厂状况。

模拟量输入模块使用前应进行输入校准。一般情况下，模拟量模块在出厂前已经进行了输入校准，但在实际的工程实践当中，如果 OFFSET 和 GAIN 电位器已被重新调整，那么就需要重新进行输入校准。

● ——**第二步** 切断模块电源，选择需要的输入范围。

● ——**第三步** 接通 CPU 和模块电源，使模块稳定 15min。

● ——**第四步** 用一个变送器、一个电压源或一个电流源，将零值信号加到一个输入端。

● ——**第五步** 读取适当的输入通道在 CPU 中的测量值。

● ——**第六步** 调节 OFFSET（偏置）电位计，直到读数为零或所需要的数字数据值。

● ——**第七步** 将一个满刻度值信号接到输入端子中的一个上，读出送到 CPU 的值。

● ——**第八步** 调节 GAIN（增益）电位计，直到读数为 32000 或所需要的数字数据值。

● ——**第九步** 必要时，重复偏置和增益校准过程。

4. 西门子 S7-200 PLC 的电热锅炉的模拟量控制案例

● ——**第一步** **电阻炉控制的工艺要求**

电阻炉的应用领域相当广泛，目前主要用于供暖和提供生活用水。它主要用于控制水的温度，保证恒温供水。

电阻炉是可控硅加热装置，采用带 PID 调节的数字式温度显示调节仪显示和调节温度，通过输出 $0\sim10$mA 作为直流信号输入控制可控硅电压调整器或触发板改变可控硅管导通角的大小来调节输出功率，从而调节温度。

该系统需要的传感器是将温度转化为电流，由于水温最高是 100℃，所以选择 Pt100 铂热电阻传感器。P100 铂热电阻的阻值会随着温度的变化而改变。PT 后的 100 即表示它在 0℃时阻值为 100Ω，在 100℃时它的阻值约为 138.5Ω。当 PT100 的阻值为 100Ω，阻值会随着温度上升而匀速增大。

● ——**第二步** **PLC 控制原理图**

本案例采用 AC220V 电源供电，空气开关 Q3、Q4 作为电源隔离短路保护开关，西门子 200 PLC 的控制系统中选用的 CPU 为 226，订货号为 6ES7-216-1BD23-OXB0，模拟量扩展模块为 EM235，PLC 控制原理图如图 3-25 所示。

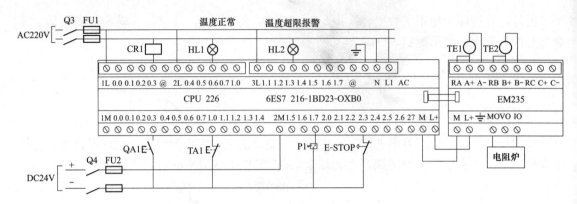

图 3-25 PLC控制原理图

TE1（出口温度传感器）将检测到的出口水温度信号转化为电流信号送入 EM235 模块的 A 路，TE2（炉膛温度传感器）将检测到的出口水温度信号转化为电流信号送入 EM235 模块的 B 路。

第三步 热电偶 TE 的原理

在工业控制系统中，常用的温度传感器有热电偶和热电阻两种。

热电偶属于自发电型传感器，在测量时不需要外加电源，可以直接驱动动圈式仪表，测温范围的下限可以达到$-270℃$，上限可以达到$1800℃$。

常用热电偶类型包括普通型热电偶、铠装型热电偶、多点式热电偶、防爆型热电偶和表面型热电偶，热电偶的结构示意图和实物图如图 3-26 所示。

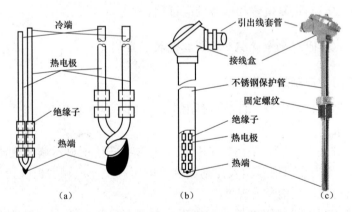

图 3-26 热电偶的结构示意图和实物图
(a) 内部结构图；(b) 外部结构示意图；(c) 实物图

热电偶温度计由三部分组成，即热电偶、测量仪表和补偿导线。热电偶温度计测温系统的原理如图 3-27 所示。

热电偶的工作原理是将两种不同材质的导体的两端 A 和 B 进行焊接，从而形成回路，直接测量端称为热端，是工作端，接线端子那端叫冷端。当热端和冷端在测量时存在温差时，就会在回路里产生热电流，这种现象称为热电效应。这样，接上显示仪表后，仪表上就会指示热效应所产生的热电动势的对应温度值，这个电动势随温度的升高而增大。值得注意的是热电动势的大小只和热电偶的材质以及两端的温度有关，而与热电偶的长度和粗细无关。

使用补偿导线时，应当注意补偿导线的正、负极必须与热电偶的正、负极各端对应相接。此外，正、负两极的接点温度 t_1 应保持相同，延伸后的冷端温度 t_0 应比较恒定且比较低。对于镍铬-铜镍等一类用廉价金属制成的热电偶，则可用其本身材料作补偿导线，将冷端延伸到环境温度较恒定的地方。

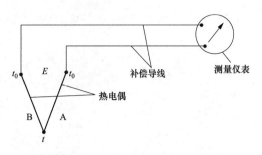

图 3-27 热电偶温度计测温系统原理图

第四步 **PID 控制**

本系统采用串级控制，有主、副调节器之分。主调节器起定值控制作用，副调节器起随动控制作用，这是选择规律的基本出发点。主参数是工艺操作的重要指标，允许波动的范围较小，一般要求无余差，因此，主调节器一般可以选 PI 或 PID 控制，副参数的设置是为了保证主参数的控制质量，可以允许在一定范围内变化，允许有余差，因此副调节器只要选 P 控制规律就可以。在本控制系统中，我们将锅炉出口水温度作为主参数，炉膛温度作为副参数。主控制采用 PI 控制，副控制器采用 P 控制，PLC 的串级控制系统框图如图 3-28 所示。

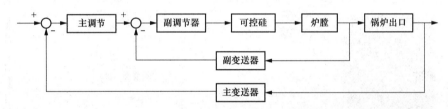

图 3-28 PLC 的串级控制系统框图

确定副调节器的作用方式时，首先确定调节阀。出于生产工艺的安全考虑，可控硅输出电压应选用气开式，这样可以保证当系统出现故障使调节阀损坏而处于全关状态时，防止燃料进入加热炉，确保设备安全。

炉膛水温度升高后，出口水温度也升高，为保证主回路为负反馈，各环节放大系数乘积必须为负，所以主调节器的放大系数 $K_{01}<0$，主调节器作用方式为反作用方式。为保证副回路是负反馈，各环节放大系数（即增益）乘积必须为负，所以副调节器 $K_{02}<0$，副调节器作用方式为反作用方式。

第五步 **配置主副调节器的 PID**

首先配置主调节器，单击【向导】选项边上的"＋"后，双击【PID】选项会弹出【PID 指令向导】窗口，读者可以使用这个 PID 向导来创建项目中的 PID，主回路用 0 号 PID 回路的创建如图 3-29 所示。

设置 PID 参数，给定值的范围是 $0.0 \sim 100.0$，比例增益 K_c 为 -3.0，积分时间 $T_i=7 \mathrm{min}$，因为主控制器采用 PI 控制，所以微分时间 $T_d=0$，然后单击【下一步】按钮，如图 3-30 所示。

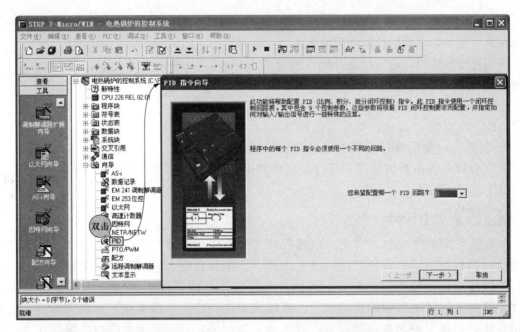

图 3-29 主回路的 0 号 PID 回路的创建图示

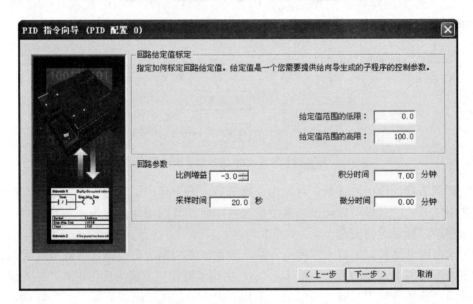

图 3-30 设置 PID 参数的图示

在【回路输入选项】中勾选【使用 20％偏移量】，在【回路输出选项】中不勾选【使用 20％的偏移量】，在设置完回路的极型与范围后，单击【下一步】按钮，如图 3-31 所示。

设置回路为使能低限报警，如图 3-32 所示。

PID 指令的参数表占用的 V 存储区的起始地址如图 3-33 所示。

子程序的设置如图 3-34 所示。

单击【完成】按钮，完成 PID 的设置，退出向导，如图 3-35 所示。

然后配置副调节器，读者可以在刚刚添加好的【向导】下的 PID 中，选择 PID 的【输入

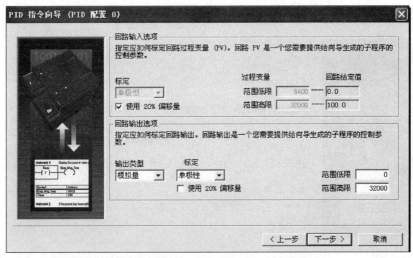

图 3-31　设置 PID 回路极型和范围的图示

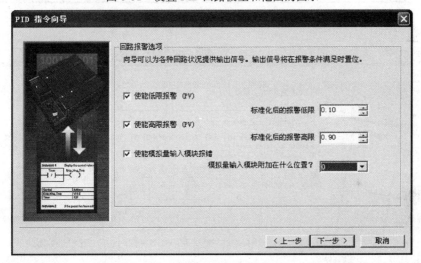

图 3-32　回路报警选项的设置图示

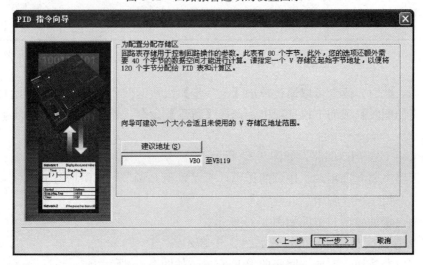

图 3-33　V 存储区的起始地址图示

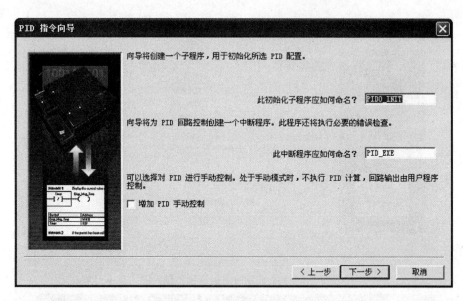

图 3-34 子程序的设置图示

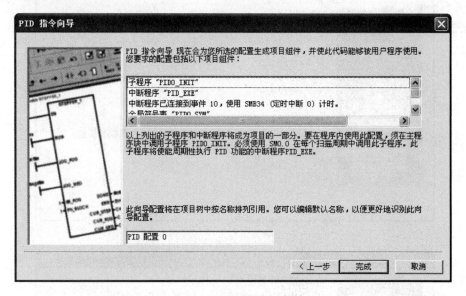

图 3-35 PID 设置完成的图示

和输出】页面，此时，读者可以通过单击【上一步】按钮返回到 PID 向导的初始页面，然后在【需要编辑的配置】项的下拉选项中，选择【新建】命令，然后单击【下一步】按钮，如图 3-36 所示。

副回路采用 1 号 PID 回路，如图 3-37 所示。

因为副回路主要起到粗调、快调的作用，所以采用 P 调节，比例增益 $K_c = -4.0$，T_i 无穷大，$T_d = 0$，如图 3-38 所示。

副回路输入量的极型与范围如图 3-39 所示。

副回路 V 存储区起始地址的设置如图 3-40 所示。

单击【完成】按钮，完成副回路的 PID 配置，如图 3-41 所示。

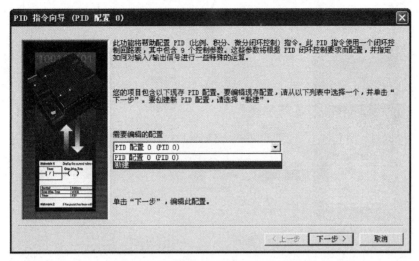

图 3-36 创建副调节器的 PID 向导图示

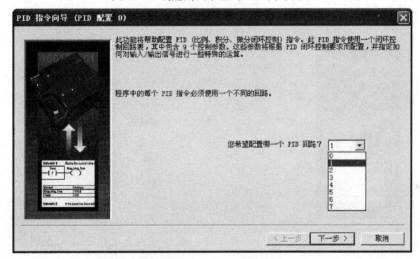

图 3-37 副回路采用 1 号 PID 回路的图示

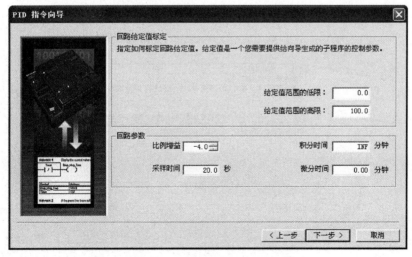

图 3-38 副回路 PID 的设置图示

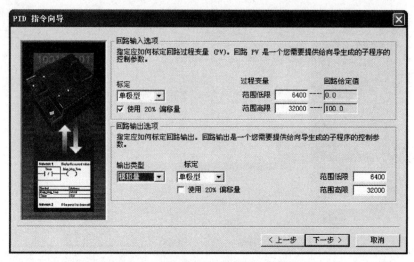

图 3-39　副回路输入输出设置的图示

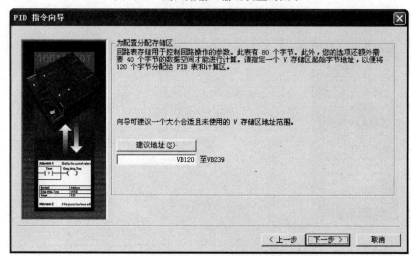

图 3-40　副回路 V 存储区起始地址设置的图示

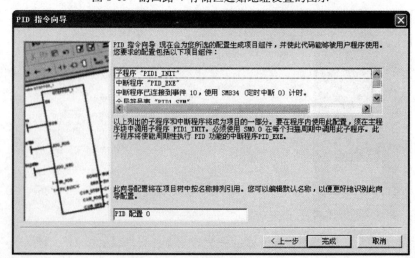

图 3-41　副回路向导的配置完成图示

第六步 添加 PID 子程序

创建完成后的主、副两个调节器的 PID 在【指令】下的【调用子程序】项目中，调用时单击要添加的程序的位置，然后双击要添加的 PID 即可，如图 3-42 所示。

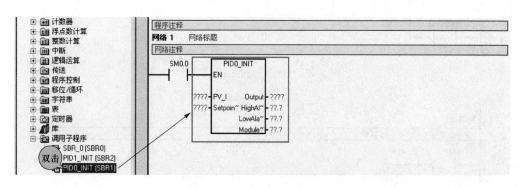

图 3-42 添加 PID 子程序的步骤

在主调节器的 PID 中，"PV _ I"是模拟量输入模块提供的反馈值的地址，"Setpoint _ R"是以百分比为单位的实数给定值（SP），"Output"是 PID 控制器 INT 型的输出地址。"HighAlarm"和"LowAlarm"分别是超过上限和下限的报警信号输出，"ModuleErr"是模拟量模块的故障输出信号。

编写 PID 控制程序时，首先要把过程变量（PV）转化为 0.00～1.00 的标准实数。PID 运算结束之后，需要把回路输出（0.00～1.00 的标准化实数）转换为可以送给模拟量输出模块的整数。

PLC 运行时，通过特殊继电器 SM0.0 产生初始化脉冲进行初始化，将温度设定值、PID 参数值等存入数据寄存器，随后系统开始进行温度采样，采样周期是 20s，TE1（出口水温温度传感器）将采集到的出口水温度信号转换为电流信号，电流信号再通过 AIW0 进入 PLC，作为主回路的反馈值，经过主控制器（PID0）的 PI 运算产生输出信号，作为副回路的给定值。TE2（炉膛水温传感器）将采集到的炉膛水温度信号转换为电流信号，电流信号再通过 AIW2 进入 PLC，作为副回路的反馈值，经过副控制器（PID1）的 P 运算产生输出的信号，由 AQW0 输出，输出的 4～20mA 电流信号控制可控硅的导通角，从而控制电热丝的电压，完成对温度的控制。

第七步 系统启动的编程

在网络 1 中使用了复位优先的置位复位功能块，按下启动按钮则 S 端输入置位启动标志位；按下停止按钮或急停按钮时，不论启动按钮是否按下，都会复位启动标志。系统启动的程序如图 3-43 所示。

第八步 可控硅主回路控制程序

使用启动标志打开电炉主回路的接触器，只有启动标志为 1 时才对可控硅的主回路供电。可控硅主回路控制程序如图 3-44 所示。

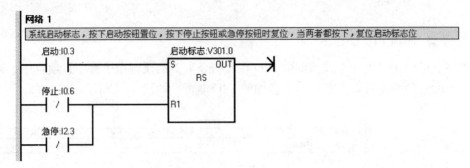

图 3-43 系统启动的编程图示

图 3-44 可控硅主回路控制程序

第九步 主回路控制 PID 的程序

在主调节器的 PID 中，"PV＿I"是模拟量输入模块提供的反馈值的地址，这里使用模拟量输入模块的通道 0，地址为 AIW0，"Setpoint＿R"是以百分比为单位的实数给定值（SP），在主回路中的设置值由 VD0 给出，"Output"是 PID 控制器整型的输出地址，这里填入 VW510。在此项目中，此控制输出将副 PID 控制器的控制输出转换为以百分比为单位的实数给定值。"HighAlarm"和"LowAlarm"分别是超过上限和下限的报警信号输出，分别为 V300.0 和 V300.1。"ModuleErr"是模拟量模块的故障输出信号，当模块有故障时输出为 1，这里填入 V300.2，使用此位的主要目的是用于监控。可控硅主回路控制程序如图 3-45所示。

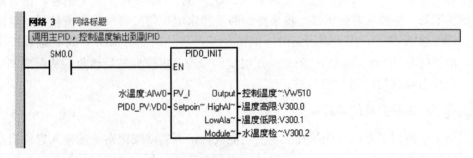

图 3-45 主回路控制 PID 的程序

第十步 将主给定转换为百分比的实数的程序

将主回路以 0～32000 输出的 PID 输出转换为实数，然后通过除以 320.0 将其转换为 0～100.0 的实数作为副 PID 的给定值，主回路控制 PID 的程序如图 3-46 所示。

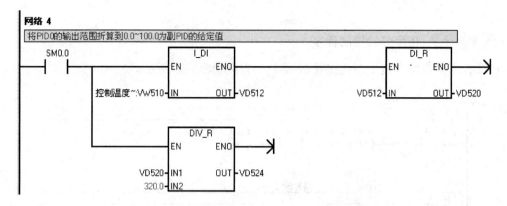

图 3-46 将主给定转换为百分比的实数的程序图示

● 第十一步 按启动标志选择副 PID 的给定值

当没有启动标志时，将最低温度作为给定值，只有启动标志为 1 时才将主回路的 PID 控制输入作为副 PID 的给定值，按启动标志选择副 PID 的给定值的程序如图 3-47 所示。

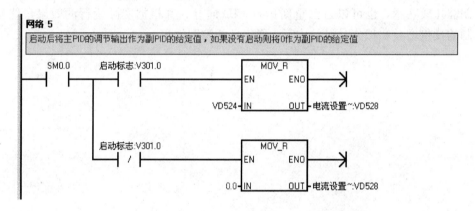

图 3-47 按启动标志选择副 PID 的给定值

● 第十二步 副 PID 的程序编制

在程序中调用副 PID，将电流设置 VD528 作为 PID 给定值，将炉膛温度作为 PID 反馈值，将 PID（实际是 P 比例控制器）的输出值连接到 M235 模块的模拟量输出通道 0，程序如图 3-48 所示。

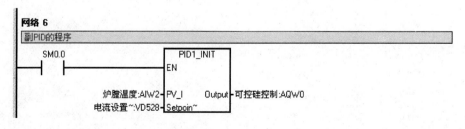

图 3-48 副 PID 的程序编制

第十三步　指示灯的控制程序

在没有水温报警时显示温度正常指示灯，程序如图 3-49 所示。

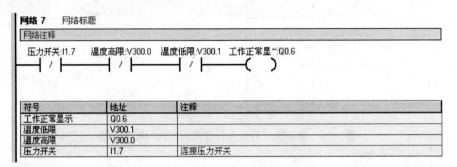

图 3-49　水温正常指示灯控制程序

程序已经编写完成，但是还必须经过调试确认主、副两个 PID 的比例增益和积分时间，Micro/WIN 软件中的"PID 调节控制面板"工具可以辅助读者完成这个工作，如果读者对 PID 控制器比较熟悉，也可以自己重新运行 PID 向导，并根据实际运行的效果最终确定出 PID 控制的比例增益和积分时间，从而达到优良的控制效果。

案例 4 变频器 G120 的主电路回路设计

一、案例说明

变频调速能够应用在大部分电动机拖动场合，由于变频器能够提供精确的速度控制，因此它可以方便地控制机械传动的上升、下降和变速运行。由于变速不依赖于机械部分，因此变频应用可以大大地提高工艺的高效性，同时比原来的定速运行电动机更加节能。

在本例中，笔者通过对一台 15kW 电动机变频器主电路电器元件的配置来详细说明空气断路器、输入接触器、交流电抗器等器件的功能和选配原则，并通过一个案例来详细说明如何选配变频器的输出路径。

西门子 G120 是一个模块化的变频器，它主要包括两个部分，即控制单元（CU）和功率模块（PM）。

功率模块支持的功率范围为 0.37～250kW（基于轻载功率）。

二、相关知识点

1. 变频器的容量

变频器的容量选择要根据不同的负载来确定。在变频器的用户说明书中叙述的"配用电动机容量"只适用于连续恒定负载，如鼓风机、泵类等。对于变动负载、断续负载和短时负载，电动机是允许短时间过载的，因此变频器的容量应按运行过程中可能出现的最大工作电流来选择，即

$$I_{CN} \geq I_{Mmax}$$

式中　I_{CN}——变频器的额定电流；

　　I_{Mmax}——电动机的最大工作电流。

变频器的过载能力的允许时间一般只有 1min，这只是对于设定电动机的启动和制动过程才有意义。而电动机的短时过载是相对于达到稳定温升所需的时间而言的，通常是远远超过 1min 的。

变频器对于连续恒负载运转时所需容量的计算公式为

$$P_{CN} \geq 1.732kU_{M}I_{M} \times 10^{-3}$$

$$I_{CN} \geq kI_{M}$$

式中　k——电流波形系数（PWM 方式取 1.05～1.0）；

　　P_{CN}——变频器的额定容量；

　　I_{M}——电动机的额定电流；

　　U_{M}——电动机的额定电压；

I_{CN}——变频器的额定电流。

另外，在变频器驱动绕线式异步电动机时，由于绕线式异步电动机的绕组阻抗较笼型异步电动机小，容易产生纹波电流而引起过电流跳闸现象，所以应选择比通常容量稍大的变频器。

其中，纹波电流是指电流中的高次谐波成分，纹波会带来电流幅值的变化，可能导致击穿，由于是交流成分，所以会在电容上产生耗散，如果电流的纹波成分过大，超过了电容的最大允许纹波电流，则会导致电容烧毁。

对于一些对可靠性要求很高的负载类型，如起重起升用电动机或者冶金用转炉电动机控制用的变频器，在一般情况下，变频器功率至少要大于电动机额度电流至少一挡，有些特别重要的场合简单放大一挡或两挡的办法也不是十分可靠，这就要求用户通过全面计算电动机负载来获得准确的变频器的选型数据。

2. 变频器的型号选择

变频器一般分为通用型变频器、高性能型变频器和专用变频器。

通用型变频器是能够适用于所有负载的变频器，但在有专用型变频器的场合，还是建议使用专用型变频器；专用型变频器根据负载的特点进行了优化，具有参数设置简单，调速、节能效果更佳的特点；而高性能型变频器一般指具有矢量控制能力的变频器，矢量变频器技术是基于 DQ 轴理论而产生的，它的基本思路是把电动机的电流分解为 D 轴电流和 Q 轴电流，其中 D 轴电流是励磁电流，Q 轴电流是力矩电流，这样就可以把交流电动机的励磁电流和力矩电流分开控制，使得交流电动机具有和直流电动机相似的控制特性。

通用型变频器和矢量型变频器的选择如图 4-1 所示。

3. 变频器主回路元件介绍

(1) 低压断路器。断路器在电气回路中能够实现短路、过载、失压保护。在低压电气回路中使用的自动空气断路器属于低压断路器，是不频繁通断电路的，但能在电路过载、短路及失压时自动分断电路。

低压断路器俗称自动开关或空气开关，与低压变频器配合使用的是低压断路器，它相当于刀开关、熔断器、热继电器和欠电压继电器的组合，是一种既有手动开关作用又能自动进行欠压、失压、过载和短路保护的电器。低压断路器用于低压配电电路中进行不频繁通断控制。在电路发生短路、过载或欠电压等故障时低压断路器能自动分断故障电路，是一种控制兼保护用途的电器。

1) 低压断路器的组成。塑壳式低压断路器根据用途可分为配电用熔断器、电动机保护用断路器和其他负载用断路器，它用作配电线路、电动机、照明电路及电热器等设备的电源开关及保护。塑壳式低压断路器常用来作为电动机的过载与短路保护。

断路器主要由三个基本部分组成：即触点、灭弧系统和各种脱扣器。脱扣器包括过电流脱扣器、失压（欠电压）脱扣器、热脱扣器、分励脱扣器和自由脱扣器。

断路器的工作原理是：在过流时，过流脱扣器会将脱钩顶开，断开电气回路的电源；在电气回路欠压时，欠压脱扣器能够将脱钩顶开，从而断开电气回路的电源。

自动空气断路器的结构原理示意图如图 4-2 所示。

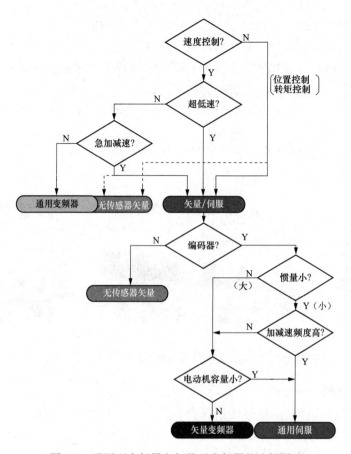

图 4-1　通用型变频器和矢量型变频器的选择图示

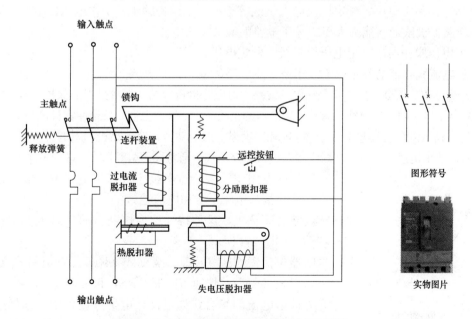

图 4-2　自动空气断路器的结构原理示意图

断路器的特点是操作安全，分断能力较强。其分类有框架式（万能式）和塑壳式（装置式）。其结构包括触点系统、灭弧装置、脱扣机构、传动机构。

2）断路器的种类。按其用途和结构特点，断路器可分为 DW 型框架式断路器、DZ 型塑料外壳式断路器、DS 型直流快速断路器和 DWX 型、DWZ 型限流式断路器等。

框架式断路器：主要用作配电线路的保护开关。

塑料外壳式断路器：可以用作配电线路的保护开关，还可以用作电动机、照明电路及电热电路的电源开关。

具有限流作用的微型断路器安装在 DIN 导轨上如图 4-3 所示。

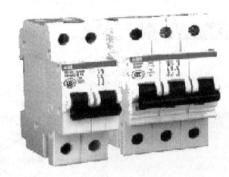

图 4-3　微型断路器的图示

3）低压断路器的选择原则。

a. 断路器类型的选择：应根据使用场合和保护要求来选择。例如，一般场合选用塑壳式；短路电流很大的场合选用限流型；额定电流比较大或有选择性保护的场合要求选用框架式；控制和保护含有半导体器件的直流电路时应选直流快速断路器等。

b. 断路器额定电压、额定电流应大于或等于线路、设备的正常工作电压、工作电流。

c. 断路器极限通断能力大于或等于电路的最大短路电流。

d. 欠电压脱扣器的额定电压等于线路额定电压。

e. 过电流脱扣器的额定电流大于或等于线路的最大负载电流。

（2）熔断器。熔断器的作用是在电气线路中对电路进行短路和严重过载的保护。在电气回路中，熔断器串接于被保护电路的首端。熔断器的结构简单、维护方便、价格便宜且体小量轻。

因为短路电流会引起电器设备绝缘损坏产生强大的电动力，使电动机和电器设备产生机械性损坏，所以要求迅速、可靠地切断电源，进行短路保护。通常采用熔断器 FU 进行短路保护。

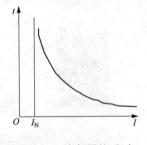

图 4-4　熔断器的反时限保护特性

在项目的应用中，熔断器串接于被保护电路中，电流通过熔体时产生的热量与电流平方和电流通过的时间成正比。电流越大，则熔体熔断时间越短，这种特性称为熔断器的反时限保护特性或安秒特性，如图 4-4 所示。

熔断器包括瓷插式（RC）、螺旋式（RL）、有填料式（RT）、无填料密封式（RM）、快速熔断器（RS）和自恢复熔断器。

在无冲击电流的场合，如电灯、电炉等设备中，选择熔断器时，熔体的额定电流 I_F 要大于等于负载电流 I_L。熔断器的示意图如图 4-5 所示。

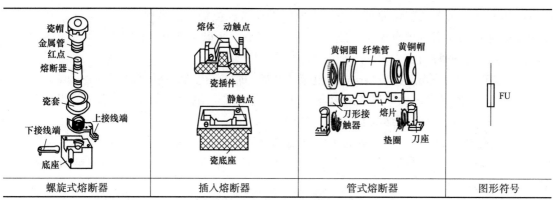

图 4-5　熔断器示意图

（3）输入接触器。输入接触器可以接通或断开变频器的输入电源。当变频器因为故障而跳闸时，输入接触器还能够使变频器迅速地断开输入的电源。

（4）交流电抗器。变频器前面加装交流电抗器后可以抑制电源电压畸变对变频器的不良影响并保护变频器输入侧的整流元件；可以削弱高次谐波，改善功率因数，降低因三相输入电压不平衡导致的电流不平衡；并且可以降低对其他传感器设备的干扰。当然，用户在实际选用交流电抗器要同时考虑交流电抗器的费用、安装空间、发热以及噪声的影响。

（5）输出电抗器。当变频器与电动机的距离较远时，由于现在的变频器绝大多数采用的是脉宽调制方式输出，变频器的输出电压是高频高压的脉冲波，长的电动机电缆的分布电容会导致电动机侧出现高电压和非常高的电压上升率，这些因素很容易使电动机的绝缘发生问题而烧毁，加入输出电抗器后便可以有效地降低电压上升率，抑制电动机侧的高电压，从而延长电动机的使用寿命。另外，输出电抗器可以有效地降低变频器输出侧的高次谐波，减小电动机的噪声和振动，并减小变频器输出侧电动机电缆的对地漏电流。

（6）滤波器。常见变频器的滤波器有以下三种：第一种是为了达到抑制射频干扰目的的EMC滤波器，主要用于吸收频率很高具有辐射干扰能力的谐波成分；第二种是用于提高电源质量，可以达到很低谐波含量的有源、无源滤波器，这些滤波器可以将变频器的进线电源的谐波含量降低到10％、5％、甚至2％以下，但是价格昂贵，一般仅在最终用户对电网质量和干扰问题要求非常高时才使用；第三种是正弦波滤波器，可以将变频器的脉宽调制输出调制波滤成近似于正弦的电压波形。

正弦波滤波器由高频出相电抗器、RC回路、共模电抗器组成。它可以有效地抑制高频损耗及 dv/dt 射频干扰，并使电动机和变频器的线缆延长至 300m 甚至更长。

正弦波滤波器消除了变频器输出因为高频谐波导致的动力电缆及电动机的损耗，解决了因为极高的 dv/dt 引起的数兆赫兹的辐射干扰以及长电动机电缆时电动机端电压过高的问题。它的缺点是价格昂贵。

4. 变频器控制回路使用的继电器

（1）控制继电器的工作原理与应用。控制继电器用于电路的逻辑控制。继电器具有逻辑记忆功能，能组成复杂的逻辑控制电路，继电器用于将某种电量（如电压、电流）或非电量（如温度、压力、转速、时间等）的变化量转换为开关量，以实现对电路的自动控制功能。

继电器和接触器的工作原理一样。主要区别在于：接触器的主触点可以通过大电流；而继电器的触点只能通过小电流，一般电流在5A以下。所以，继电器只能用于控制电路中。

（2）继电器的种类。

1）按输入量分可分为电压继电器、电流继电器、时间继电器、速度继电器、压力继电器等。

2）按工作原理可分为电磁式继电器、感应式继电器、电动式继电器、电子式继电器等。

3）按用途可分为控制继电器、保护继电器等。

4）按输入量变化形式可分为有无继电器和量度继电器。有无继电器是根据输入量的有或无来动作的，无输入量时继电器不动作，有输入量时继电器动作，如中间继电器、通用继电器、时间继电器等。

① 电磁式继电器。电磁式继电器广泛应用于低压控制系统中，常用的电磁式继电器有电流继电器、电压继电器、中间继电器以及各种小型通用继电器等。直流电磁式继电器的结构示意图如图4-6（a）所示。

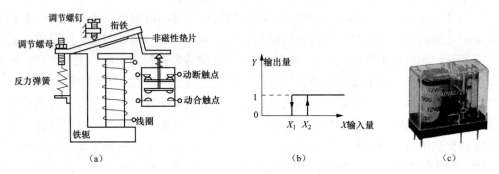

图4-6　直流电磁式继电器的结构示意图

（a）直流电磁式继电器结构示意图；（b）继电器输入-输出特性；（c）小型通用继电器

在继电特性曲线中，X_2 称为继电器吸合值，X_1 称为继电器释放值。$k = X_1/X_2$ 称为继电器的返回系数。

② 中间继电器。中间继电器在控制电路中起逻辑变换和状态记忆的作用，以及用于扩展接点的容量和数量。另外，它在控制电路中还可以起调节各继电器、开关之间的动作时间，防止电路误动作的作用。中间继电器的结构示意图如图4-7所示。

③ 电流继电器。电流继电器的输入量是电流，它是根据输入电流大小而动作的继电器。电流继电器的线圈串入电路中，以反映电路电流的变化，其线圈匝数少、导线粗、阻抗小。电流继电器可分为欠电流继电器、过电流继电器。电流继电器如图4-8所示。

④ 电压继电器。电压继电器的输入量是电路的电压大小，电压继电器根据输入电压大小而动作。与电流继电器类似，电压继电器也分为欠电压继电器和过电压继电器两种。

电压继电器工作时并联在电路中，因此线圈匝数多，导线细，阻抗大，反映电路中电压的变化，用于电路的电压保护，电压继电器的图形符号如图4-9所示。

⑤ 热继电器。热继电器的测量元件通常采用双金属片，它由两种具有不同线膨胀系数的金属碾压而成。主动层采用膨胀系数较大的铁镍铬合金，被动层采用膨胀系数很小的铁镍合金。当双金属片受热后将向被动层方向弯曲，当弯曲到一定程度时，通过动作机构使触点动作。

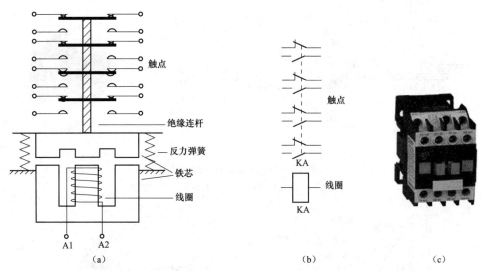

图 4-7　中间继电器的结构示意图

（a）中间继电器结构示意图；（b）中间继电器图形符号；（c）实物图

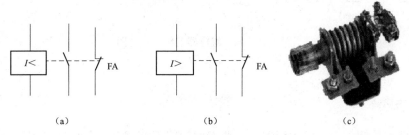

图 4-8　电流继电器的图形符号

（a）欠电流继电器；（b）过电流继电器；（c）实物图

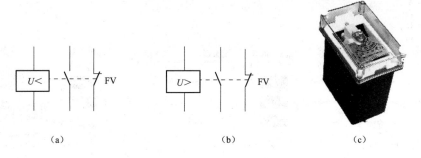

图 4-9　电压继电器图形符号

（a）欠电压继电器；（b）过电压继电器；（c）实物图

　　热继电器在工作时，当发热元件通电发热后，主双金属片受热弯曲，使执行机构发生一定的运动。电流越大，执行机构的运动幅度也越大。当电流大到一定程度时，执行机构发生跃变，即触点发生动作从而切断主电路。热继电器的结构和图形符号如图 4-10 所示。

　　⑥ 压力继电器。压力继电器主要用于对液体或气体压力的高低进行检测后发出开关量信号，以控制电磁阀、液泵等设备对压力的高低进行控制。压力继电器的结构示意图如图 4-11 所示。

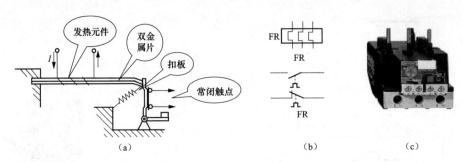

图 4-10 热继电器原理结构图

(a) 感受部分结构示意图；（b）图形符号；（c）实物图

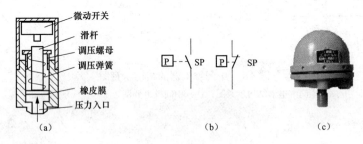

图 4-11 压力继电器的结构示意图

(a) 压力继电器（传感器）示意图；（b）图形符号；（c）实物图

三、 创作步骤

设置变频器控制电动机的主回路时，要考虑的因素有很多，如果变频器与电动机的距离较远，就需要加装输出电抗器。典型的变频器控制电动机的主回路如图 4-12 所示。

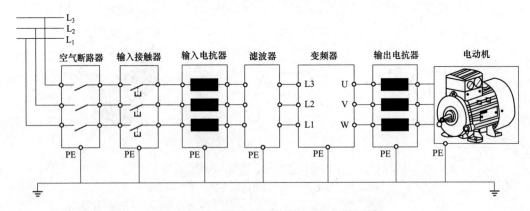

图 4-12 典型的变频器控制电动机的主回路

第一步 空气断路器的选配

由于变频器功率输入侧高次谐波的存在，高次谐波会导致空气断路器的热过载元件误动作，另外变频器的过载能力一般为 150%，1min，所以在选择空气断路器时不使用断路器过载保护。

读者在选择空气断路器时，最好按照厂家提供的变频器和空气断路器一类配合或二类配合表来选择空气断路器。

在 IEC60947—4 标准规范中，对电动机保护控制回路规定了两种配合方式，即一类配合和二类配合。在短路情况下，保护器件可靠分断过电流及不危害人身安全的同时，这两类配合方式分别对应不同的器件损坏程度。

(1) 配合类型一：用电设备分支回路（如电动机启动器）在每次短路分断后允许接触器和过载继电器损坏，只有在修复或更换损坏的器件后才能继续工作。

(2) 配合类型二：进行短路分断后，用电设备分支回路的器件不允许出现损坏。允许接触器触点发生熔焊，但必须保证在不发生明显触点变形时能可靠分断。

对于不同的保护配合类型，保护元件的选择也不同。原则上配合类型二方案中的保护元件容量要小于配合类型一，以确保器件安全。用户应根据实际应用环境选择配合类型。

本案例中的电动机是 15kW，电动机额定电压是 380V，额定电流是 32.5A，4 级。

第二步 输入接触器的选配

选择输入接触器时应按负载 AC1 类型来选择，要求接触器的 AC1 类型容量要大于变频器额定电流的 1.15 倍，同时，推荐在接触器线圈上加装浪涌抑制元件，如阻容元件等来防止线圈通断时出现的浪涌电流对其他设备产生干扰。

不同的用电设备其负载性质和通断过程电流变化相差很大，因此对接触器的要求也有所不同，IEC 标准将常用的负载分为以下几种。

(1) AC-1：无感或微感负载、电阻炉。

(2) AC-2：绕线式感应电动机的启动、分断。

(3) AC-3：笼型感应电动机的启动、运转中分断。

(4) AC-4：笼型感应电动机的启动、反接制动或反向运转、点动。

(5) AC-5a：放电灯的通断。

(6) AC-5b：白炽灯的通断。

(7) AC-6a：变压器的通断。

(8) AC-6b：电容器组的通断。

(9) AC-7a：家用电器和类似用途的低感负载。

(10) AC-7b：家用的电动机负载。

(11) AC-8a：具有手动复位过载脱扣器的密封制冷压缩机中的电动机。

(12) AC-8b：具有自动复位过载脱扣器的密封制冷压缩机中的电动机。

AC1 的典型负载有电阻炉，变频器由于在启动和运行中有很少的感抗元件，因此也属于这一类型。

对电热元件负载中用的线绕电阻元件，其接通电流可达额定电流的 1.4 倍，如用于室内供暖，电烘箱及电热空调等设备。若考虑网络电压升高 10%，则电阻元件的工作电流也将相应增大。因此，在选择接触器的额定工作电流时，应予以考虑。这类负载被划分在 AC1 使用类型中。

变频器一般的短时电流过载能力为 150% 1min，所以这里建议使用 1.15 的系数。

另外，接触器的线圈是大电感元件，在断电时将会产生很大的自感电动势，所以应该在线圈旁加装阻容吸收电路。

第三步 交流电抗器的选配

选择变频器的进线电抗器时，应尽量按照变频器厂家推荐的电抗器额定电流值和电抗的感抗值来选择，这些推荐值不仅考虑了高次谐波对变频器进线电流的影响，并且还保证了使电抗器的压降在合理的范围内。

交流电抗器的选配条件有额定电流和电感量两个方面。

（1）额定电流。交流电抗器的额定电流的推算公式为

$$交流电抗器的额定电流 \geqslant 82\% \times 变频器额定输入电流$$

（2）电感量。输入侧交流电抗器的推算公式为

$$输入侧交流电抗器的电感量 = 21/变频器输入侧的额定电流$$

第四步 输出电抗器的选配

一般情况下，对非屏蔽电缆来说，长度大于 100m，而屏蔽电缆大于 50m 就必须加装输出电抗器，具体情况请读者参阅厂家提供的输出电抗器选型表。

另外，对于特别长的电动机电缆应用场合还可以考虑双电抗串联和正弦滤波器方案（使用滤波器将变频器输出波形变为正弦波）。

在载波频率小于等于 3kHz 的工作场合，选用常规铁芯的电抗器。

在载波频率大于等于 3kHz 的工作场合，选用铁氧体磁芯的电抗器。

因为输出电流中高次谐波电流的频率很高，这会引起铁芯里的涡流损失和磁滞损失变大，从而导致铁芯更容易发热，并且铁芯各硅钢片的涡流之间产生电动力，将发出较大声响。

输出电抗器的选配条件有允许电压降和电感量两个方面。

（1）输出电抗器的允许电压降。输出电抗器的允许电压降的推算公式为

$$输出电抗器的允许电压降 = 1\% \times 输出侧最大输出电压$$

（2）电感量。输出电抗器电感量的推算公式为

$$输出电抗器的电感量 = 5.25/电动机的额定电流$$

第五步 滤波器的选配

选配输入端滤波器时要考虑的因素如下。

（1）变频器输入端专用型滤波器的电源阻抗。

（2）电源网络的阻抗。

（3）根据阻抗不匹配的原则选择合适的变频器输入端专用型滤波器的结构。

（4）要抑制的干扰类型是差模干扰还是共模干扰，或者是两者都要考虑。

（5）变频器输入端专用型滤波器的频率范围。

（6）变频器输入端专用型变频器所允许的供电电压。

（7）变频器输入端专用型滤波器所允许的最大电流。

第六步 变频器输出线径的选配

（1）变频器输出线径的选择原则。变频器工作时频率下降，输出电压也下降。在输出电

流相等的条件下，若输出导线较长（$l>20\text{m}$），则低压输出时线路的电压降 ΔU 在输出电压中所占的比例将上升，加到电动机上的电压将减小，因此低速时可能引起电动机发热。所以决定输出导线线径时主要是受 ΔU 影响，一般要求为 $\Delta U \leqslant (2\sim3)\%U_X$。

ΔU 的计算公式为

$$\Delta U = \frac{\sqrt{3}I_N R_0 l}{1000}$$

式中　U_X——电动机的最高工作电压，V；

　　　I_N——电动机的额定电流，A；

　　　R_0——单位长度导线电阻，$\text{m}\Omega/\text{m}$；

　　　l——导线长度，m。

（2）变频器输出线径的选配案例。变频器与电动机之间距离为 30m，最高工作频率为 40Hz。电动机参数为 $P_N=30\text{kW}$，$U_N=380\text{V}$，$I_N=57.6\text{A}$，$f_N=50\text{Hz}$，$n_N=1460\text{r/min}$。要求变频器在工作频段范围内线路电压降不超过 2%。已知 $U_N=380\text{V}$，则有

$$U_X = U_N \times \frac{f_{\max}}{f_N} = 380 \times (40/50) = 304 \text{ (V)}$$

$$\Delta U \leqslant 304 \times 2\%, \text{ 即 } \Delta U \leqslant 6.08 \text{ (V)}$$

$$\Delta U = \frac{\sqrt{3}I_N R_0 l}{1000} = \frac{\sqrt{3} \times 57.6 \times R_0 \times 30}{1000} \leqslant 6.08 \text{ (V)}$$

$$R_0 \leqslant 2.03\text{M}\Omega/\text{m}$$

铜导线单位长度电阻值见表 4-1。

表 4-1　　　　　　　　　　　铜导线单位长度电阻值

截面积/mm	1.0	1.5	2.5	4.0	6.0	10.0	16.0	25.0	35.0
$R_0/(\text{m}\Omega/\text{m})$	17.8	11.9	6.92	4.40	2.92	1.74	1.10	0.69	0.49

根据铜导线单位长度电阻值的查询表，变频器输出到电动机的线径应该选截面积为 10.0mm^2 的导线。

另外，如果变频器与电动机之间的导线不是很长，则其线径可以根据电动机的容量来选取。

第七步　控制电路导线线径选择

小信号控制电路通过的电流很小，一般不进行线径计算。考虑到导线的强度和连接要求，一般选用 0.75mm^2 及以下的屏蔽线或绞合在一起的聚乙烯线。

接触器、按钮开关等强电控制电路导线线径可取 1mm^2 的单股或多股聚乙烯铜导线。

第八步　变频的接地处理

电气设备上的接地端子，使用时必须将接地端子连接到大地。

电气回路通常情况下都用绝缘物加以绝缘并收纳在外壳中。但是，制造可以完全切断漏电流的绝缘物几乎是一件不可能的事，漏电流虽然很小，但仍然是有电流泄漏到外壳上的。接地的目的就是为了避免操作人员接触到电气设备的外壳时，因为漏电流而触电。此外，因为在变频器以及变频器驱动的电动机的接地线中会流过较多高频成分的漏电流，所以安装变频器时，那些对噪声敏感的设备的接地必须与其分开并采用专用接地。

　　变频器的接地尽量应采用专用接地，无法采用专用接地时，用户可以采用在接地点与其他设备相连的共用接地的方式进行接地，如图4-13所示。

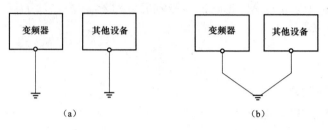

(a)　　　　　　　　　　　　　(b)

图 4-13　专业接地和共用接地的图示
(a) 专用接地；(b) 共用接地

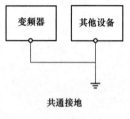

共通接地

图 4-14　共通接地的图示

　　值得注意的是：变频器不能与其他设备共用同一根接地线进行接地，即共通接地，如图4-14所示。也就是说，变频器必须接地，接地时必须遵循国家及当地安全法规和电气规范的要求。

　　EN 规格时，实施中性点接地的电源，接地线应尽量采用较粗的线，接地点应尽量靠近变频器，接地线应尽量短。接地线的接线应尽量远离对噪声较敏感设备的输入/输出线，而且平行距离应尽量缩短。

案例 5　G120 系列变频器的停车和制动方式

一、案例说明

在变频调速过程中，如同可控的加速一样，停车方式也可以受控，变频器有不同的停车方式可以选择，选择适合的正确的停车方式，能够减小对机械部件和电动机的冲击，从而使整个系统更加可靠，寿命也会相应延长。

另外，在三相交流电动机的变频器调速控制中，制动单元和能耗电阻作为其附属设备起到了相当重要的作用，特别是针对起重机和升降机等大位能负载在下放时，要求制动能够平稳和快速，所以合理地选择、计算制动单元容量和制动电阻值尤为关键。这是因为在电网、变频器、电动机和负载构成的驱动系统中，能量的传递是双向的，在电动机工作模式时，电能从电网经由变频器传递到电动机，转换为机械能带动负载，负载因此具有动能或势能，而当负载释放这些能量以求改变运动的状态时，电动机被负载所带动，进入发电机工作模式，向前级反馈已转换为电形式的能量，这些能量被称为再生制动能量，可以通过变频器返回电网，或者消耗在变频器系统的制动电阻中。

在本案例中，将为读者介绍西门子变频器 G120 的停车方式，然后详细介绍变频器 G120 的抱闸制动方式。

二、相关知识点

1. 变频器的制动方式

变频器的制动提供的是反向转矩，使电动机停止或减速。变频器的制动方式有电气制动和电动机械制动。

电气制动时，电动机是处于发电状态的。电气制动分动态制动和直流制动。

电动机械制动时是电磁抱闸制动。

2. 变频器的制动单元和制动电阻

当负载电动机的转速大于变频器的输出转速时，如由于惯性等原因，此时电动机由“电动”状态进入“发电”状态，使电动机暂时变成了发电机。电动机转子绕组中感生电流的相位超前于感生电压，并有互感作用，使定子绕组中出现感生电流——容性电流，这是一个电动机将机械势能转变为电能反馈回变频器的过程。

此再生能量由变频器的逆变电路所并联的二极管整流，馈入变频器的直流回路，使直流回路的电压由 530V 左右上升到六七百伏，甚至更高。这种情况尤其在大惯性负载需减速停车的过程中，更是频繁发生。这种急剧上升的电压，有可能对变频器主电路的储能电容和逆变模块造成较大的电压和电流冲击甚至损坏，因而制动单元与制动电阻（又称刹车单元和刹车电阻）常成为变频器的必备件或首选辅助件。

在小功率变频器中，制动单元往往集成于功率模块内，制动电阻也安装于机体内。但较大功率的变频器，直接从直流回路引出 P、N 端子，由用户根据负载运行情况选配制动单元和制动电阻。

3. 直流制动

直流制动是在电动机定子中通入直流电流，以产生制动转矩的制动方式。因为电动机停车后会产生一定的堵转转矩，所以直流制动在一定程度上可以替代机械制动；但由于设备及电动机自身的机械能只能消耗在电动机内，同时直流电流也通入电动机定子中，所以使用直流制动方式时，电动机温度会迅速升高，因而要避免长期、频繁使用直流制动；直流制动是不控制电动机速度的，所以停车时间不受控。停车时间根据负载、转动惯量等的不同而不同；直流制动的制动转矩是很难计算出来的。

4. 动能制动

动能制动是一种能耗制动，它将电动机运行在发电状态下所回馈的能量消耗在制动电阻中，从而达到快速停车的目的。当变频器带大惯量负载快速停车，或位能性负载下降时，电动机可能处于发电运行状态，回馈的能量将造成变频器直流母线电压升高，从而导致变频器过压跳闸。所以实际运用时应该安装制动电阻来消耗掉回馈的能量。

三、 创作步骤

第一步 变频器常用的三种停车方式

西门子变频器 G120 系列常用的停车方式有三种，即 OFF1、OFF2 和 OFF3。

（1）OFF1 停车方式。

1）当 ON/OFF1 为同一个控制位时，如果 ON/OFF1＝1，则变频器启动，电动机运转，如果 ON/OFF1＝0，则变频器输出频率不断下降，电动机进入制动状态。

2）OFF1 有效时，电动机开始制动，制动过程中减速斜率由 P1121 设定，如果输出频率小于参数 P2167 的设定频率值，并且持续 P2168 所设定的时间，则变频器停止输出。

3）OFF2，OFF3 均无效时，ON/OFF1 才有效。

（2）OFF2 停车方式。

1）变频器立即停止输出。

2）电动机自由停车。

（3）OFF3 停车方式。

1）与 OFF1 功能相似。

2）不同之处在于减速斜率由 P1135 设定。

第二步 G120 过流报警与停车方式的关系

变频器 G120 中过流保护的对象，主要指带有突变性质的、电流的峰值超过了过流检测值（大约为额定电流的 200%，不同变频器的保护值是不一样的），变频器则显示 Over

Current，表示变频器处于过流状态，由于变频器中的逆变器件的过载能力较差，所以变频器的过流保护是至关重要的一环。

变频器运行过程输出电流大于等于变频器额定电流，但达不到变频器过流点，在运行一段时间后产生过载保护。

针对变频器容易过流的现象，变频器 G120 配置了自动限流功能，即通过对负载电流的实时控制，自动限定其不超过设定的自动限流水平值（通常以额定电流的百分比来表示），以防止电流过冲而引起的故障跳闸，这样使得它在一些惯量较大或变化剧烈的负载场合尤其适用。

如果工程中的 G120 变频器显示有 F001 过流故障，其中一个原因就是变频器 G120 的停车方式为 OFF1，即变频器按照选定的斜坡下降速率减速并停止，这也就意味着变频器在从运行频率减速到 0Hz 过程中，始终是有电压输出的，OFF1 停车方式的速度变化如图 5-1 所示。

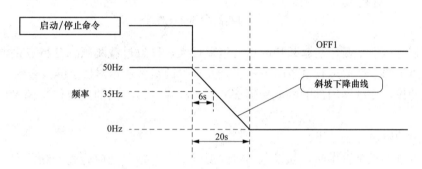

图 5-1　OFF1 停车方式的速度变化图示

用户需要修改参数 P0701，即数字输入 1 的功能为 3，将数字输入 1 的功能从 ON/OFF1 改为 OFF2，这一命令将使电动机依照惯性滑行，最后停车（脉冲被封锁），也就是自由停车。OFF2 停车方式的速度变化如图 5-2 所示。

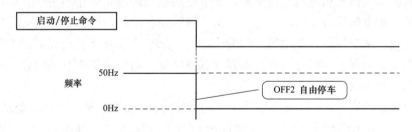

图 5-2　OFF2 停车方式的速度变化图示

第三步　G120 过载报警与停车方式的关系

变频器过载的报警是因为电动机还能够旋转，但运行电流超过了额定值。过载的基本特征是电流虽然超过了额定值，但超过的幅度不大，一般也不会形成较大的冲击电流（形成了较大的冲击电流的就变成过流故障了），而且过载有一个时间的积累，当积累值达到时才报过载故障。过载故障的变化如图 5-3 所示。

过载发生的主要原因如下。

（1）机械负荷过重。其主要特征是电动机发热，可从变频器显示屏上读取运行电流来发现。

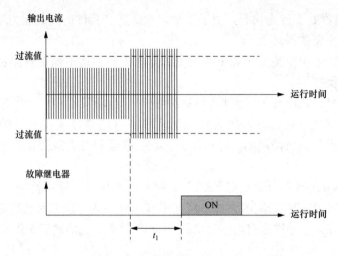

图 5-3　过载故障的变化图示

（2）三相电压不平衡，引起某相的运行电流过大，导致过载跳闸。其特点是电动机发热不均衡，从显示屏上读取运行电流时不一定能发现（因很多变频器显示屏只显示一相电流）。

（3）误动作，变频器内部的电流检测部分发生故障，检测出的电流信号偏大，导致过载跳闸。

过载故障的解决方法如下。

（1）检查电动机是否发热，如果电动机的温升不高，则首先应检查变频器的电子热保护功能预置得是否合理，如变频器尚有余量，则应放宽电子热保护功能的预置值。

如果电动机的温升过高，而所出现的过载又属于正常过载，则说明电动机的负荷过重。这时，应考虑能否适当加大传动比，以减轻电动机轴上的负荷。如能够加大，则加大传动比。如果传动比无法加大，则应加大电动机的容量。

（2）检查电动机侧三相电压是否平衡，如果电动机侧的三相电压不平衡，则应再检查变频器输出端的三相电压是否平衡，如也不平衡，则问题在变频器内部。如变频器输出端的电压平衡，则问题在从变频器到电动机之间的线路上，此时应检查所有接线端的螺钉是否都已拧紧，如果在变频器和电动机之间有接触器或其他电器，则还应检查有关电器的接线端是否都已拧紧，以及触点的接触状况是否良好等。

用户需要修改参数 P0701，即数字输入 1 的功能为 3，将数字输入 1 的功能从 ON/OFF1 改为 OFF2，这一命令将使电动机依照惯性滑行，最后停车（脉冲被封锁），也就是自由停车。

第四步　G120 变频器的抱闸控制功能

变频器采用 AC380V/50Hz 三相四线制电源供电，空气开关 Q1 作为电源隔离短路保护开关。在电动机停止运行后不允许其再滑动的工作场合，如起重设备，当重物悬在空中时如果电动机停止运转，必须立即将电动机转子抱住，不然重物会下滑，因此需要电动机带有抱闸功能，西门子 G120 变频器的抱闸控制电路如图 5-4 所示。

电动机带抱闸用电磁线圈，当电磁线圈未通电时，由机械弹簧将闸片压紧，使转子不能转动处于静止状态；当给电磁线圈通入电流，电磁力将闸片吸开后，转子可以自由转动，处

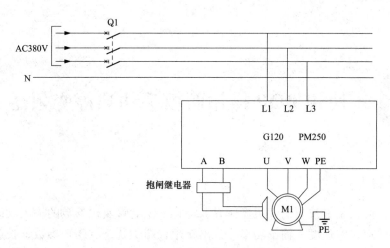

图 5-4　G120 变频器的抱闸控制电路

于抱闸松开状态。

G120 变频器抱闸控制的参数设置如下。

（1）P1251＝1 激活抱闸控制功能。

（2）P1080 抱闸动作的最小频率值。

（3）P1216 松闸延迟时间。

（4）P1217 下降到最小频率后的保持时间。

● 第五步　电阻制动

在电动机会工作于发电状态的工作场合，如起重机和牵引电动机，将货物向下运送的传送带等。在发电状态下，电能将通过逆变器回馈到直流环节，将导致在发电状态下，电能将通过逆变器回馈到直流环节，这样将导致直流环节电压上升。为限制电压的上升，需采用制动电阻，消耗回馈的能量。

案例 6 | 使用 BOP 操作面板手动启停变频器 G120

一、 案例说明

变频器操作面板是最重要的人机操作界面，它不仅能够实现参数的输入功能，还能实现频率、电流、转速、线速度、输出功率、输出转矩、端子状态、闭环参数、长度等物理量的输入功能，以及对这些物理量进行在线存储与修改和变频器故障的基本信息。所有这些都可以为变频器的故障排除提供必要的信息。

另外，大家都知道，变频器可以控制电动机的启动电流。当电动机通过工频直接启动时，它将会产生 7 到 8 倍的电动机额定电流。这个电流值将大大增加电动机绕组的电应力并产生热量，从而缩短电动机的寿命。

而变频调速则可以在零速零电压进行启动（也可适当加转矩提升）。一旦频率和电压的关系建立，变频器就可以按照 V/F 或矢量控制方式带动负载进行工作。也就是说使用变频调速能够充分减小启动电流，提高绕组承受力，用户最直接的好处就是电动机的维护成本将进一步降低、电动机的寿命则相应延长。

在实际的工程项目中，变频器的功能是以参数的形式加以体现的，调试变频器时，可以利用操作面板、调试软件等工具修改变频器的参数。

在本例的相关知识点中介绍了 G120 变频器的选件板和 BOP-2 的面板功能，然后使用操作面板 BOP 对变频器 G120 进行了手动启停操作，还详细说明了如何恢复变频器 G120 的出厂设置。

二、 相关知识点

1. G120 变频器的选件板

（1）进线电抗器。

（2）输出电抗器。

（3）外置进线滤波器。

（4）制动电阻。

（5）MMC 存储卡。

（6）BOP-2 操作面板。

（7）PC 连接组件（RS232）——包含 STARTER 工程工具。

（8）普通抱闸的继电器模块。

（9）安全抱闸的继电器模块。

（10）安装导轨适配器。

（11）屏蔽层端接组件。

2. BOP-2 操作面板

利用 BOP-2 操作面板可以改变变频器 G120 的各个参数，还可以显示参数的序号、数值、报警和故障信息以及设定值和实际值，变频器 G120 的 BOP-2 操作面板如图 6-1 所示。

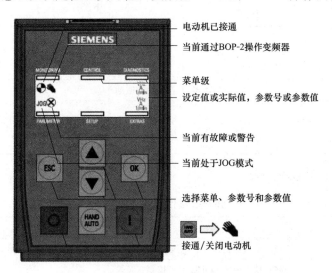

图 6-1　G120 变频器的 BOP-2 操作面板

G120 操作面板的显示区域在操作面板的上方，操作面板的按键定义见表 6-1。

表 6-1　　　　　　　　　　　　G120 的 BOP-2 操作面板的按键定义

按键	按键定义
OK	菜单选择时，表示确认所选的菜单项；当参数选择时，表示确认所选的参数和参数值设置，并返回上一级画面；在故障诊断画面，使用该按钮可以清除故障信息
▲	在菜单选择时，表示返回上一级的画面；当参数修改时，表示改变参数号或参数值
▼	在菜单选择时，表示进入下一级的画面；当参数修改时，表示改变参数号或参数值
ESC	在参数修改模式下，此按钮表示不保存所修改的参数值
❘	在"AUTO"模式下，该按钮不起作用；在"HAND"模式下，表示启动命令
○	在"AUTO"模式下，该按钮不起作用；在"HAND"模式下，若连续按两次，则将"OFF2"自由停车；在"HAND"模式下若按一次，则将"OFF1"停车，即按 P1121 的下降时间停车
HAND AUTO	BOP（HAND）与总线或端子（AUTO）的切换按钮；在"HAND"模式下，按下该键，切换到"AUTO"模式。若自动模式的启动命令在，变频器自动切换到"AUTO"模式下的速度给定值；在电动机运行期间可以实现"HAND"和"AUTO"模式的切换

G120 变频器的 BOP-2 操作面板的图标描述见表 6-2。

表 6-2   **G120 变频器的 BOP-2 操作面板的图标描述**

图标	功能	状态	描述
	控制源	手动模式	"HAND"模式下会显示,"AUTO"模式下没有
	变频器状态	运行状态	表示变频器处于运行状态,该图标是静止的
JOG	"JOG"功能	点动功能激活	
	故障和报警	静止表示报警闪烁表示故障	故障状态下,会闪烁,变频器会自动停止。静止图标表示处于报警状态

BOP-2 操作面板的菜单见表 6-3。

表 6-3   **BOP-2 操作面板的菜单**

菜单	功能描述
MONITOR	监视菜单:运行速度、电压和电流值显示
CONTROL	控制菜单:使用 BOP-2 面板控制变频器
DIAGNOS	诊断菜单:故障报警和控制字、状态字的显示
PARAMS	参数菜单:查看或修改参数
SETUP	调试向导:快速调试
EXTRAS	附加菜单:设备的工厂复位和数据备份

3. 点动频率设定

所谓点动运行,就是变频器在停机状态时,接到点动运转指令后按点动频率和点动加减速时间运行。点动的参数设置包括点动运行频率、点动加速时间和点动减速时间,点动运行示意图如图 6-2 所示。

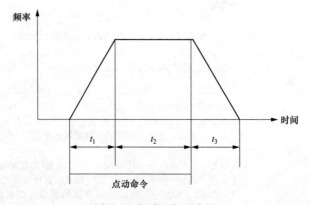

图 6-2 点动运行示意图

其中，t_1、t_3 为实际运行的点动加速和点动减速时间，t_2 为点动时间。

三、创作步骤

第一步　访问参数表

G120 变频器在修改参数值时，可以在菜单"PARAMS"和"SETUP"中进行。

当显示的参数号闪烁时，按▲或▼键选择所需的参数号，然后按OK键进入参数，显示当前参数值。

修改参数值时，当显示的参数值闪烁时，按▲或▼键调整参数值；当显示需要的参数值后，按OK键保存参数值即可。

第二步　电动机额定参数的设置

参照第一步的方法查找到参数 P100，然后按OK键进入 P100 参数，按▲或▼键选择参数值，按OK键确认参数，通常国内使用的电动机为 IEC 电动机，该参数设置为 0。

访问到参数 P304，即电动机额定电压，按OK键进入 P304 参数，按▲或▼键选择电动机铭牌上的额定电压参数值，按OK键确认参数。

访问到参数 P305，即电动机额定电流，按OK键进入 P305 参数，按▲或▼键选择电动机铭牌上的额定电流值，按OK键确认参数。

访问到参数 P307，即电动机额定功率，按OK键进入 P307 参数，按▲或▼键选择电动机铭牌上的额定功率值，按OK键确认参数。

访问到参数 P311，即电动机额定转速，按OK键进入 P311 参数，按▲或▼键选择电动机铭牌上的额定转速值，按OK键确认参数。

第三步　G120 变频器的速度值设定

在 BOP-2 面板"CONTROL"菜单下有三个功能，即 SETPOINT、JOG 和 REVERSE 功能。其中，SETPOINT 是用来设置变频器启停操作的运行速度的，而 JOG 功能是用来使能点动控制的，REVERSE 功能是用来实现设定值反向的。

设定 G120 变频器的速度值时，在"CONTROL"菜单下按▲和▼键选择"SETPOINT"功能，按OK键进入"SETPOINT"功能，按▲和▼键可以修改"SP _ 0.0"的设定值，修改值立即生效。

第四步　激活 JOG 功能

在 BOP-2 面板上进入"CONTROL"菜单下，然后按▲和▼键选择"JOG"功能。再按OK键进入"JOG"功能，按▲和▼键选择 ON，按OK键使能点动操作，面板上会显示JOG符号。

第五步　手动启停变频器

手动启停变频器 G120 时，首先选择 BOP-2 的手动模式，按下变频器 G120 的操作面板 BOP-2 上的手动/自动切换键HAND AUTO，可以切换变频器的手动/自动模式。切换手动模式后，BOP-2 面板上会显示✎符号。然后，按一下▮键启动变频器 G120，这时变频器将以"SETPOINT"功能中设定的速度运行，需要停止变频器时，按一下▮键即可。

第六步　**恢复出厂设置**

　　恢复变频器 G120 的出厂设置时，按 ▲ 和 ▼ 键将光标移动到"EXTRAS"，然后，按 OK 键进入"EXTRAS"菜单，按 ▲ 和 ▼ 键找到"DRVRESET"功能后，再按 OK 键激活复位出厂设置，按 ESC 取消复位出厂设置，按 OK 后开始恢复参数，BOP-2 面板上会显示"BUSY"，复位完成后 BOP-2 面板显示完成"DONE"，按 OK 或 ESC 键返回到"EXTRAS"菜单。BOP-2 面板的显示流程如图 6-3 所示。

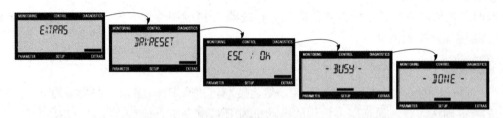

图 6-3　恢复变频器 G120 的出厂设置的显示流程

　　另外，G120 在启动时，变频器会检查变频器中是否插有 MMC 卡。如果插有 MMC 卡，变频器又没有进行插拔更换，那么它将按照"正常的启动过程"启动。如果更换了一个部件（CU 或者 PM），则变频器的启动将按照"热插拔过程"进行。

案例7　TIA Protal 中触摸屏的项目创建

一、案例说明

全面开放是西门子 TIA 中的 WinCC 的显著特性，与标准的用户程序结合非常容易，方法简便。

在本例中的相关知识点中，对 TIA Portal 软件的结构和启动退出进行了详细介绍，然后通过一个新项目的案例创作，一步一步地使用 TIA V13 软件创建新的 HMI 项目，并使用软件"添加新设备"的功能对项目进行了设备添加，这样读者就可以在本书后面 HMI 项目中的"项目视图"中对项目进行管理了。

二、相关知识点

1. 西门子博途（TIA Portal）软件介绍

博途（TIA Portal）是一款由西门子公司出品的集成化的工程技术软件平台，提供各种完美的自动化解决方案，涵盖全球各行业各领域。无论从工厂整体规划、调试和运行，抑或是自动化系统的升级改造维护，TIA 博途在节省工程组态时间、费用和成本方面都有不俗的表现。

WinCC（TIA Portal）使用 WinCC Runtime Advanced 或 SCADA 系统 WinCC RuntimeProfessional 可视化软件组态 SIMATIC 面板、SIMATIC 工业 PC 以及标准 PC 的工程组态软件。

博途（TIA Portal）适用于 SIMATIC S7-1200，也适用于 SIMATIC HMI Basic Panel。它可以对 SIMATIC S7-1200 控制器进行组态和编程。SIMATIC WinCC Basic 包含于该软件适用于 SIMATIC Basic Panel 组态配置。

2. TIA Portal 中的可视化

人机界面 HMI 系统相当于用户和过程之间的接口。过程操作主要由 PLC 控制，用户可以使用 HMI 设备来监视过程或干预正在运行的过程。过程控制示意图如图 7-1 所示。

过程控制可以显示过程、操作过程、输出报警和管理过程参数和配方。

3. TIA V13 的 Portal 视图

TIA Portal 视图提供的是面向任务的工具视图。使用 TIA Portal 可以快速确定要执行什么操作并为当前任务调用工具。Portal 视图提供了一种简单的方式来浏览项目任务和数据。这表明用户可以通过各个 Portal 来访问处理关键任务所需的应用程序功能。TIA Portal 视图

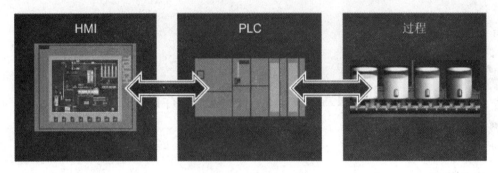

图 7-1 过程控制示意图

的布局如图 7-2 所示。

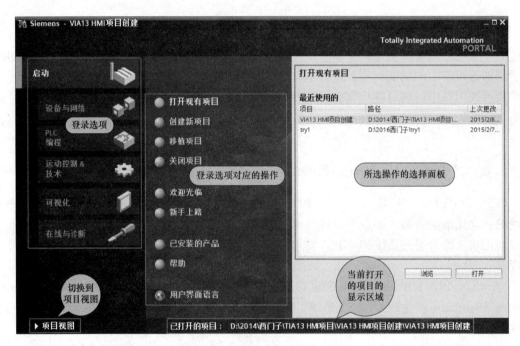

图 7-2 TIA Portal 视图的布局

4. 项目视图的布局

TIA V13 的项目视图是项目所有组件的结构化视图，项目视图中有各种编辑器，可以用来创建和编辑相应的项目组件。

在 TIA V13 的项目视图中，有 11 个功能区域，包括标题栏、工具栏、菜单栏、工具任务区、工作区、项目树和巡视窗口等，如图 7-3 所示。

使用组合键 Ctrl+1~5 能够打开和关闭项目视图的各个窗口。

5. 巡视窗口

巡视窗口有【属性】、【信息】和【诊断】选项卡。

（1）【属性】选项卡显示所选对象的属性，用户可以在此处更改可编辑的属性。

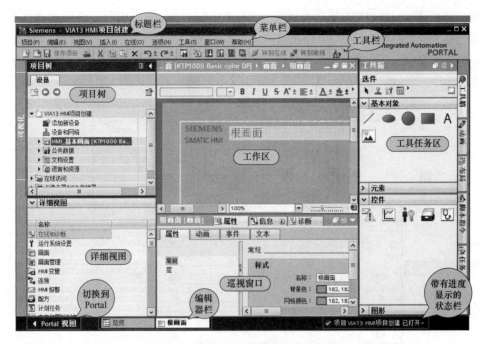

图 7-3　项目视图的布局图示

（2）【信息】选项卡显示有关所选对象的附加信息以及执行操作（如编译）时发出的报警。

（3）【诊断】选项卡中将提供有关系统诊断事件，已组态消息事件以及连接诊断的信息。

6. 总览窗口

总览窗口可以按照详细视图、列表视图和图标视图等显示形式来显示总览窗口的内容。

其中，详细视图中，对象显示在一个含有附加信息的列表中；在列表视图中，对象是显示在一个简单列表当中的；在图标视图中，以图标的形式显示对象。

单击【总览】按钮，可以显示总览窗口，如图 7-4 所示。

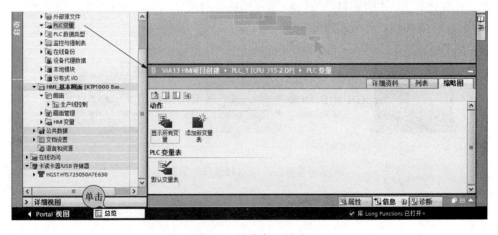

图 7-4　总览窗口图示

在总览窗口内并排显示两个文件夹或者对象的内容时，可以将总览窗口拆分为两个，并在左右两侧显示不同的内容。

此外，用户还可以通过拖放操作在这两个拆分窗口间移动对象。因此，可以将对象从一个窗口移动到另一个窗口。在工具栏中，单击【同步左侧页面】或【同步右侧页面】图标来拆分总览窗口。这样总览窗口左右两侧中的内容与项目树中所选对象的内容是同步的。要取消拆分，请再次单击先前选择的图标即可，单击【同步左侧页面】图标进行同步的操作如图7-5所示。

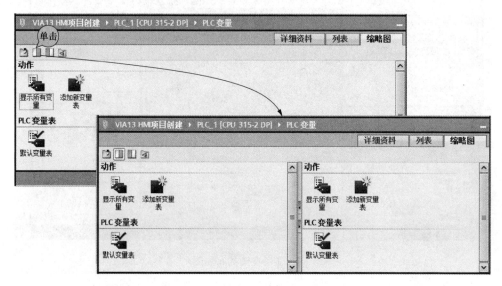

图7-5　总览窗口的同步左侧页面的操作

在总览窗口的【详细视图】中，可以显示包含某个对象附加信息的更多信息栏，也可以将其隐藏。可选择的信息栏取决于所选择的对象。

7. 触摸屏的组态与运行

触摸屏在组态阶段时，首先在个人计算机上，使用安装好的 TIA V13 博途软件，对项目进行生产、组态和模拟项目，然后通过直接连接或网络连接将项目数据下载到触摸屏的 HMI 上，在配备有 HMI 的项目的运行阶段，触摸屏与 PLC 通过网络连接进行数据的交互，触摸屏的组态和运行的示意图如图7-6所示。

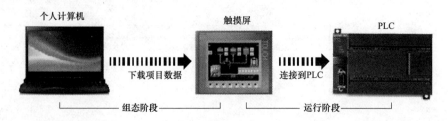

图7-6　触摸屏的组态和运行的示意图

三、 创作步骤

第一步 创建一个空项目

双击 **TIA** 图标打开 TIA V13 编程软件操作系统，单击【启动】→【创建新项目】选项，然后在【创建新项目】的设置框中，输入项目名称、安装项目的路径、作者和项目注释，然后单击软件右下方的【创建】按钮，如图 7-7 所示。

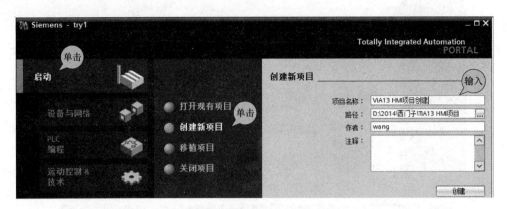

图 7-7　创建 HMI 的新项目

读者也可以通过单击【打开现有项目】选项来打开一个已有项目，或单击【移植项目】选项来移植一个项目。

单击【关闭项目】选项可以结束现有操作。

第二步　选择触摸屏的类型

创建后，在新画面中单击【设备和网络】的【组态设备】选项，操作如图 7-8 所示。

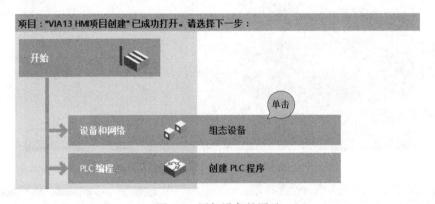

图 7-8　添加设备的图示

单击【添加新设备】选项，这样在 TIA V13 软件的右侧就会显示添加新设备的所有选项，本案例添加的触摸屏为 KTP1000，单击【6AV6 647-0AE11-3AX0】选项，然后单击【添加】按钮即可，如图 7-9 所示。

值得注意的是，在项目中创建的 HMI 的类型必须与所用的硬件一致。

在随后弹出的 HMI 设备向导页面中，可以对 PLC 连接、画面布局、报警、画面、系统画面、按钮这些选项进行设定，设定结束后，单击【完成】按钮，如图 7-10 所示。

第三步　项目保存

在创建项目或编辑项目后，用户都可以通过两种方法对项目进行保存。一种方法是单击工具栏上的 Windows【保存】图标进行保存，如图 7-11 所示。

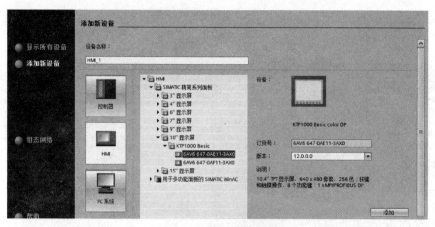

图 7-9 添加 HMI 的操作

图 7-10 HMI 设备向导页面的设置

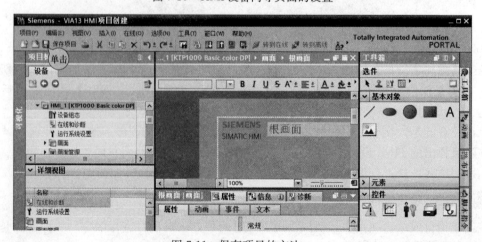

图 7-11 保存项目的方法一

第二种方法是单击【项目（P）】→【保存（S）】，操作如图 7-12 所示。

图 7-12　保存项目的方法二

第四步　项目另存的操作

将项目进行另存的操作方法是单击【项目（P）】→【另存为（A）】，在弹出来的【将当前项目另存为 ...】页面中，设置保存的地址、项目名称和保存类型，单击【保存】按钮即可，操作如图 7-13 所示。

图 7-13　项目另存的方法

第五步　打开已有项目

使用 TIA Portal 的 Portal 视图，单击【启动】→【打开现有项目】选项，单击【浏览】按钮，在右侧的项目列表中选择相应的项目，然后单击【打开】按钮即可，如图 7-14 所示。

第六步　打开 TIA V13 的项目视图

在 TIA V13 软件平台中，单击左下角的【项目视图】，就可以打开项目视图了，如图 7-15 所示。

图7-14　打开已有项目的操作

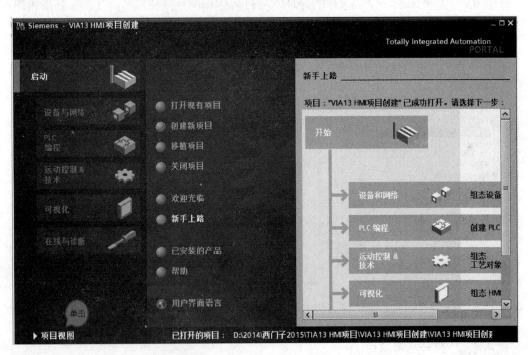

图7-15　打开 TIA V13 的项目视图

● ──── 第七步　选择用户界面语言

在 TIA V13 的项目视图中，单击【选项】→【设置】子菜单，如图7-16所示。

在弹出来的设置页面中，单击【常规】选项，然后选择用户界面语言，这里选择"中文"，如图7-17所示。

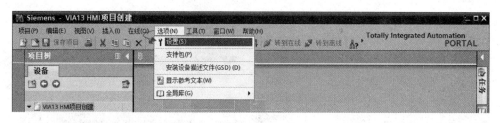

图 7-16　激活设置子菜单

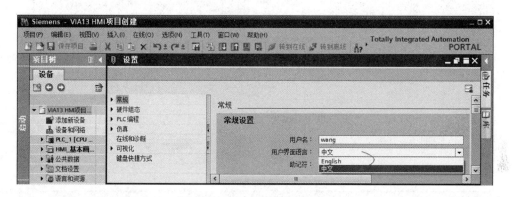

图 7-17　用户界面语言的设置

第八步　项目语言的设置

在 TIA V13 的项目视图中，单击【工具】→【项目语言】子菜单，打开项目语言设置窗口，如图 7-18 所示。

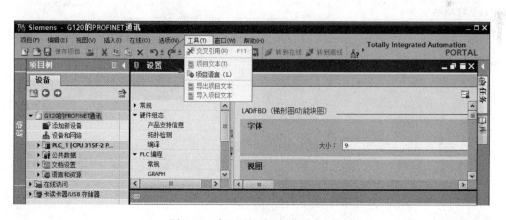

图 7-18　打开项目语言设置窗口

在打开的项目语言设置窗口中，使用项目语言选择显示项目文本（如文本块或注释）时要使用的语言。

第九步　窗口操作

将水平放置的两个编辑器窗口垂直放置时，单击【窗口】→【垂直拆分编辑器空间】，如图 7-19 所示。

图 7-19 垂直拆分编辑器空间的操作

垂直拆分编辑器空间的操作完成后，如图 7-20 所示。

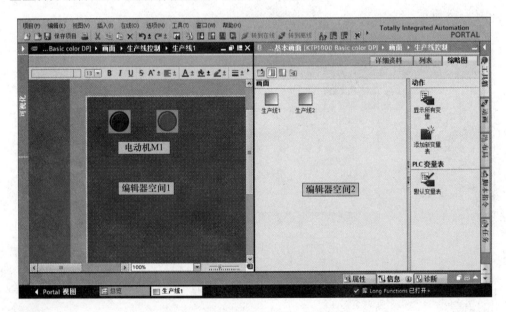

图 7-20 垂直拆分编辑器空间完成图

案例 8　TIA V13 中 WinCC 的库和屏幕键盘的操作

一、 案例说明

博途（TIA V13）中的 WinCC 库是画面对象模板的集合，库可以增强可用画面对象的采集并提高设计效率，因为库对象始终可以重复使用而无需重新组态。

TIA V13 中的 WinCC 库提供了广泛的图形库，包含灯、电动机、阀等对象。在本例中，通过对库进行的管理操作展示了如何将 WinCC Flexible 软件包中的灯的图形库导入到【工具】下的【库】当中。

二、 相关知识点

在使用 TIA V13 制作项目时，一般将经常使用的对象存储在库中，对存储在库中的对象进行组态以后，下次使用时，只要打开 TIA V13 软件，在应用时就可以随时重复应用了，并且库对象扩大了可用画面对象的数量，提高了组态时的效率。

在【库】的任务卡中管理库，TIA V13 的 WinCC 中有两种库，即全局库和项目库。全局库并不存放在项目数据库中，它在系统中以文件形式保存，全局库可用于所有项目。

1.【库】任务卡的结构

【库】任务卡的组成包括"项目库"窗格、"全局库"窗格、"元素"窗格、"部件"窗格、"类型"文件夹、"主副本"文件夹，如图 8-1 所示。

在"项目库"窗格中，可以存储想要在项目中多次使用的对象。

在"全局库"窗格中，可以存储想要在不同项目中多次使用的对象。

"全局库"窗格还列出了随系统一起提供的库。例如，这些库为您提供现成的函数和函数块。用户可以使用这些提供的全局库但无法修改它们。

在"元素"窗格中，可以显示库的元素。

在"部件"窗格中，可以显示库元素的内容。

在"类型"文件夹中，可以创建项目库中的对象类型并将其插入为案例。全局库中，不能创建类型。用户可以复制项目库中的类型并将其粘贴到全局库的"类型"文件夹。

在"主副本"文件夹中，可以创建可作为副本插入的对象的副本模板。

2. TIA V13 中 WinCC 的项目库

每个项目都有一个库。项目库的对象与项目数据一起存储，只可用于在其中创建库的项目。将项目移动到不同的计算机时，包含了在其中创建的项目库。

在项目中创建的所有项目库，会随项目移动，比如在其他 PC 中使用，项目库仍旧会存

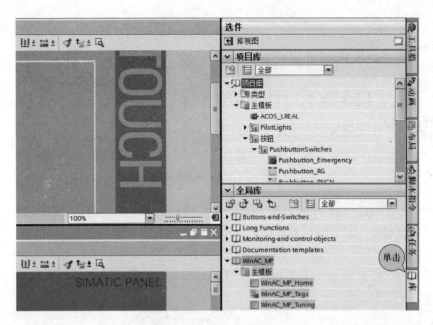

图 8-1 库任务卡的显示

在。如果项目库的库对象要用在其他对象中,可将该库对象移动或复制到全局库中。项目库可以选择设备和网络、可视化、PLC 编程等,如图 8-2 所示。

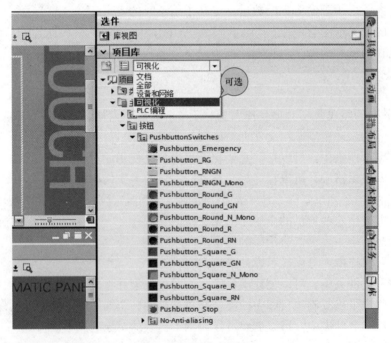

图 8-2 项目库的图示

3. TIA V13 中 WinCC 的全局库

除了来自项目库的对象之外,也可以将来自共享库的对象合并到您的项目中。全局库独立于项目数据,以扩展名"*.al11"存储在单独的文件中。

一个项目可以访问多个全局库。一个全局库可以同时用于多个项目中。

如果在一个项目中更改了某个库对象，则在所有打开了该库的项目中，该库都会随之更改。

其中：全局库"Buttons and Switches"提供了大量的按钮和开关；全局库"Monitoring and Control objects"在多种设计中，提供了复杂的显示和操作对象，以及相应的控制灯、按钮和开关。

全局库可以选择设备和网络、可视化、PLC编程等，如图8-3所示。

图 8-3　全局库的图示

4.典型的自动化解决方案

典型的自动化解决方案包含借助程序来控制过程的 PLC，用来操作和可视化过程的 HMI 设备，典型的自动化解决方案如图 8-4 所示。

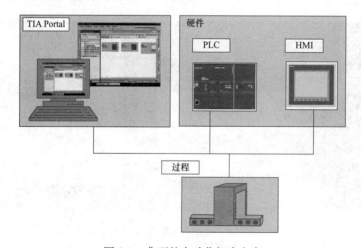

图 8-4　典型的自动化解决方案

TIA Portal 创建自动化解决方案的组态步骤有创建项目、配置硬件、联网设备、对 PLC 编程、组态可视化、加载组态数据、使用在线和诊断功能。

三、　创作步骤

● ──　第一步　**打开 TIA V13 中 WinCC 的库**

TIA V13 的 WinCC 中的"库"以文件夹形式显示在相应的选项板中，是用于存储类似于画面对象和变量等常用对象的中央数据库，库中包含的元素显示在文件夹和"元素"选项板中。

单击位于工具箱视图右侧下部的【库】按钮，来显示库，操作如图 8-5 所示。

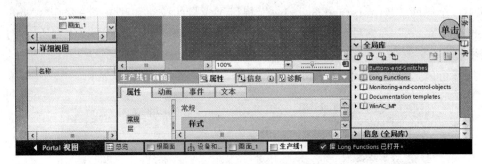

图 8-5　打开 TIA V13 中 WinCC 的库

第二步　创建文件夹

在实际的 HMI 项目的操作过程中，用户定义并分类好自己常用的库很实用，如将一类相近功能的库放到用户熟悉的标示当中去；再如制作一个按钮的文件夹，将按钮都放到这个文件夹当中。这样，在查找和插入按钮时，就比较方便快捷。

添加文件夹时，右击【项目库】选项，选择【主模板】选项，在弹出来的子选项中单击【添加文件夹】选项，这样在【主模板】下就添加了一个新的文件夹，再单击这个文件夹，待显示输入框后将名称更改为"按钮"，如图 8-6 所示。

图 8-6　新文件夹的制作过程

第三步　添加全局库的操作

打开项目库之后，大家可以看到库中是空白的。此时，单击全局库边上的图标▼选择要添加的库，本案例要添加 PushbuttonSwitches 库，操作方法是使用鼠标左键单击【全局库】→【Buttons-and-Switches】→【主模板】→【PushbuttonSwitches】选项，然后拖拽选定的库到【项目库】下的【主模板】的文件当中，如图 8-7 所示。

第四步　编辑全局库的元素

可以对库元素使用的编辑命令包括复制、剪切、粘贴、在库内移动、重命名。

图 8-7 添加全局库的操作

复制元素时，右击要复制的库元素，然后在快捷菜单中选择【复制】命令即可，剪切元素时，只能将之前剪切的库元素粘贴到同一个库中。操作时，右击要剪切的库元素，在快捷菜单中选择【剪切】命令即可。

粘贴元素时，首先复制一个库元素，然后使用鼠标右键右击要粘贴该元素的库，在快捷菜单中选择【粘贴】命令。

移动元素时，选择要移动的库元素，将库元素拖到要插入该元素的库，当将元素从一个库移动到另一个库时，只复制该元素但不会将其移走。

重命名元素时，右击要重命名的元素，在快捷菜单中选择【重命名】命令，然后输入新名称即可。

从全局库中删除元素时，在"全局库"窗格中，将包含要删除的元素的文件夹最大化，然后右击该元素，在快捷菜单中选择【删除】命令。或者打开元素视图，在"元素"窗格中右击要删除的元素，在快捷菜单中选择【删除】命令即可。

● 第五步 使用屏幕上的键盘

使用 TIA Portal 时，也可以使用 Microsoft 屏幕键盘。在【视图】菜单中，选择【屏幕键盘】命令，就可以弹出屏幕键盘，屏幕键盘如图 8-8 所示。

图 8-8 屏幕键盘

案例 9

触摸屏 HMI 与 PLC 的连接

一、 案例说明

为了使 TIA V13 能够与 PLC 进行通信，需要选择 PLC 的驱动程序，并建立连接，在本例的"相关知识点"部分中详细说明了 HMI 的通信方式，并在案例创作中一步一步地建立了 HMI KTP1000 与 S7 300 PLC 的以太网通信连接。

二、 相关知识点

1. TIA V13 的网络视图

TIA V13 的网络视图是设备和网络编辑器的工作区域，在该区域内可以执行配置和分配设备参数的任务，还可以完成设备相互之间的连接，网络视图的结构如图 9-1 所示。

图 9-1　TIA V13 的网络视图

TIA V13 网络视图中的图形区域是用来显示与网络相关的设备、网络、连接和关系的。在图形区域中，可以插入硬件目录中的设备，并可以通过可用接口将这些设备进行互连。

TIA V13 的网络视图中的总览导航提供了图形区域中所创建对象的概览。按住鼠标按钮，可以快速导航到所需的对象并在图形区域中显示它们。

TIA V13 的网络视图中的巡视窗口显示的是当前所选对象的信息。用户可以在巡视窗口的【属性】选项卡中编辑所选对象的设置；在【信息】选项卡中显示的是项目的现有信息。

用户使用 TIA V13 的网络视图中的"硬件目录任务卡"，可以轻松访问各种硬件组件。将自动化任务所需的设备和模块从硬件目录拖到网络视图的图形区域。

2. TIA V13 的设备视图

TIA V13 的设备视图是设备和网络编辑器的工作区域，在该区域内可以执行以下任务。
(1) 配置和分配设备参数。
(2) 配置和分配模块参数。

TIA V13 设备视图的结构如图 9-2 所示。

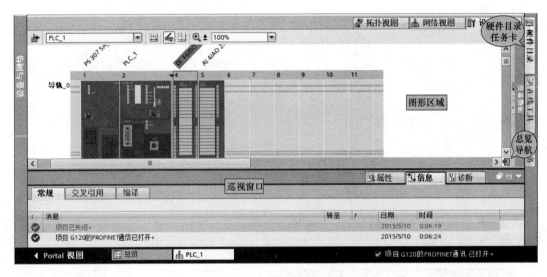

图 9-2 TIA V13 的设备视图

TIA V13 设备视图中的图形区域，显示的是设备与相关模块，它们彼此间通过一个或多个机架来分配给对方。在图形区域中，可以将其他硬件对象从硬件目录拖到机架的插槽中并对它们进行配置。

TIA V13 的设备视图中的巡视窗口显示的是当前所选对象的信息。可以在巡视窗口的【属性】选项卡中编辑所选对象的设置。

用户可以使用【硬件目录】任务卡轻松访问各种硬件组件。可以将自动化任务所需的设备和模块从硬件目录拖到设备视图的图形区域当中。

TIA V13 的设备视图中的总览导航提供了图形区域中所创建对象的概览。按住鼠标按钮，可以快速导航到所需的对象并在图形区域中来显示它们。

三、 创作步骤

● ── **第一步** 添加与 HMI 通信的 PLC

在 HMI 项目中添加 PLC 设备时，可以在【Portal 视图】或【项目视图】中添加设备。

在【项目视图】中添加的方法是双击【项目树】选项，选择【添加新设备】选项，在弹出来的【添加新设备】的页面中，单击【控制器】选项，然后选择要通信的PLC，这里选择"CPU315-2 DP"，选择完成后，在右侧会显示订货号，用户可以选择版本，然后单击【确定】按钮完成添加，如图9-3所示。

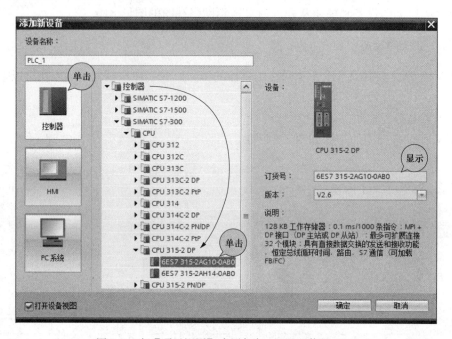

图9-3 在【项目视图】中添加与HMI通信的PLC

在【Portal视图】中添加PLC的方法是单击【设备与网络】→【添加新设备】→【控制器】选项，然后选择"CPU315-2 DP"，单击【添加】按钮完成添加，如图9-4所示。

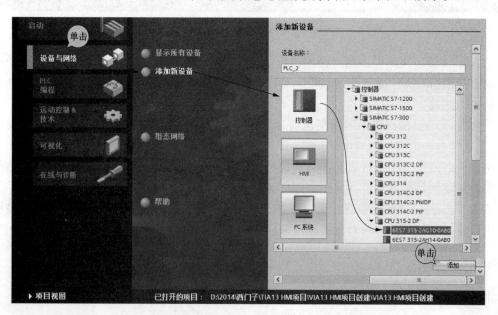

图9-4 在【Portal视图】中添加与HMI通信的PLC

第二步 创建 PROFIBUSDP 网络通信的连接

PROFIBUS DP 网络通信时，连接组态计算机和 HMI 设备处于 PROFIBUS DP 网络当中。然后使用相应的 DP 协议进行数据的传送操作。

如果所选连接类型的两个设备都在同一网络上联网时，用户可以使用两个通信设备的图形或交互选择来创建指定连接。

本案例以图形的方式来组态连接。如果以图形方式组态连接，则在设备的两个接口都可用的情况下将自动指定连接路径。

具体操作时，首先单击【项目树】中名称下的【PLC _ 1 CPU315-2 DP】选项，然后单击【网络视图】选项，此时，可以看到 PLC _ 1 有两个通信口，一个是 MPI，一个是 DP，创建 PROFIBUSDP 网络通信时，单击 DP 口，然后移动鼠标指针，指针此时将使用联网符号来指示"联网"模式。同时，鼠标指针显示锁定符号，该符号只有在指针移动到有效目标上时才会消失。当拖拽到 HMI 上的通信口时松开鼠标即可，如图 9-5 所示。

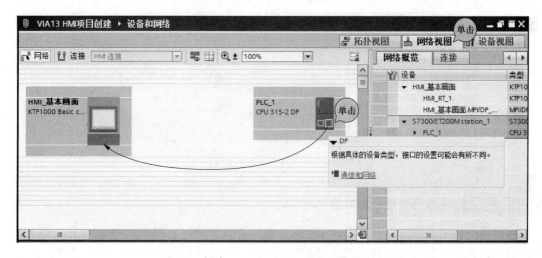

图 9-5 创建 PROFIBUSDP 网络通信的过程

创建完成后，HMI 与 CPU315-2DP 的 PROFIBUS 通信就已经连接完成了，如图 9-6 所示。

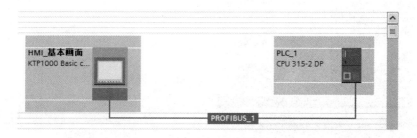

图 9-6 项目的 PROFIBUSDP 网络视图

用户在连接组态期间，需要为 S7 连接分配一个本地连接名称作为唯一的本地标识。在网络视图中，除显示【网络概览】选项卡之外，还会显示包含连接表的【连接】选项卡，对具有属性的本地通信伙伴而言，这个连接表中的一行表示一个已组态的连接。

　　每个连接都需要连接口，用于所涉及设备上的端点和/或转换点。连接端口的数目取决于设备。如果通信设备的所有连接口都已经分配完成，就不能建立新的连接了。当连接表中新创建的连接具有红色背景时，就是这种连接端口不够的情况，组态会因为错误而无法进行编译。

第三步　组态 PROFIBUS 网络的属性

　　单击 PROFIBUS_1 网络，TIA V13 软件界面的下方就会弹出 PROFIBUS_1 的属性设置窗口。

　　单击【常规】→【网络设置】选项，用户可以设置 PROFIBUS 的网络地址，最高可以设置为 126，本案例设置为 2，传输速率设为 1.5Mbps，标识号设为 DP，如图 9-7 所示。

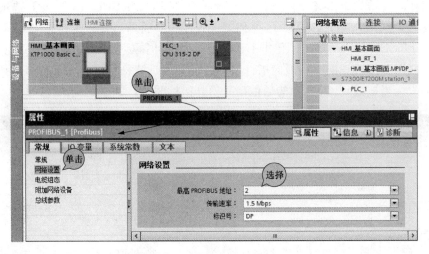

图 9-7　组态 PROFIBUS 网络 1

第四步　删除网络连接的方法

　　在将第二步中创建的 PROFIBUSDP 网络通信进行删除时，只需要单击网络，使之颜色变蓝后，再单击鼠标右键，然后单击【删除】，最后在弹出来的消息框中单击【是】按钮即可，如图 9-8 所示。

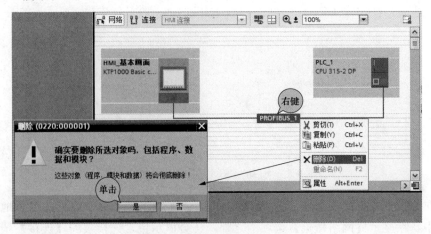

图 9-8　删除网络连接的流程

● 第五步　MPI 网络的创建

参照第一步的方法创建 MPI 网络，不同的是 PLC 的端口换成了 MPI 接口，然后单击创建好的 MPI_1 网络，在 TIA V13 控制平台的下方弹出来的 MPI 的属性页中设置 MPI 的属性，即设置最高 MPI 地址和传输速率，如图 9-9 所示。

图 9-9　MPI 网络的属性设置

● 第六步　组态连接

在联网设备之后，再组态连接。对于与 HMI 设备的通信，可组态【HMI】连接的【连接类型】，即单击【项目树】→【HMI 变量】→【连接】选项，在画面中就会显示出 MPI 的连接和参数情况，如图 9-10 所示。

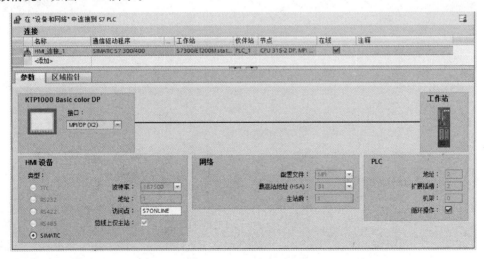

图 9-10　MPI 的网络连接和参数设置

【最高站地址】区域显示 MPI 网络的最大地址，【传输速率】取决于连接到网络中的最慢的设备，根据这个最慢的设备来设置波特率，该传输速率设置后，那么在整个网络中都使用这个波特率进行数据的传输就可以了。

第二篇

应 用 初 级

案例 10

Micro/WIN 中定时器的应用

一、案例说明

在本案例的相关知识点中，对 Micro/WIN 编程软件中的定时器进行了详细的介绍，然后在案例编程步骤中通过几个定时器的应用案例说明了在程序编制中如何灵活地使用这些定时器。

二、相关知识点

1. S7-200 CPU 中定时器的类型

S7-200 指令集中有三种不同类型的定时器，即用于单间隔计时的接通延时定时器（TON）、用于累计一定数量的定时间隔的保留性接通延时定时器（TONR）和用于延长时间以超过关闭（或假条件）的断开延时定时器（TOF）。

（1）接通延时定时器（TON）。接通延时定时器（TON）用于单一间隔的定时，上电周期或首次扫描，定时器（TON）状态为 OFF（0），当前值为 0。当使能端（IN）输入有效时，定时器（TON）开始计时，当前值从 0 开始递增，大于或等于设定值（PT）时，定时器（TON）输出状态位置为"1"（输出触点有效），当前值的最大值为 32767。使能端无效（断开）时，定时器复位（当前值清零，输出状态位置为"0"）。

每一个当前值都是时间基准的倍数，即 10ms 定时器中的计数 50 表示 500ms。

指令格式为 TON Txxx，PT，如图 10-1 所示。

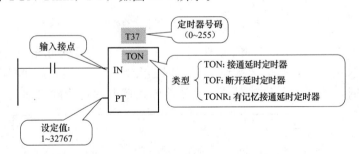

图 10-1 接通延时定时器 TON 的图示

其中：Txxx 的操作数为 T0～T255 的常数，数据类型为字。

接通延时定时器（TON）的输入电路断开时，定时器自动复位，即当前值被清零，定时器位变为 OFF。

在西门子 S7-200 PLC 的程序中 LAD/STL/FBD 程序的编写如图 10-2 所示。这段程序中的 I0.0 的状态由 0 变为 1 后，T38 开始计时，当到达 500ms 之后，100ms 定时器 T38 超时，T38 的触点闭合，接通驱动线圈 Q0.5。

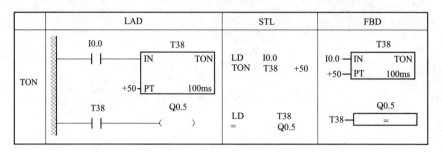

图 10-2　接通延时定时器（TON）的应用图示

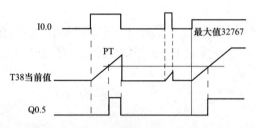

图 10-3　接通延时定时器（TON）的时序图

接通延时定时器（TON）的时序图如图 10-3 所示。

（2）有记忆接通延时定时器（TONR）。有记忆接通定时器（TONR）可以实现累计输入端接通时间的功能。有记忆接通延时定时器（TONR）用于对许多间隔的累计定时，使能端（IN）输入有效时（接通），定时器开始计时，当前值递增，当前值大于或等于设定值（PT）时，输出状态位置为"1"；使能端输入无效（断开）时，当前值保持（记忆）；使能端（IN）再次接通有效时，在原记忆值的基础上递增计时。有记忆接通延时定时器（TONR）只能采用线圈的复位指令（R）进行复位操作，当复位线圈有效时，定时器当前值清零，输出状态位置为"0"，当前值连续计数最大到 32767。

指令格式为 TONR　Txxx，PT，指令如图 10-4 所示。

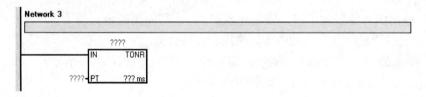

图 10-4　有记忆接通延时定时器（TONR）的图示

在西门子 S7-200 PLC 的项目中的 LAD/STL/FBD 程序的编写如图 10-5 所示。在这段程序中，当使能输入接通时，有记忆接通延时定时器开始计时，当定时器的当前值（Txxx）大于等于预设值时，该定时器位被置位。当使能输入断开时，清除接通延时定时器的当前

图 10-5　定时器 TONR 的程序应用图示

值。而对于有记忆接通延时定时器，其当前值保持不变。用户可以用有记忆接通延时定时器累计输入信号的接通时间，利用复位指令（R）清除其当前值。

定时器 TONR 的程序应用时序图如图 10-6 所示。

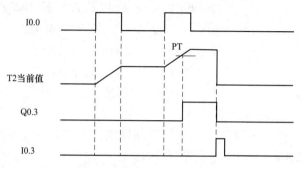

图 10-6 定时器（TONR）的程序应用时序图示

（3）断电延时定时器（TOF）。断电延时型定时器（TOF）用来在输入断开，延时一段时间后，才断开输出。使能端（IN）输入有效时，定时器输出状态位立即置"1"，当前值复位为"0"。使能端（IN）断开时，定时器开始计时，当前值从 0 递增，当前值达到预置值时，定时器状态位复位为"0"，并停止计时，保持当前值。

指令格式为 TOF Txxx，PT，指令如图 10-7 所示。

```
Network 3

        ????
      IN    TOF

????-PT    ???MS
```

图 10-7 断电延时定时器（TOF）

断开延时定时器（TOF）可以用复位指令进行复位。

在西门子 S7-200 PLC 项目中的 LAD/STL/FBD 程序的编写如图 10-8 所示。在这段程序中 TOF 用来在输入 I0.0 断开后，延时一段时间断开输出。当使能输入 I0.0 接通时，定时器位 T39 立即接通，并把当前值设为 0。当输入 I0.0 断开时，定时器 T39 开始定时，直到达到预设的时间 10s。当达到预设时间 10s 时，定时器 T39 断开，并且停止计时当前值。当输入断开的时间短于预设时间时，定时器位保持接以 TOF 指令，必须用输入信号的接通到断开的跳变启动计时。

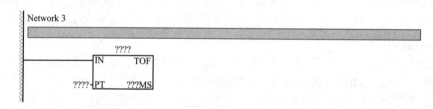

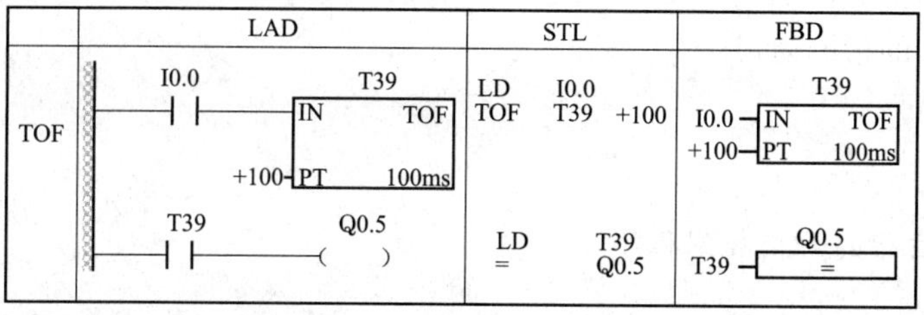

图 10-8 断电延时定时器（TOF）的程序应用图示

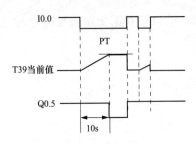

图 10-9 断电延时定时器（TOF）
应用程序的时序图示

断电延时定时器（TOF）的时序图如图 10-9 所示。

2. 定时器指令的应用

西门子 200 的 PLC 定时器就是实现 PLC 具有计时功能的计时设备。定时器的编号是 T0、T1、…、T255，S7-200 系列 PLC 有 256 个定时器。

定时器的时基按脉冲分，有 1、10、100ms 三种定时器。不同的时基标准，定时精度、定时范围和定时器刷新的方式是不同的。

（1）1ms 定时器每隔 1ms 刷新一次。当扫描周期较长时，在一个周期内可能被多次刷新，其当前值在一个扫描周期内不一定保持一致。

（2）10ms 定时器则由系统在每个扫描周期开始自动刷新。由于每个扫描周期内只刷新一次，因而在每次程序处理期间，其当前值为常数。

（3）100ms 定时器则在该定时器指令执行时刷新。下一条执行的指令，即可使用刷新后的结果，使用方便可靠。

读者可以使用定时器地址（T＋定时器号）来存取定时器的位变量或者是定时器的当前值，对定时器位或当前值的存取依赖于程序中所使用的指令。读者使用位操作数的指令时（如定时器的动合、动断点），则定时器地址（T＋定时器号）是位变量。读者使用字操作数的指令时（如 MOV＿W 指令，常用的还包括比较指令等），则定时器地址（T＋定时器号）表示的是定时器的当前值。

定时器的应用如图 10-10 所示。图 10-10（a）是用动合触点 T3 来存取定时器 T3 的位的，而图 10-10（b）是用 MOV＿W 指令存取定时器的当前值的。

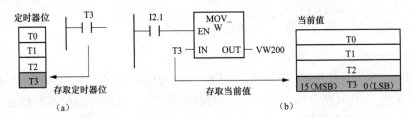

图 10-10 存取定时器位或定时器的当前值的图示

3. 快速调出定时器指令的帮助

单击程序中的指令，如图 10-11 中的定时器 T36 被选中后，按下 F1 功能键，将会弹出被选择的这个指令的帮助窗口。

三、创作步骤

1. 三台水泵运行的切换控制程序

本案例实现的是三台水泵运行的切换，最先启动的是运行泵，运行泵也最先停止，这样做的好处是可以使 3 台泵的运行时间尽量相同，保证 3 台水泵的磨损基本一致。

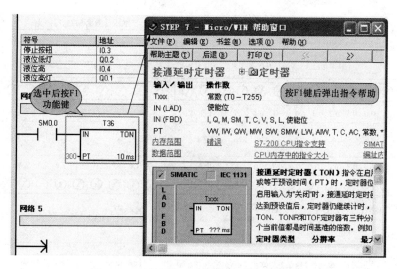

图 10-11　快速调出定时器指令帮助的图示

第一步　电气原理图

本装置内的电动机采用 AC380V/50Hz 三相四线制电源供电，控制回路以空气开关 Q3 作为电源隔离短路保护开关，热继电器 FR 作为过载保护，中间继电器 CR1 的动合触点控制接触器 KM1 的线圈得电、失电，以此类推。另外，由于接触器的线圈电压选用的是 AC220V，所以控制回路选用 AC220V 的电源，电气原理图如图 10-12 所示。

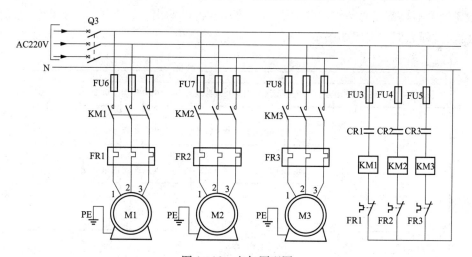

图 10-12　电气原理图

第二步　PLC 控制原理图

本案例采用 AC220V 电源供电，PLC 控制回路以空气开关 Q3 作为电源隔离短路保护开关，PLC 控制原理图如图 10-13 所示。

第三步　定时器指令的程序编制

当水网管线的压力达到低压开关 YK1 的压力时，压力下限信号的 YK1 的动合触点接

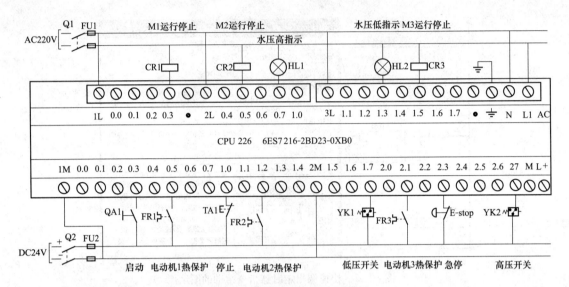

图 10-13 PLC 控制原理图

通，经 T37 动断触点，接通 T37 定时器回路。T37 在此供水项目中设置的延时是 10s，在实际的工程项目中，读者需要根据项目中的电动机大小和系统要求对这个定时器的设定时间进行调整。

如果在此时间内，YK1 的压力下限信号消失，1 号水泵仍将处于等待启动状态，如果经过 10s 的延时后，压力下限信号 YK1 仍然接通，则 T37 动作，此时 1 号水泵具备接通条件，2 号泵、3 号泵不具备接通条件，电动机 1 启动标志得电输出，2 号泵、3 号泵启动过程与 1 号泵的启动过程类似，程序如图 10-14 所示。

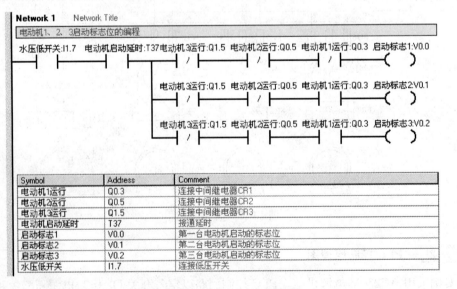

图 10-14 Network1 中的程序

使用 TON 指令设置电动机启动的延时，在本例中使用了 T37 定时器，它的时基是 100ms，$100 \times 100ms = 10s$，所以在 TON 的 PT 管脚设置的是 100，T37 输入回路串接的 T37 动断触点，实现了自清零/复位作用，每一个水泵的启动，都经过了 T37 的延时处理，这种将定时触点和启/停信号，以及输出控制集中处理的方法，使得电路思路清晰，层次分明，程序如图 10-15 所示。

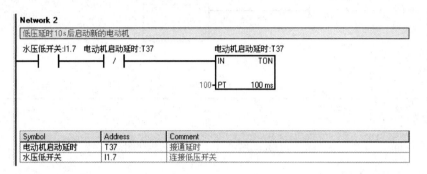

图 10-15　Network2 中的程序

● **第四步** 顺序停止 3 台水泵的操作

当水网管线的压力达到高压开关 YK2 的压力时，压力上限信号 YK2 的动合触点接通，经过延时处理，会按照 1、2、3 号泵的停机次序进行自动停机控制。在 Network3 的程序中，将 1、2、3 号电动机的停止条件激活，作为停机信号。当压力高并且持续时间超过 15s 后，顺序停止 1、2、3 号泵，程序如图 10-16 所示。

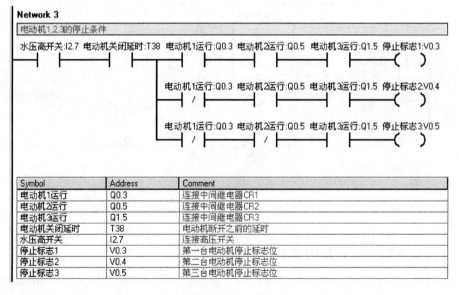

图 10-16　顺序停止 3 台水泵的操作

● **第五步** 定时器 TON 指令的程序编制

在 Network4 中与水泵的启动类似，采用 TON 指令设置电动机停止的延时，使用了 T38 定时器，它的时基是 100ms，150×100ms＝15s，所以在 TON 的 PT 管脚设置的是 150，T38 输入回路串接的 T38 动断触点和高压输入动合触点，实现了自清零/复位作用，每一个水泵的停机，都经过了 T38 的延时处理，程序如图 10-17 所示。

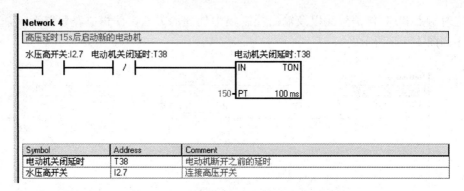

图 10-17　定时器 TON 指令的程序编制

●──**第六步**　复位优先的 RS 功能块

在 Network5 中，程序中使用了复位优先的 RS 功能块，来决定在什么条件下设置启动条件，当按下启动按钮 QA1 后，就启动了条件置位，而急停按钮 E-Stop 动作由 1 变为 0（急停使用的是动断触点），或者停止按钮 TA1 被按下（接通为 1）将复位启动条件，程序如图 10-18 所示。

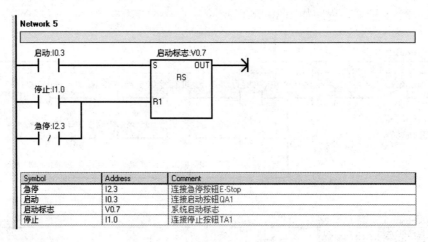

图 10-18　复位优先的 RS 功能块

●──**第七步**　电动机运行的程序编制

在 Network6 中，如果启动条件具备，并且电动机 1 启动标志位为"1"，电动机 1 停止位为"0"，则电动机 1 运行，程序如图 10-19 所示。

电动机 2、3 号的启动和停止与 1 号水泵相类似，这里不再赘述，程序见 Network7 和 Network8，如图 10-20 所示。

●──**第八步**　水压异常的指示程序

水压异常时接通 YK1 和 YK2，点亮指示灯的程序如图 10-21 所示。

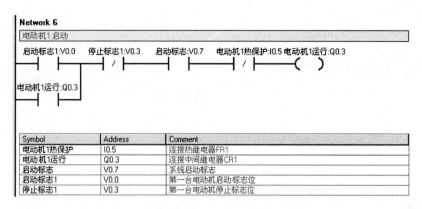

图 10-19 电动机 1 运行的程序编制

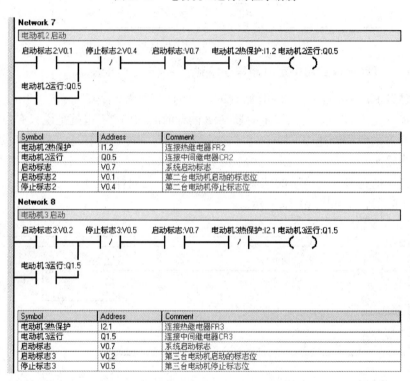

图 10-20 电动机 2 和 3 运行的程序编制

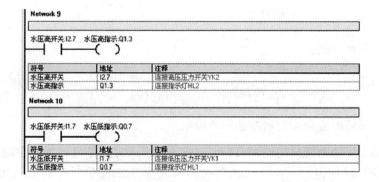

图 10-21 水压异常指示程序

2. 使用定时器实现延时接通的程序

● 第一步　接通延时的时序

在 STEP7-Micro/WIN 编程软件当中，使用定时器实现接通延时的程序和时序图如图 10-22 所示。

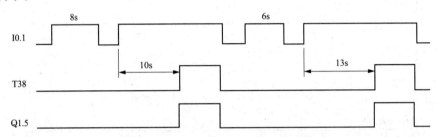

图 10-22　接通延时的程序和时序图图示

● 第二步　延时接通应用中定时器程序编制

在动合触点 I0.1 接通后，T38 开始计时，计时时间被设置成 10s，当 I0.1 接通 8s 后，又由 ON 的状态变为 OFF，所以，定时器 T38 的计时时间归 0，也就是说只有在输入软元件 I0.1 的 ON 状态的时间到达 10s 以上时，定时器的触点才能延时接通，即 T38 的触点接通，此时才能驱动线圈 Q1.5 接通，而当 I0.1 由 ON 变成 OFF 状态时，T38 的线圈将立即停止，T38 的动合触点也立即改变接通的状态。所以，Q1.5 也同样由 ON 状态变为 OFF 的状态，延时接通的定时器程序如图 10-23 所示。

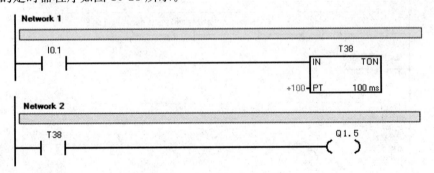

图 10-23　延时接通的定时器程序

3. 使用定时器实现长延时的程序

● 第一步　长延时的时序

I0.6 接通一下后，V1.2 自锁，开始 T37 的 2000s 计时，当 2000s 延时到达后开始 T38 计时器的 3000s 计时，当 T38 延时时间到后，输出 Q1.2，时序图如图 10-24 所示。

● 第二步　长延时应用中定时器的程序编制

在程序中使用了两个延时定时器 T37、T38，由于定时器是延迟接通定时器，所以能够延迟输出软元件 T37 的接通时间，两次延时的时间为 T37 的延时时间加 T38 的延时时间。在 I0.6 接通一下后的 5000sQ1.2 接通，如图 10-25 所示。

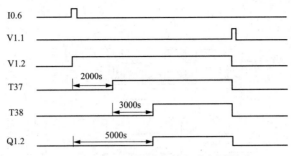

图 10-24　长延时控制程序和时序图图示

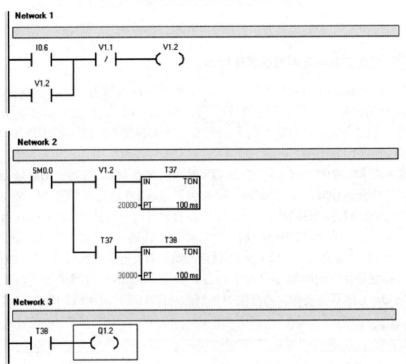

图 10-25　长延时应用中定时器的程序编制

在程序中笔者使用了 SM0.0 特殊存储器，特殊存储器是 S7-200 PLC 为保存自身工作状态数据，而建立的一个存储区，用 SM 表示。特殊存储器区的数据有些是可读可写的，有一些是只读的。特殊存储器区的数据可以是位，也可是字节、字或双字。

（1）按位方式：从 SM0.0～SM179.7，共有 1440 点。

（2）按字节方式：从 SM0～SM179，共有 180 个字节。

（3）按字方式：从 SMW0～SMW178，共有 90 个字。

（4）按双字方式：从 SMD0～SMD176，共有 45 个双字。

另外，特殊存储器区的头 30 个字节为只读区，不能对其进行写操作。

4. 定时器实现接限时控制程序的程序

第一步　限时控制程序的时序

在 STEP7-Micro/WIN 编程软件的简单工程当中，使用定时器实现限时控制程序的时序图如图 10-26 所示。

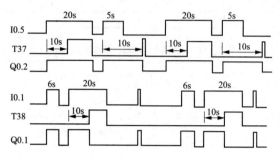

图 10-26　限时控制程序的时序图

●—— 第二步　限时控制中定时器的程序编制

在输入端 I0.5 的状态由 OFF 变为 ON 时，输出端 Q0.2 接通，动合触点 Q0.2 断开，同时定时器 T37 开始计时，当到达定时器 T37 的计时时间 10s 后，定时器 T37 接通，T37 的动断触点断开，经过 20s 后，当输入点 I0.5 的状态由 ON 变为 OFF 时，输出点 Q0.2 和定时器 T37 都失电。

但当在输入点 I0.5 的状态又 OFF 变为 ON 时，输出点 Q0.2 接通，动断触点 Q0.2 断开。同时，定时器 T37 开始计时，经过 5s 后，输入点 I0.51 的状态处于 OFF 时，通过定时器 T37 和输出点 Q0.2 的动断触点来接通输出 Q0.2，T37 接着计时，直到 10s 的时间到为止。

当达到定时器 T37 的计时时间 10s 后，定时器 T37 接通，T37 的动断触点断开，所以，定时器 T37 和输出 Q0.2 也会由于 T37 的动断触点的断开而失电，这就起到了限时的控制作用。

另一限时控制是使用定时器 T38 来实现的，只要 I0.1 闭合时间小于 T38 设定的 10s 时间，逻辑输出 Q0.1 都不会吸合。两段限时控制的程序实现如图 10-27 所示。

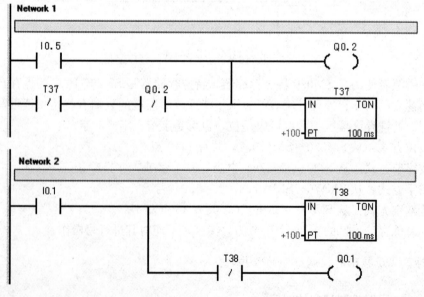

图 10-27　限时控制程序图示

Micro/WIN 中计数器的应用

一、 案例说明

计数器在工程项目的程序编制中经常用到，是 PLC 中的基本编程元件，计数器的数量和种类都非常多，有普通型和高速型之分。普通计数器和高速计数器在某些条件下不能互用，并且在编程过程中也存在一定的差异。

计数器有使用灵活，编程方便的特点，可以用于记录脉冲的次数，也可以通过简单的程序编制作为定时器使用。

S7-200 CPU 中的计数器可以用来累计内部事件的次数，也可以通过输入端子累计外部事件发生的次数。在程序中，计数器对输入的信号进行计数，在计数输入信号的上升沿计一次数，用符号 C 表示。

项目中的计数器经常用来对产品进行计数或进行特定功能的编程，在本案例中笔者通过对计数器的级联应用，实现了包装生产线的打包作业。

二、 相关知识点

1. 计数器中的变量

在 S7-200 CPU 中，计数器累计其输入端脉冲电平由低到高的次数。与计数器相关的变量有以下两个。

（1）当前值：16 位符号整数，存储累计脉冲数。

（2）计数器位：当计数器的当前值大于或等于预设值时，此位置为“1”。

用户可以使用计数器地址（C＋计数器号）来存取这些变量。对计数器位或当前值的存取依赖于所有的指令，带位操作数的指令存取计数器位，而带字操作数的指令存取当前值。

2. 计数器的类型

计数器指令有增计数 CTU、增/减计数 CTUD 和减计数 CTD 三种，指令如图 11-1 所示。

（1）增计数器指令（CTU）。增计数器指令（CTU），使该计数器在每个 CU 输入的上升沿递增计数，直至计数最大值。当当前计数值（C×××）大于或等于预置计数值（PV）时，该计数器被置位。当复位输入（R）置位时，计数器被复位，可以使用复位指令对增计数器进行复位

（2）减计数器指令（CTD）。减计数器指令（CTD）、使该计数器在 CD 输入的上升沿从预置值开始递减计数。当当前计数值（C×××）等于 0 时，该计数器被置位。当装载输入（LD）接通时，计数器复位并把预设值（PV）装载当前值。

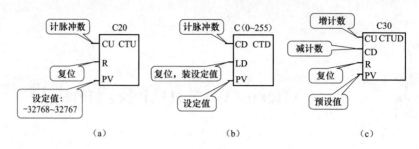

图 11-1　计数器指令图示

（a）增计数器图示；（b）减计数器图示；（c）增/减计数器图示

减计数器的复位端是 LD，加/减计数器的复位端是与加计数器相同是 R。

（3）增/减计数器指令（CTUD）。增/减计数器指令（CTUD），使该计数器在每个 CU 输入的上升沿，从当前计数值开始递增计数，在每一个 CD 输入的上升沿，递减计数。当复位输入（R）置位时，计数器被复位。

PV 为 VW、IW、QW、MW、SMW、LW、AIW、AC、T、C、常数等。

对于加/减计数器，其当前值达到最大值 32767 时，下一个 CU 的正跳变将使当前值变为最小值 -32768，反之亦然。

CTUD 计数器在程序中的应用如图 11-2 所示。在 I0.3 输入端使能为 "1" 时，计数器复位，当 I0.3 输入端的状态由 "1" 变为 "0" 时，计数器的当前值是 I0.1 端输入脉冲的上升沿数目与 I0.2 端输入的上升沿数目的差，当计数器数值大于等于 3 时，计数器 C30 的动合触点状态为 "1"，同时，驱动线圈 Q0.1 也接通。

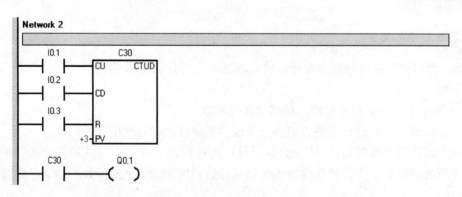

图 11-2　CTUD计数器的应用图示

CTUD 的时序图如图 11-3 所示。

另外，S7-200 PLC 的高速计数器（HC）用于计数外部高速事件，计数的频率不受扫描周期的限制。计数单元的长度为双字，只能读，不能写。

3. 计数器指令的应用

西门子 S7-200 PLC 计数器的应用如图 11-4 所示。读者可以使用计数器地址（C＋计数器号）来存取计数器的位变量或者是计数器的当前值，对计数器位或当前值的存取依赖于程序中所使用的指令。读者使用位操作数的指令时（如计数器的动合、动断触点），则计数器

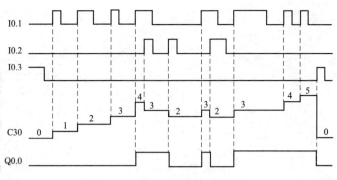

图 11-3　CTUD 的时序图示

地址（C＋计数器号）是位变量。读者使用字操作数的指令时（如图 11-4 中的 MOV＿W 指令，常用的还包括比较指令等），则计数器地址（C＋计数器）表示的是计数器的当前值。

在计数器应用的图 11-4 中，图 11-4（a）是用动合触点 C3 来存取计数器 C3 的位变量的，而图 11-4（b）是用 MOV＿W 指令存取计数器的当前值的。

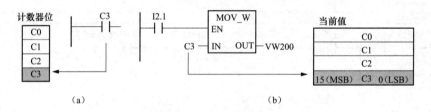

图 11-4　存取计数器位或者计数器的当前值的图示

（a）存取计数器位；（b）存取当前值

三、 创作步骤

1. 包装生产线上计数器的应用案例

第一步　工艺说明

启动包装生产线后，机械手将空的大盒放置到位，小盒自动集散台将空的小盒滑送到位，由挡板挡住，此时，传送带上的产品开始慢速前进，由光电开关检测产品是否装入小盒，由 PLC 对数量进行记录，当装满 25 个产品时，传送带停止，机械手装置系统启动，将小盒盖安装到位钉牢，并发送信号给小盒自动集散系统，这个系统在收到信号后，会打开小盒前面的挡板 1，装有产品的小盒滑动送入大盒，挡板 1 返回原位，挡板 2 又下行，将空的小盒滑到挡板 1 前，传送带再接着传送产品，当计数器计数到 250 个时，空的小盒到达挡板 1 后，传送线启动信号并未启动，而是机械手自动安装大盒的盒盖，安装完毕后，就完成了一个循环。包装生产线的示意图如图 11-5 所示。

第二步　启动设备启动标志的程序

这里笔者只对计数器级联部分的程序进行了分析，如程序条 1 中实现的是设备启动信号得电（按下连接在地址 I0.3 的自复位按钮），启动产品包装生产线的设备启动标志，如图 11-6 所示。

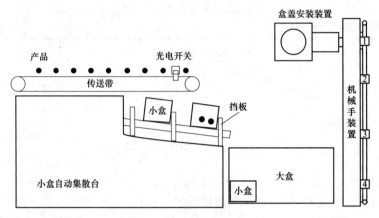

图 11-5 包装生产线的示意图

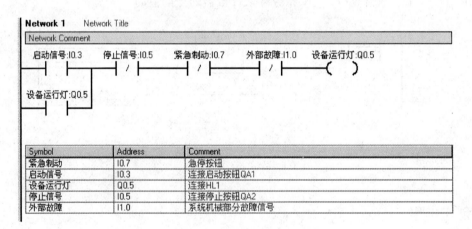

图 11-6 启动设备启动标志的程序

在程序条 1 中，地址 I1.0 的故障信号代表的是一个故障的并联组合，连接到了一个中间继电器的动合触点上，这些故障包括挡板没有到位、挡板到位后没有检测到空盒、机械手故障、传送带故障、大空盒没有到位等，此时设备都将无法继续运行，因为这个故障信号会断开设备运行灯。

● **第三步** **手动运行还是自动运行系统的选择控制**

设备启动标志启动后，可以通过手/自动选择开关（连接在地址 I0.1 上的选择开关）进行手动运行系统或自动运行系统的工作，如图 11-7 所示。

取反指令 ┤NOT├ 对位进行取反操作。

● **第四步** **信号发送程序**

在程序段 3 中，设备启动标志启动后，还要发送两条设备启动的状态给机械手控制系统和传送带控制系统，让这两个系统启动，传送带在大盒没满时一直运行，准备好对产品进行传送和大小盒的包装，程序如图 11-8 所示。

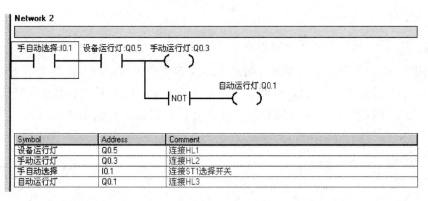

图 11-7 手动运行还是自动运行系统的选择控制

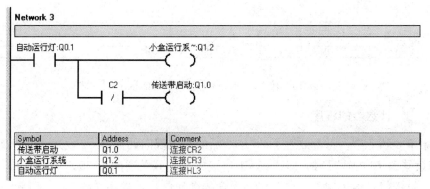

图 11-8 信号发送程序

第五步 **计数器 1 的仿真程序**

在程序段 4 中，自动运行系统运行后，设备启动标志和小盒自动集散控制系统发送回小空盒已经放置到位（挡板 1 前有小空盒）的状态都变成 ON 的状态后，当连接在地址 I1.2 上的光电开关检测到有物品通过时，向计数器 C1 发送一个计数脉冲，每当 C1 计数器到达计数器的设定值 25 时，C1 自清零、并开始下一轮计数。小空盒已经到位，但还没有产品经过光电开关时的程序如图 11-9 所示。

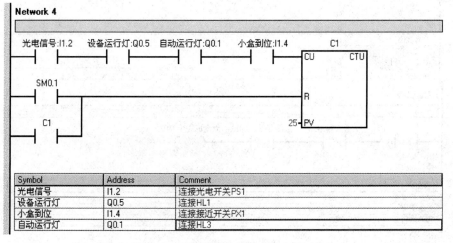

图 11-9 计数器 C1 的仿真程序图示

● 第六步　启动机械手包装小盒操作

在程序段 5 中，笔者使用了系统自带的第一次系统循环时运行一次的触点上电第一次运行标准 SM0.1 来复位计数器 C1，也就是说在每次系统运行时都对计数器进行复位。

另外，使用计数器 C1 的动合触点的 ON 状态，给机械手控制系统发送指令，可以对小盒进行包装了，程序的实现如图 11-10 所示。

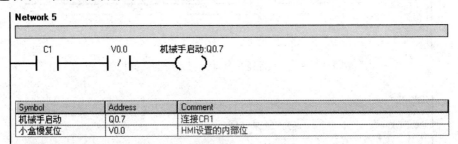

图 11-10　启动机械手包装小盒的程序

● 第七步　计数器的程序

在程序条 6 和 7 中，每个放置了 25 个产品的小盒都向计数器 C2 发送一个计数脉冲，当 C2 计数到设置值 10 的数目时，即代表 C1 连接的光电开关通断了 250 次，此时，C2 的动合触点闭合，发送信号给机械手，启动包装大盒的操作信号，程序如图 11-11 所示。

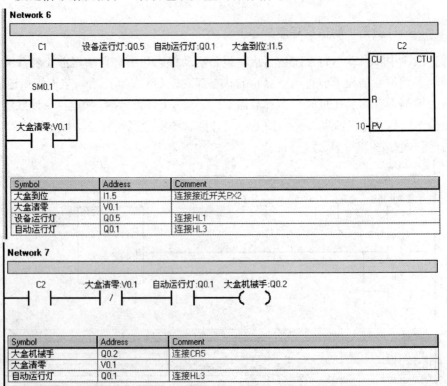

图 11-11　计数器和大盒机械手控制的程序

本案例中使用一个计数器记录小盒中放置的产品数目，每放 25 个产品清空计数器一次，并将信号传入下一个计数器，也就是说计数器 C1 记录的是有多少次 25 个产品，而计数器 C2 记录的是有多少个 25，这就是计数器级联的控制思路。

2. 长延时控制中计数器的程序编制

● —— 第一步　计数器 1 的程序编制

本案例是使用系统定时脉冲结合计数器来实现长延时的，首先使用系统位 SM0.4 作为计数器 1 的计数信号，计数器 1 的复位端使用本身的动合触点进行复位，SM0.4 系统位在每分钟会接通一次，计数器 1 在累加 60 次后，即 1 小时后复位计数器重新开始计数，计数器 1 的程序编制如图 11-12 所示。

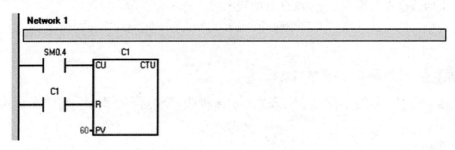

图 11-12　计数器 1 的程序编制

● —— 第二步　计数器 2 的程序编制

在计数器 C2 中累加 1，当计数器满 24 小时后，复位 C2 计数器，计数器 2 的程序实现如图 11-13 所示。

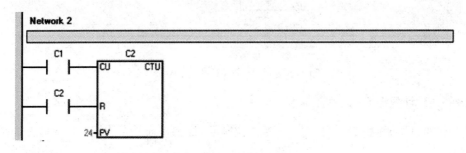

图 11-13　计数器 2 的程序实现

3. 单按钮启停设备中计数器的程序编制

单按钮实现启停控制，即使用一个按钮启停灯、电动机、接触器、阀门等。按一下按钮启动，再按一下按钮停止，再按一次按钮启动，再按一次按钮停止，在程序中使用这种编程的方法可以节省输入点。

● —— 第一步　单按钮启停设备的时序

一个单按钮启停的时序如图 11-14 所示。当输入点 I3.0 的状态由 OFF 转为 ON 时，仅在驱动输入 ON 后一个扫描周期内，内部软元件 M0.0 才动作。

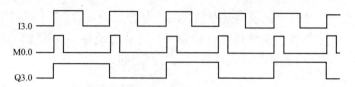

图11-14 二分频电路的时序图

单按钮启停设备的电路在时间上就是一个二分频的典型电路。等待分频的脉冲信号加在输入I3.0上，在第一个脉冲信号到来时，M0.0产生一个扫描周期的单脉冲，使M0.0的动合触点闭合一个扫描周期。

第一个脉冲到来一个扫描周期，M0.0断开，Q3.0接通，第二个支路使Q3.0保持接通。

当第二个脉冲到来时，M0.0再产生一个扫描周期的单脉冲，断开M0.0的动断触点，而且第一个回路也没有接通，使得Q3.0的状态由接通变为断开。

通过分析可知，I3.0每送入两个脉冲，Q3.0产生一个脉冲，完成对输入I3.0信号的二分频。

● 第二步 计数器C1的程序编制

计数器1的CU端连接启停按钮，每来一次脉冲C1都接通一个周期，程序段1如图11-15所示。

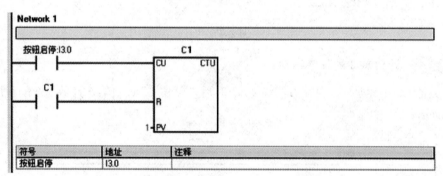

图11-15 计数器C1的程序编制

● 第三步 计数器C2的程序编制

计数器2的CU端连接启停按钮，每来两次脉冲C2都接通一个周期，程序段2如图11-16所示。

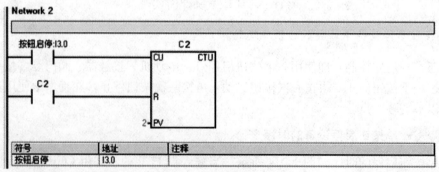

图11-16 计数器2的程序编制

第四步　RS 复原双稳态触发器（RS）的程序编制

使用 RS 复原双稳态触发器（RS）这个功能块，在设置（S）和复原（R）端同时为"1"时，输出为假，也就是说是复原输入端有优先权，这样就实现了按一次按键接通输出 Q3.0，再按一次断开 Q3.0，如此周而复始，程序如图 11-17 所示。

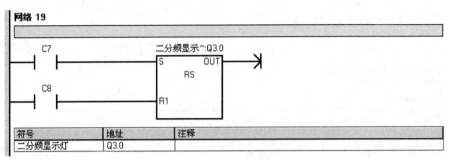

符号	地址	注释
二分频显示灯	Q3.0	

图 11-17　RS 指令的程序编制

通过上述四个步骤，就实现了按下一次按钮启动设备，再按下一次按钮就停止设备的功能了。

4. 计数器与定时器联合应用的程序编制

本案例使用指令 BGN_ITIME 记录起始时刻，再使用 CAL_ITIME 功能计算现在时刻与起始时刻的差值，用于计时，CAL_ITIME 功能块的最大计时时间为 49.7 日。

第一步　计时程序的编制

首先记录 I1.1 上升沿（即从断开到接通的时刻）的时间值，并将其放入 VD10 存储区中，然后使用 CAL_ITIME 功能块记录 I1.1 的接通时间，将当前时间减去 I1.1 刚接通时的时间，将两个时间差值以毫秒的形式放入 VD14 中，计时程序的编制如图 11-18 所示。

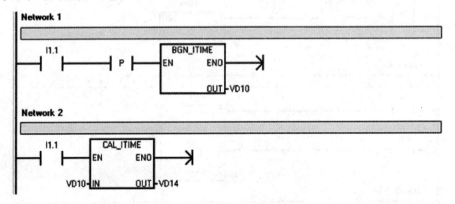

图 11-18　计时程序的编制

第二步　定时器结合计数器的程序编制

在 Network3 中，当接通时间大于 8h 后接通 Q1.3 输出，8h＝28800s＝28800000ms，程序的实现如图 11-19 所示。

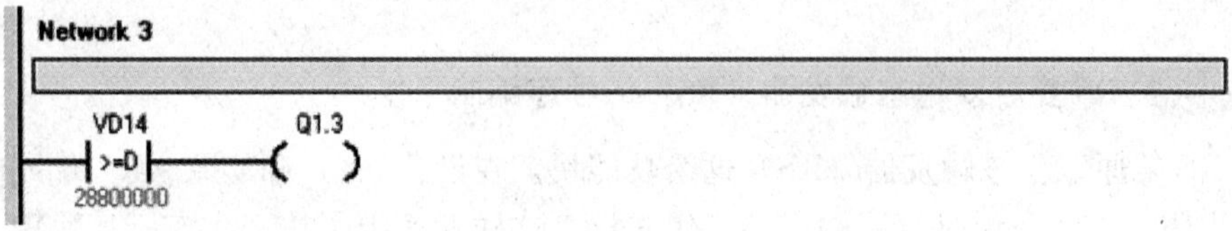

Network 3

```
    VD14        Q1.3
   |>=D|        ( )
  28800000
```

图 11-19 定时器结合计数器的程序

● 第三步 **V2.0 的置复位程序**

在 Network4 中使用 I2.0 按钮置位 V2.0，使用 I2.1 按钮复位 V2.0。V2.0 的置复位操作的程序编制如图 11-20 所示。

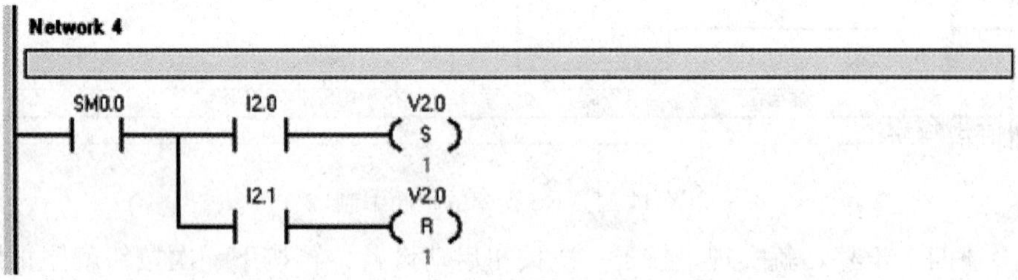

Network 4

```
   SM0.0    I2.0        V2.0
    | |     | |        ( S )
                         1
             I2.1        V2.0
             | |        ( R )
                         1
```

图 11-20 V2.0 的置复位操作

V2.0 置位后，使用 T40 时间继电器的动断触点作为 TON 的 IN 输入，用于实现 T40 继电器时间到达后的自复位。

● 第四步 **定时器和计时器的程序编制**

T40 时间到达后在 CTU 型 C5 计数器上累加 1，直到 $40 \times 200 = 8000s$ 后 C5 为 1，按下 I2.1 后 V2.0 值变为 0，其动断触点为 1，这样就复位了 C5 的输出和计数器，如图 11-21 所示。

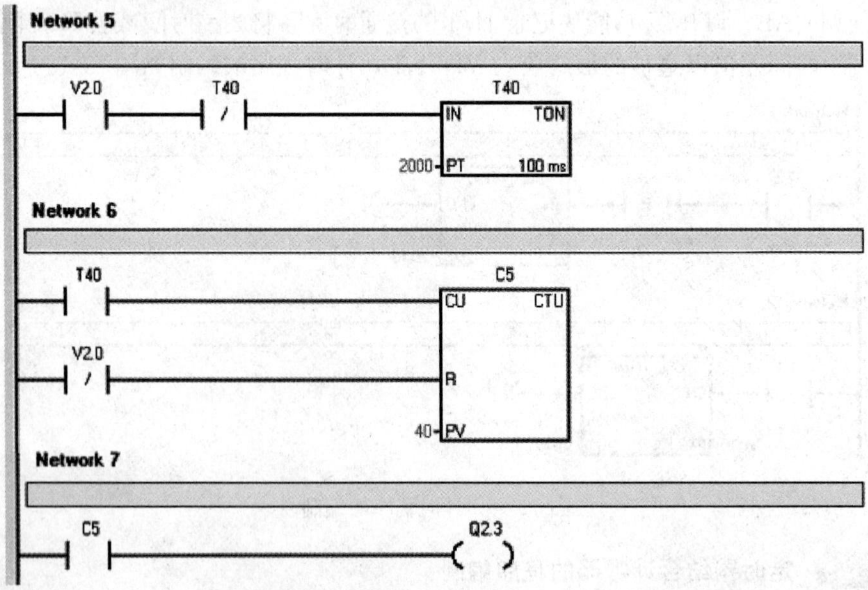

Network 5

```
    V2.0     T40
    | |      |/|        IN   TON  T40

                   2000-PT   100 ms
```

Network 6

```
    T40                           C5
    | |                     CU    CTU

    V2.0
    |/|                      R

                        40-PV
```

Network 7

```
    C5                      Q2.3
    | |                     ( )
```

图 11-21 定时器和计时器的程序编制

案例 12

西门子 S7-200 系列 PLC 控制电动机启动运行的两种方式

一、案例说明

三相笼型异步电动机的控制线路大都由继电器、接触器和按钮等有触点的电器组成。在实际的工程应用中，小容量的电动机可以采用直接启动的方式，而容量较大的电动机，通常采用降压启动的方式。降压启动的方式有很多，有星三角启动、自耦降压启动、串联电抗器降压启动和延边三角形启动等。

本案例中分两个部分进行介绍：一部分采用西门子 S7-200 系列 PLC 控制电动机直接启动连续运行，另一部分介绍电动机的星三角（丫—△）启动方式。

二、相关知识点

三相笼型异步电动机基本的控制线路有全压启动控制线路、正反转控制线路、点动与连续运动的控制线路、多地点控制线路、顺序控制线路和自动循环控制线路。

1. 全压启动控制电动机运行的线路

三相异步电动机的启动方法按启动时的电压分类有两种，当启动电压等于电源电压时称为直接的启动，当启动电压低于电源供电电压时称为减压启动。直接启动控制用于小容量笼型电动机。减压启动用于容量较大的电动机，且仅适用于空载或轻载启动。

全压启动控制有刀开关直接启动控制及接触器直接启动控制两种方式，控制线路如图 12-1 所示。

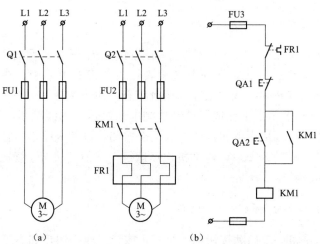

图 12-1 全压启动方式的控制线路图示

（a）刀开关直接启动；（b）接触器控制的单向运转全压启动

2. 正反转控制电动机运行的线路

正反转控制线路有无互锁电路、具有电气互锁电路和具有双重互锁电路三种控制线路。

由于正反转切换时的倒相（即互换 A、B、C 三相中其中任意两相实现电动机旋转方向的改变）可能出现的相间短路，因此无互锁电路因为对相间保护没有保护作用，已经无人使用。电气互锁电路是通过电气接点的互锁防止正、反转同时动作，双重互锁电路是在正反转接触器上加入了机械互锁和电气互锁，因此可靠性更高。

三种控制电路的控制线路如图 12-2 所示。

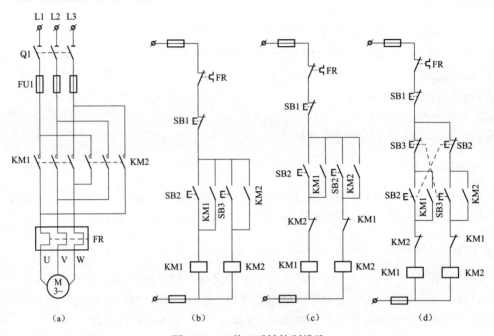

图 12-2 三种正反转控制线路

(a) 主电路；(b) 无互锁电路；(c) 电气互锁电路；(d) 双重互锁电路

3. 点动与连续运行电动机的控制线路

点动控制小容量电动机运行时，在基本点动控制电路中只要按下按钮 SB2，电动机就运行，松开按钮 SB2 电动机就停止，而在开关旋转运行状态的电路中，在选择开关 SA 接通时，接触器 KM 自锁启动按钮，线路为连续运行状态，而当选择开关 SA 旋转后，选择开关 SA 断开，线路在不自锁的情况下变成了点动控制电动机运行的线路了，即按下按钮 SB2 点动运行电动机，松开按钮 SB2 电动机停止。在两个按钮控制的电路中，在按下 SB3 按钮后电动机点动运行，当按下按钮 SB2 后，电动机连续运行。三种点动与连续控制电动机运行的控制线路如图 12-3 所示。

4. 多地点控制小容量电动机运行的线路

多地点控制线路是将一个启动按钮和一个停止按钮组成一组，如 SB1 和 SB2，并把两组启动、停止按钮分别放置两地，即能实现两地点控制。三地控制电动机运行的控制线路如图 12-4 所示。

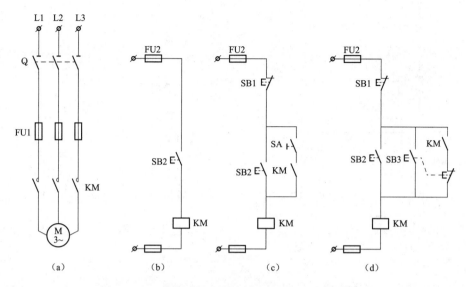

图 12-3　三种点动与连续控制电动机运行的控制线路

（a）主电路；（b）基本点动控制电路；（c）开关选择运行状态的电路；（d）两个按钮控制的电路

5. 顺序控制两台以上电动机的控制线路

对两台电动机的顺序控制进行接线时要求接触器 KM1 动作后，接触器 KM2 才能动作，所以将接触器 KM1 的动合触头串接于接触器 KM2 的线圈电路中，如果控制的是多台电动机的顺序启动，则读者只要将启动顺序的逻辑关系整理好，将前一台启动电动机的接触器的动合触点串接到下一台启动的电动机的控制回路中即可。顺序控制两台电动机的控制线路如图 12-5 所示。

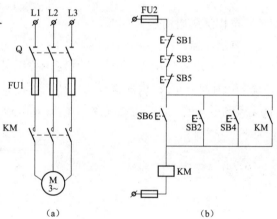

图 12-4　三地点控制电动机运行的控制电路图示

（a）主电路；（b）多地点控制电路

6. 降压启动控制线路

在实际的生产实践中，15kW 的三相鼠笼电动机就属于较大容量的异步电动机，如果采用上述的方法直接启动，电动机的启动电流为其额定电流的 4～8 倍，由于过大的启动电流会对电网产生巨大的冲击，所以我们一般采用降压方式来启动。

（1）采用降压启动的条件。

1）电动机启动时，机械不能承受全压启动的冲击转矩。

2）电动机启动时，其端电压不能满足规范要求。

3）电动机启动时，影响其他负荷的正常运行。

（2）降压启动的方式。

1）"丫—△"启动器。

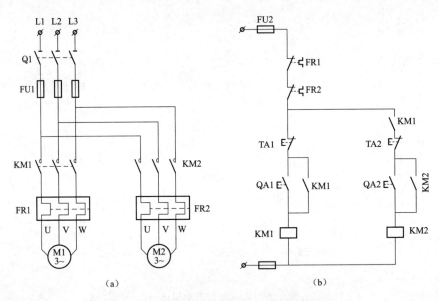

图 12-5　顺序控制两台电动机的控制线路

(a) 主电路；(b) 控制电路

2）自耦降压启动器。

3）软启动器。

(3)"丫—△"启动器。电动机在定子绕组星形连接的状态下时，启动电压为三角形连接直接启动电压的 $1/\sqrt{3}$，启动转矩为三角形连接直接启动转矩的 $1/3$，启动电流也为三角形连接直接启动电流的 $1/3$，控制线路如图 12-6 所示。

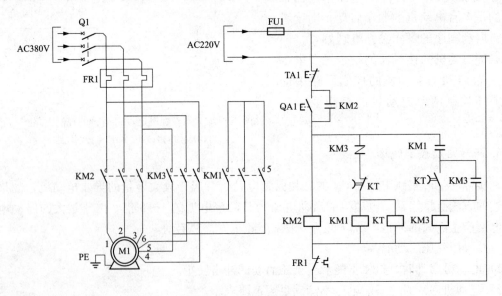

图 12-6　星三角启动的线路

7. 自耦变压器减压启动控制线路

电动机启动电流的限制是依靠自耦变压器的降压作用来实现的。电动机启动时，定子绕组得到的电压是自耦变压器的二次电压，一旦启动完毕，自耦变压器便被甩开，额定电压即自耦变压器的一次电压直接加于定子绕组，电动机进入全电压正常工作，控制线路如图 12-7 所示。

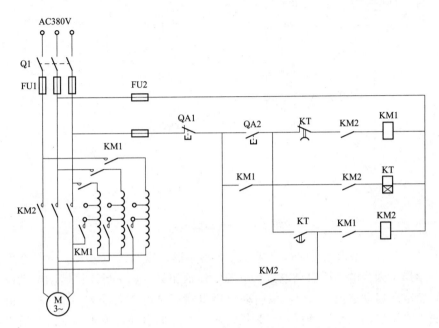

图 12-7　自耦变压器减压启动控制线路的接线图

三、　创作步骤

1. 星三角启动运行电动机的西门子 S7-200 的项目案例

本案例对电动机控制中最常用到的星三角启动运行电动机进行了硬件设计和软件编程。使用了定时器来完成电动机丫—△的运行控制，大家都知道，当电动机拖动的负载对电动机的启动力矩没有严格要求，并且工艺上又要限制电动机的启动电流时，在控制上可以采用星三角的启动方法来启动电动机。在本案例中笔者使用了定时器指令来控制丫—△启动的时间。

● **第一步**　**电动机的主要控制步骤**

（1）按下启动按钮 QA1，控制电动机运行的接触器 KM1 和 KM2 的线圈得电，电动机运行在星接状态。

（2）同时星接运行开始时，定时器计时。

（3）到达定时器的设定时间后，星接运行电动机停止，启动星三角切换定时器。

（4）到达星三角切换定时器设定的时间后，自动切换到电动机角运行。

（5）按下停止按钮 TA1 将停止电动机的运行。

● **第二步**　**电气原理图**

电动机 M1 采用 AC380V/50Hz 三相四线制电源供电，三相电源的进线连接到空气开关 Q1 上，FR1 是热继电器，用来实现电动机的过载保护，电气控制原理图如图 12-8 所示。

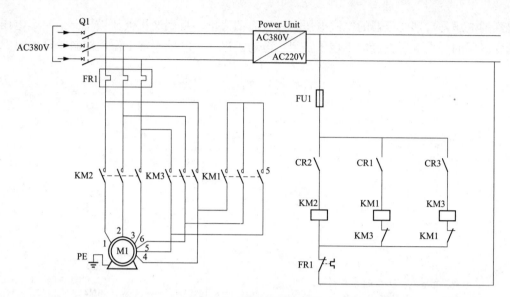

图 12-8 电气控制原理图

所谓丫—△启动，是指启动时电动机绕组接成丫形，启动结束进入运行状态后，电动机绕组接成三角形。因为电动机启动电流与电源电压成正比，在丫形连接启动电动机时，其启动电流只有全电压启动电流的 1/3，但启动力矩也只有全电压启动力矩的 1/3。也就是说星三角启动属于降压启动，是以牺牲功率为代价来换取降低启动电流来实现的，所以不能一概地以电动机功率的大小来确定是否需采用丫—△启动，还要根据电动机拖动的负载来决定是否选择丫—△的启动方式。

丫—△启动电动机的特点如下。

（1）当负载对电动机启动力矩无严格要求又要限制电动机启动电流、电动机满足 380V/△ 接线条件、电动机正常运行时定子绕组接成三角形时才能采用丫—△启动方法，在电动机启动时将电动机接成丫形接线，当电机启动成功后再将电动机改接成三角形接线。

（2）由于电动机启动力矩与电源电压成正比，而此时电网提供的启动电流只有全电压启动电流的 1/3，因此其启动力矩也只有全电压启动力矩的 1/3。

（3）丫—△启动属降压启动，它是以降低启动扭矩为代价换取降低启动电流实现的，一般在启动时负载轻、运行时负载重的情况下可采用丫—△启动，通常鼠笼型电动机的启动电流是运行电流的 5～7 倍，而电网对电压要求一般是 ±10%，为了使电动机启动电流不对电网电压造成过大的冲击，可以采用丫—△启动。

（4）在实际使用过程中，电机功率超过 15kW 就需要采用丫—△启动方法，如额定功率 15kW 的风机在启动时电流为 7～9 倍（210A 以上），这对电网的就有一定的冲击了，所以建议采用丫—△启动，但是如果启动的负载是重载，如碎石机等，就要采用全压启动方式。

这时如果也要限制启动电流，就要考虑使用变频器（放大一挡）来解决既要启动电流小又要启动力矩大的问题。

● 第三步 西门 200 系列 PLC 的控制电路设计

本案例采用 AC220V 电源供电，一般交流电压波动在 ＋10%（＋15%）的范围内，可以不采取其他措施而将 PLC 的输入电源直接连接到交流电网上去，选用的 PLC 为 CPU226，如图 12-9 所示。

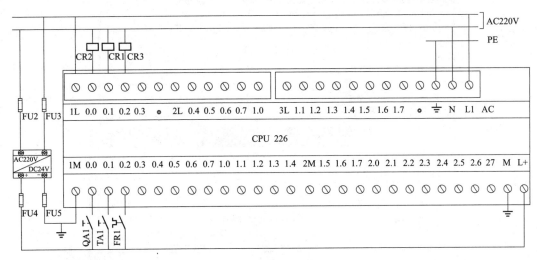

图 12-9 PLC 电气原理图

● ——第四步 **PLC 参数分配表**

电动机丫—△启动项目的参考输入地址分配表、参考输出地址分配表见表 12-1 和表 12-2。

表 12-1　　　　　　　　　电动机丫—△启动项目的输入地址分配表

序号	输入信号名称	地址	符号表
1	电动机启动按钮 QA1（动合）	I0.0	motor _ start
2	电动机停止按钮 TA1（动断）	I0.1	motor _ stop
3	热继电器 FR1（常闭）	I0.2	thermal _ protect

表 12-2　　　　　　　　　电动机丫—△启动项目的输出地址分配表

序号	输出信号名称	地址	符号表
1	中间继电器 CR2（控制星接闭合）	Q0.0	star _ KM1
2	中间继电器 CR1（控制主电路闭合）	Q0.1	main _ KM2
3	中间继电器 CR3（控制角接闭合）	Q0.2	delta _ KM3

● ——第五步 **配置项目的 CPU 的型号**

右击项目图标，在弹出的对话框中单击【类型】选项，或用菜单命令【PLC】→【类型】来选择 PLC 的型号，红色标记 "×" 表示对选择的 PLC 无效，这里为项目【电动机启动项目】选配的 CPU 是 CPU226，版本号是 02.01，选配完成后大家可以看到，在【电动机启动项目】下的 CPU 变成了【CPU226REL02.01】，操作如图 12-10 所示。

● ——第六步 **创建全局变量表**

在 STEP7-Micro/WIN 编程软件界面中，单击【浏览条】中的符号表选项，在软件右侧的工作窗口中，将打开一个空白的符号表，读者应该按照输入输出地址表来定义全局变量表，如图 12-11 所示。

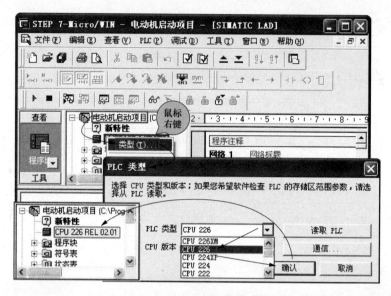

图 12-10 项目中的 CPU 的配置流程图示

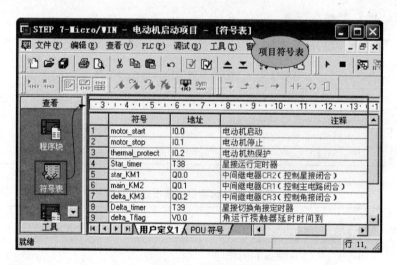

图 12-11 符号表

其中，T38 是星接运行的定时器，T39 是星接切换角接的定时器。

第七步 程序编制

在使用丫—△启动方法启动电动机的程序中，输入继电器 I0.0 连接的是外部的启动按钮 motor _ start。当按下启动按钮时，motor _ start 在程序中的动合触点 I0.0 闭合，RLO 路中其他两个元件是连接外部的停止按钮 motor _ stop 的动断触点 I0.1 和热继电器 thermal _ protect 的动断触点 I0.2，所以只要按下启动按钮，控制电动机运转的主回路的驱动线圈 main _ KM2 将闭合，触点 Q0.1 的动合触点闭合进行自保，为星运行提供了一个必要条件。同时，使用了下降沿转换命令，在主回路"接通再断开"时，能够复位延时到标志位 V0.0，即程序段 4 中被置位的线圈，用来保证下次再启动后的正常工作，程序如图 12-12 所示。

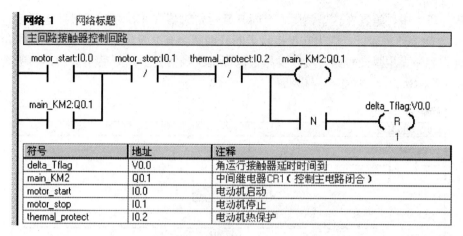

图 12-12　主电路控制

　　主回路 main _ KM2 的动合触点 Q0.1 闭合后，接通延时定时器（TON）指令，T38 开始计时，并且 T38 的动断触点并不动作，这样星运行的 RLO 为"1"，电动机开始星运行，即 Q0.0 吸合，当运行的时间达到 T38 设定的时间 3s 后，T38 的接通延时动断触点，将断开星运行的驱动线圈 Q0.0。

　　其中各部分具体介绍如下。

　　（1）置位指令 S：使能输入有效后，从起始位 S-bit 开始的 N 个位置"1"并保持，通俗点说就是置位后输出保持，而不管输入为何种状态。

　　（2）复位指令 R：使能输入有效后，从起始位 R-bit 开始的 N 个位清"0"并保持。

　　对同一元件可以多次使用 S/R 指令（与"＝"指令不同），并且由于是扫描工作方式，当置位、复位指令同时有效时，写在后面的指令具有优先权。置位复位指令通常成对使用，也可以单独使用或与指令盒配合使用。

　　操作数 N 的范围为 1～255，数据类型为字节。

　　操作数 S-bit 为 I、Q、M、SM、T、C、V、S、L，数据类型为布尔。

　　另外，当启用输入的 Q0.1 断开时，接通延时定时器 T38 的当前值会被清除，星接定时器的设置如图 12-13 所示。

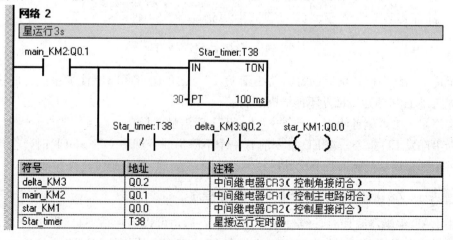

图 12-13　星接定时器的设置

在程序段 3 中，笔者在这里使用一个断开延时定时器 T39，在断开星接运行后，必须延时 500ms 才能接通角运行，因为在星接触器断开期间会有电弧产生，这个时候如果角接触器立即吸合很容易发生弧光短路，所以要尽量保证星接触器完全断开后角接触器再吸合，程序如图 12-14 所示。

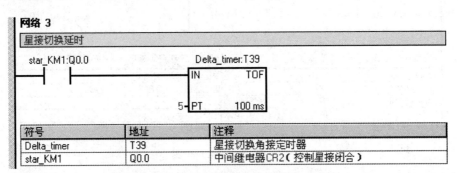

图 12-14 星接切换角接定时器的设置

通过程序段 1 中编制的程序，读者可以看到，主接触器的 Q0.1（main_KM2）的动合触点闭合，当程序段三中的断开延时定时器（TOF）T39 在延时时间到达 0.5s 后，T39 动断触点闭合，在下降沿后对角运行接触器延时标志位 V0.0 置 1，V0.0 的动合触点闭合后，电动机开始角运行，程序如图 12-15 所示。

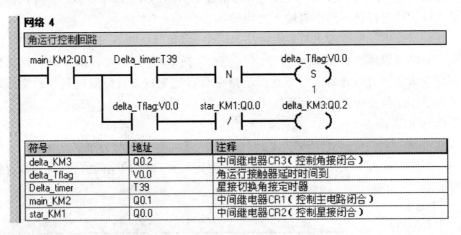

图 12-15 角接运行控制程序

在星运行回路串接了角运行的驱动线圈 Q0.2，在角运行回路串接了星运行的驱动线圈 Q0.0，用来保证星角运行回路不能同时运行。

在程序段 4 中，笔者使用了指令 ┤N├，即下降沿触发指令。

下降沿触发 ED 指令，在 ED 指令前有一个下降沿时，即由 ON→OFF 时，会产生一个宽度为一个扫描周期的脉冲，驱动其后线圈。边沿触发 ED 指令是没有操作数的。

● ── 第八步 LAD 程序切换为 FBD 和 STL 的程序

采用 LAD 编辑器编程时，经过编译没有错误后，可以转换成 STL 程序和 FBD 程序。如果编译有错误时，则无法改变程序模式。而 STL 只有在严格按照网络块编程的格式下才能切换到 LAD，否则无法实现转换。

切换程序的显示方式时，首先使用菜单命令【查看】，然后单击【梯形图】、【STL】（指令表）或【FBD】（功能块图）选项，便可以进入对应的编程环境。也就是说读者在编程时，可以通过单击【查看】下的编程语言来进行 STL、FBD 和梯形图三种编程语言的切换，切换的操作流程如图 12-16 所示。

图 12-16　编程语言的切换图示

2. 西门子 200 系列 PLC 控制电动机直接启动连续运行

● **第一步** **PLC 电气控制设计**

选用的 PLC 为 CPU222，订货号为 6ES7 212-1BB23-0XB0，电动机启动运行按钮 SB1 连接到 PLC 输入的端子 I0.2 上，停止按钮 TA1 连接到 PLC 的输入端子 I0.5 上，中间继电器 CR1 的线圈连接到 PLC 输出的 Q0.0 端子上，电动机运行指示灯 Lamp1 连接到端子 Q0.2 上，电动机停止指示灯连接到 PLC 的输出端子 Q0.4 上，CPU222 的控制原理图如图 12-17 所示。

电动机采用 AC380V/50Hz 三相四线制电源供电，电动机直接启动运行的控制回路是由空气开关 Q1、接触器 KM1、热继电器 FR1 及电动机 M1 组成的。其中以空气开关 Q1 作为电源隔离短路保护开关，热继电器 FR1 作为过载保护，中间继电器 CR1 的动合触点控制接触器 KM1 的线圈得电、失电，接触器 KM1 的主触头控制电动机 M1 的启动与停止。

三相异步电动机直接启动运行的控制线路如图 12-18 所示。

● **第二步** **创建项目编制符号包**

创建新项目后，编制控制程序前，读者要先组态项目中的 PLC 为 CPU222，然后定义符号表，符号表如图 12-19 所示。

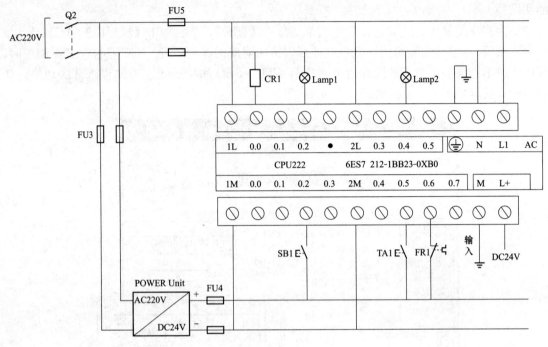

图 12-17 CPU222 的电动机直接启动运行的控制原理图

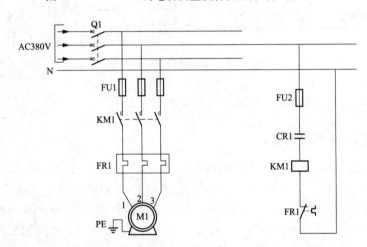

图 12-18 电动机直接启动的电路图

			符号	地址	注释
1			启动运行按钮	I0.2	连接SB1按钮
2			停止运行按钮	I0.5	连接TA1按钮
3			电动机运行	Q0.0	驱动CR1线圈
4			电动机运行指示灯	Q0.2	连接Lamp1指示灯
5			电动机停止指示灯	Q0.4	连接Lamp2指示灯
6			电动机热保护	I0.6	过载保护

图 12-19 符号表

第三步 电动机运行的控制程序

当按下启动按钮 SB1 后,由于停止按钮 TA1 串接在启动回路中的是动断触点,所以,连接中间继电器 CR1 的 PLC 的输出端子得电，CR1 的动合触点闭合，接触器的线圈 KM1 也闭合，启动电动机运行，当按下按钮 TA1 后将断开正在运行的电动机 M1，程序在网络 1 中实现，如图 12-20 所示。

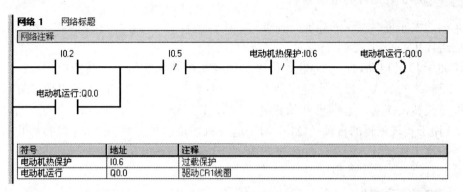

图 12-20 电动机运行控制

● **第四步** **电动机运行指示灯的控制**

当 Q0.0 的线圈在按下启动按钮 SB1 后，其动合触点闭合，电动机运行指示灯将点亮，程序在网络 2 中实现，如图 12-21 所示。

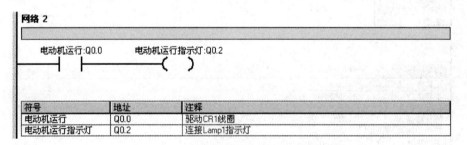

图 12-21 电动机运行指示灯的控制

● **第五步** **电动机停止指示灯的控制**

当 Q0.0 的线圈在按下启动按钮 SB1 后，其动合触点断开，电动机停止，指示灯 HL2 将熄灭，但当操作人员按下停止按钮 TA1 后，Q0.0 的动断触点返回原始的闭合状态，电动机停止的指示灯 HL2 将会点亮。程序在网络 3 中实现，如图 12-22 所示。

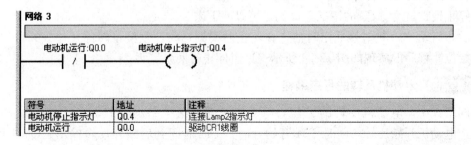

图 12-22 电动机运行指示灯的控制

3. 实现电动机正转—停止—反转—停止全自动程序

● 第一步　正转运行的程序编制

本案例的程序将要实现的功能是：电动机正转运行后，停止一小段时间，然后再反转运行，然后再停止一小段时间，进入下一个循环。

程序使用 I0.0 启动，I0.1 停止，I0.2 为电动机的热保护触点，防止电动机因过热而烧毁。在正反转之间加入一段停止时间是为了防止电动机过热和为接触器灭弧留出时间。

当按下正转按钮后，电动机开始正转，同时 T39 开始计时，T39 时间到后断开正转输出。Q0.0 用于实现正转的自锁，Q0.1 用于电动机正反转的互锁。V0.4 反转停止标志位用于开启下一次工作循环，网络 1 的程序如图 12-23 所示。

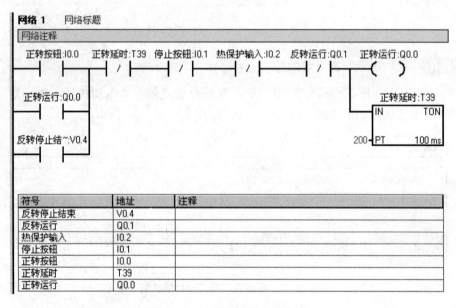

图 12-23　正转运行的程序编制

● 第二步　正转运行的逻辑程序

在网络 2 中，SM0.0 是常为 "1" 的系统布尔量，在电动机正转运行时间到达之后，先置位正转结束标志位，为停止延时做准备，同时复位 V0.4 反转停止标志位，使电动机正转在反转停止位被置为 "1" 的情况下，仍然可以停下来。

然后，启动 T40 延时接通定时器，在停止时间到达时，复位正转停止位 V0.1，再置位反转开始位，程序的实现如图 12-24 所示。这里停止时间设置为 1s。

● 第三步　电动机反转的程序编程

在网络 3 中，电动机反转的编程与电动机正转的编程基本类似，当反转标志 V0.2 为 "1" 时，电动机开始反转，同时 T41 开始计时，T41 时间到后断开反转输出。Q0.1 用于实现正转的自锁，Q0.0 用于电动机反转的互锁，程序的实现如图 12-25 所示。

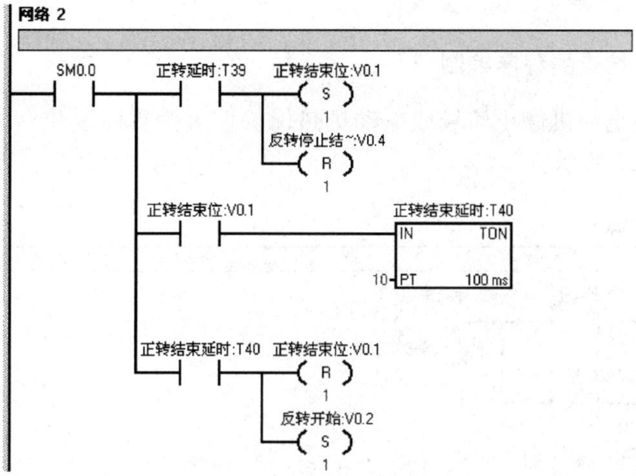

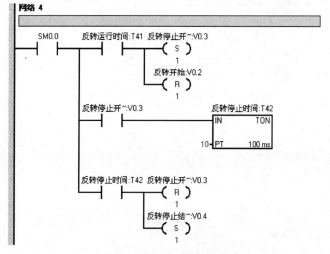

网络 2

SM0.0　正转延时:T39　正转结束位:V0.1
　　　　　　　　　　　（S）
　　　　　　　　　　　　1
　　　　　　　　　反转停止结~:V0.4
　　　　　　　　　　　（R）
　　　　　　　　　　　　1

正转结束位:V0.1　　　　　正转结束延时:T40
　　　　　　　　　　IN　　　　TON
　　　　　　　10-PT　　100 ms

正转结束延时:T40　正转结束位:V0.1
　　　　　　　　　　　（R）
　　　　　　　　　　　　1
　　　　　　　　　反转开始:V0.2
　　　　　　　　　　　（S）
　　　　　　　　　　　　1

图 12-24　正转运行的逻辑程序

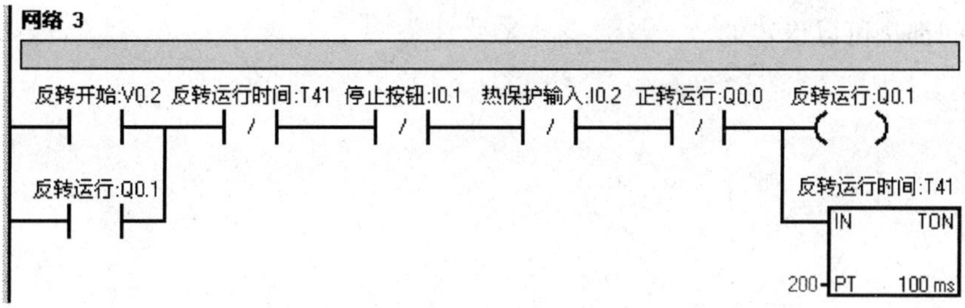

网络 3

反转开始:V0.2 反转运行时间:T41 停止按钮:I0.1 热保护输入:I0.2 正转运行:Q0.0 反转运行:Q0.1
　　　　　　/　　　　　/　　　　　/　　　　　/　　　　　（ ）
反转运行:Q0.1

　　　　　　　　　　　　　　　　　　　反转运行时间:T41
　　　　　　　　　　　　　　　　IN　　　　TON
　　　　　　　　　　　　　200-PT　　100 ms

图 12-25　电动机反转的程序编程

第四步　反转运行的逻辑程序

网络 4 与网络 2 相类似，SM0.0 是常为"1"的系统布尔量的状态位，在到达电动机反转运行时间以后，先置位反转结束标志位，为停止延时作准备，同时复位 V0.2 反转开始标志位。

然后启动 T42 延时接通定时器，在停止时间到达后，复位反转开始位 V0.3，同时置位反转结束位 V0.4，程序的实现如图 12-26 所示。这里停止时间设置为 1s。

网络 4

SM0.0　反转运行时间:T41　反转停止开~:V0.3
　　　　　　　　　　　　（S）
　　　　　　　　　　　　　1
　　　　　　　　　　反转开始:V0.2
　　　　　　　　　　　　（R）
　　　　　　　　　　　　　1

反转停止开~:V0.3　　　　　反转停止时间:T42
　　　　　　　　　　IN　　　　TON
　　　　　　　10-PT　　100 ms

反转停止时间:T42　反转停止开~:V0.3
　　　　　　　　　　　　（R）
　　　　　　　　　　　　　1
　　　　　　　　　　反转停止结~:V0.4
　　　　　　　　　　　　（S）
　　　　　　　　　　　　　1

图 12-26　反转运行的逻辑程序

● **第五步** 正转结束的程序编制

网络 5 实现了在电动机停止信号或电动机热保护信号为真时复位 V0.1～V0.4 的功能。程序的实现如图 12-27 所示。

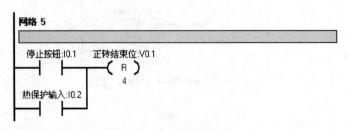

图 12-27 正转结束的程序

这个程序的优点是电动机启动后,正转运行后的停止时间、反转运行的时间和反转运行后的停止时间都是可以设置的。

案例 13 　西门子变频器 G120 的快速调试

一、 案例说明

任何变频器在投入生产实践时，都需要对变频器进行参数的设置和调试，变频器的功能是以参数的形式加以体现的，变频器的功能越丰富，对应的参数越多，变频器的适应性就越强。

通过修改变频器的参数值，使变频器适用于所应用的场合，该过程称为变频器的调试。工程应用中，一般分三个步骤对变频器 G120 进行调试，即参数复位、快速调试和功能调试。

在本例中不仅对变频器 G120 的参数复位进行了说明，还详细说明了如何对变频器 G120 进行快速调试，快速调试是通过设置电动机参数、变频器的命令源、速度设定源等基本参数，从而达到简单快速运转电动机的一种操作模式。

二、 相关知识点

1. 变频器 G120 参数属性

西门子变频器 G120 参数的属性分为三种：第一种是 16 位的无符号整数，参数数值的最大范围为 0～65535；第二种是 32 位的无符号整数，参数数值的最大范围为 0～4294967295；第三种为符合 IEEE 标准格式的单精度浮点数，参数数值的最大范围为 $-3.39e+38$～$+3.39e+38$。

2. 变频器的参数定义

大家都知道变频器可以控制电动机的启动电流。当电动机通过工频直接启动时，它将会产生 7～8 倍的电动机额定电流。这个电流值将大大增加电机绕组的电应力并产生热量，从而降低电机的寿命。

而变频调速则可以在零速零电压条件下进行启动（也可以适当加转矩提升）。一旦频率和电压的关系建立，变频器就可以按照 V/F 或矢量控制方式带动负载进行工作。

也就是说，使用变频调速能够充分降低启动电流，提高绕组承受力，用户最直接的好处就是电动机的维护成本将进一步降低，电动机的寿命则会相应延长。

工程项目中，设置变频器的参数可以达到控制电动机的启动电流的目的，这些参数包括电动机的额定电流和加减速时间等。

（1）可以设置数值的参数。以 P 开头的参数是可以写入和读出的参数，这种参数直接影响某一种功能的特征，参数的数值存储在存储器 EEPROM 中，可以长时间存放。此外，有些数值则存储在处理器的存储器 RAM 中，在电源故障或断电后又重新接通电源的情况下，这些数值将会丢失。

例如，标记 P0867 是 OFF1 后的功率单元主接触器的保持时间，而 P1113 [0……n] 是 BI 设定值取反的参数，是变频器 G120 的第 1113 号参数。

（2）用于监控的参数。以 r 开头的变频器的只读参数用于显示变频器内部的参数数值，如状态和过程参数的实际值。

例如，标记 r0002 的参数是用于监控驱动运行显示的 2 号参数，r0589 是监控测量头等待时间的参数。

3. 参数 P0010 的说明

P0010 参数是驱动调试参数筛选，数值的含义如下。

（1）0：就绪。

（2）1：快速调试。

（3）2：功率单元调试。

（4）3：电机调试。

（5）5：工艺应用/单元。

（6）15：数据组。

（7）29：仅西门子内部。

（8）30：参数复位。

（9）39：仅西门子内部。

（10）49：仅西门子内部。

4. 预定义接口宏 P0015 介绍

SINAMICS G120 为满足不同的接口定义提供了多种预定义接口宏，每种宏对应着一种接线方式。选择其中一种宏后，变频器会自动设置与其接线方式相对应的一些参数，这样极大方便了用户的快速调试。在选用宏功能时需要注意的是，如果其中一种宏定义的接口方式完全符合项目的应用要求，那么按照该宏的接线方式设计原理图并调试时选择相应的宏功能即可方便地实现控制要求。如果所有宏定义的接口方式都不能完全符合项目的应用要求，那么选择与项目的布线比较相近的接口宏，然后根据需要来调整输入输出的配置。

5. CU240E-2 定义的 18 种宏

CU240E-2 有 18 种宏功能，用户要根据选配的不同的控制单元来查看可以使用的宏功能，18 种宏功能如下。

（1）宏编号 1：双方向两线制控制，两个固定转速。

（2）宏编号 2：单方向两个固定转速，预留安全功能。

（3）宏编号 3：单方向四个固定转速。

（4）宏编号 4：现场总线 PROFIBUS。

（5）宏编号 5：现场总线 PROFIBUS，预留安全功能。

（6）宏编号 6：现场总线 PROFIBUS，预留两项安全功能。

（7）宏编号 7：现场总线 PROFIBUS 控制和点动切换。

（8）宏编号 8：电动电位器（MOP），预留安全功能。

（9）宏编号 9：电动电位器（MOP）。

（10）宏编号 13：端子启动模拟量调速，预留安全功能。

（11）宏编号 14：现场总线 PROFIBUS 控制和电动电位器（MOP）切换。

（12）宏编号 15：模拟给定和电动电位器（MOP）切换。

（13）宏编号 12：端子启动模拟量调速（默认）。

（14）宏编号 17：双方向两线制控制，模拟量调速（方法 2）。

（15）宏编号 18：双方向两线制控制，模拟量调速（方法 3）。

（16）宏编号 19：双方向三线制控制，模拟量调速（方法 1）。

（17）宏编号 20：双方向三线制控制，模拟量调速（方法 2）。

（18）宏编号 21：现场总线 USS 控制。

6. 加减速时间的计算

有两种方法设置变频器的加减速时间，即简易试验的方法和最短加减速时间的计算方法。

（1）简易试验的方法。通过简易试验的方法来设置加减速时间。首先，使拖动系统以额定转速运行（工频运行），然后切断电源，使拖动系统处于自由制动状态，用秒表计算其转速从额定转速到停止状态所需要的时间。加减速时间可以首先按自由制动时间的 $1/2 \sim 1/3$ 进行预置。通过启、停电动机观察有无过电流、过电压报警，调整加减速时间设定值，以运转中不发生报警为原则，重复操作几次，便可以确定出最佳的加减速时间了。

（2）最短加减速时间的计算方法。变频器 3G3RX 最短加减速时间的计算公式为

$$加速时间 \ T_S = \frac{(J_L + J_M) \times N_M}{9.55 \times (T_S - T_L)}$$

$$减速时间 \ T_B = \frac{(J_L + J_M) \times N_M}{9.55 \times (T_B + T_L)}$$

式中　J_L——换算成电动机轴的负载的 J，$kg \cdot m^2$；

　　　J_M——电动机的 J，$kg \cdot m^2$；

　　　N_M——电动机转速，r/min；

　　　T_S——变频器驱动时的最大加速转矩，$N \cdot m$；

　　　T_B——变频器驱动时的最大减速转矩，$N \cdot m$；

　　　T_L——所需运行转矩，$N \cdot m$。

其中，无论加减速时间设定得有多短，电动机的实际加减速时间都不会短于由机械系统的惯性作用 J 及电动机转矩决定的最短加减速时间。如果加减速时间设定值小于最短加减速时间，则可能引发过电流异常或过电压异常。

三、创作步骤

第一步　启动设定操作

使用 BOP-2 进行快速调试时，按 ▲ 和 ▼ 键，将光标移动到"SETUP"。

第二步　参数复位

参数复位是将变频器参数恢复到出厂状态下默认值的操作。一般在变频器出厂、初次调

试和参数出现混乱的时候都要进行参数复位，以便于将变频器的参数值恢复到一个确定的默认状态。

恢复工厂设置时，在 BOP-2 面板上，恢复变频器 G120 的出厂设置时，按▲和▼键将光标移动到"EXTRAS"，然后，按■键进入"EXTRAS"菜单，按▲和▼键找到"DRVRE-SET"功能后，再按■键激活复位出厂设置，按■取消复位出厂设置，按■后开始恢复参数，BOP-2 上会显示"BUSY"，复位完成后 BOP-2 显示完成"DONE"，按■或■返回到"EXTRAS"菜单。

第三步 修改电动机额定参数

按▲和▼键进入 P100 参数，按▲和▼键选择参数值，按■键确认参数。通常国内使用的电动机为 IEC 电动机，该参数设置为 0。其中：P0100＝0 单位 kW，频率 50Hz；P0100＝1 单位 hp，频率 60Hz；P0100＝2 单位 kW，频率 60Hz。

再根据电动机铭牌修改变频器参数。

（1）结合实际接线（Y/△）在参数 P0304 [0] 中，设置电动机额定电压。

（2）结合实际接线（Y/△）在参数 P0305 [0] 中，设置电动机额定电流。

（3）在参数 P0307 [0] 中设置电动机额定功率，如果 P0100＝0 或 2，则单位是 kW；如果 P0100＝1，则单位是 hp。

（4）在参数 P0311 [0] 中设置电动机额定速度，通常为 50Hz 或 60Hz，在矢量控制方式下，必须准确设置此参数。

然后还要设定 P1900 电动机参数识别设置，按▲和▼键进入 P1900 参数，按▲和▼键选择参数值，按■键确认参数。

第四步 选择控制方式

控制方式的参数是 P1300 [0]，推荐数值是 0。其中各种情况介绍如下。

（1）P1300 [0]＝0 时为具有线性特性的 V/f 控制。

（2）P1300 [0]＝1 时为具有线性特性和 FCC 的 V/f 控制。

（3）P1300 [0]＝2 时为具有抛物线特性的 V/f 控制。

（4）P1300 [0]＝3 时为具有可设定特性的 V/f 控制。

（5）P1300 [0]＝4 时为具有线性特性和 ECO 的 V/f 控制。

（6）P1300 [0]＝5 时为针对频率确定驱动的 V/f 控制（纺织行业）。

（7）P1300 [0]＝6 时为针对频率确定驱动和 FCC 的 V/f 控制。

（8）P1300 [0]＝7 时为针对抛物线特性曲线和 ECO 的 V/f 控制。

（9）P1300 [0]＝19 时为使用独立的电压设定值的 V/f 控制。

（10）P1300 [0]＝20 时为转速控制（无编码器）。

（11）P1300 [0]＝22 时为转矩控制（无编码器）。

第五步 P0015 预定义接口宏

通过参数 P0015 修改西门子变频器 G120 的宏，修改 P0015 参数分三个步骤：首先设置 P0010＝1，然后修改 P0015 为指定的宏，最后再设置 P0010＝0 即可。

第六步　频率设定

在参数 P1080 [0] 中，限制电动机运行的最小频率，推荐数值为 0。

在参数 P1082 [0] 中，限制电动机运行的最大频率，推荐数值为 50。

第七步　加减速时间设定

西门子 G120 变频器能在零速启动并按照用户的需要均匀地加速，而且其加速曲线也可以选择，如选择直线加速、S 形加速或者自动加速。而通过工频启动时对电动机或相连的机械部分轴或齿轮都会产生剧烈的振动。这种振动将进一步加剧机械磨损和损耗，降低机械部件和电动机的寿命。

加速时间预置得长时，电动机的转子能够跟得上同步转速的上升，这样电动机的启动电流不大；加速时间预置得短时，电动机的转子跟不上同步转速的上升，电动机的启动电流就会变大，甚至可导致变频器因过电流而跳闸。这是因为电动机在加、减速时的加速度取决于加速转矩，而变频器在启、制动过程中的频率变化率是由用户设定的。如果电动机转动惯量或电动机负载发生变化，则按预先设定的频率变化率升速或减速时，就有可能出现加速转矩不够的情况，从而导致电动机失速，即电动机转速与变频器输出频率不协调，从而导致过电流或过电压。因此，需要根据电动机的转动惯量和负载合理地设定加、减速时间，使变频器的频率变化率能与电动机转速变化率相协调。

在参数 P1120 [0] 中，电动机从静止状态加速到最大频率所需时间，推荐数值为 10。

在参数 P1121 [0] 中，电动机从最大频率减速到静止状态所需时间，推荐数值为 10。

参数设置完毕后进入结束快速调试画面。

第八步　结束快速调试

按■键进入，按▲或▼键选择"YES"，按■键确认结束快速调试。此时，面板显示"BUSY"，变频器进行参数计算。计算完成短暂显示"DONE"画面，随后光标返回到"MONITOR"菜单。

如果在快速调试中设置 P1900 不等于 0，则在快速调试后变频器会显示报警"A07991"，提示以激活电动机数据辨识，等待启动命令。

通过上面的八个步骤就完成了西门子变频器 G120 的快速调试，此时，变频器就可以正常地驱动电动机带动负载运转了。

案例 14　变频器 G120 的正反转运行控制

一、案例说明

电动机功率与电流和电压的乘积成正比，那么通过工频直接启动的电动机消耗的功率将远远大于变频启动所需要的功率。在一些工况下其配电系统已经达到了最高极限，其直接工频启动电动机所产生的电涌就会对同网上的其他用户产生严重的影响。如果采用变频器 G120 来启动和停止电动机沿正向和反向运行，就不会产生类似的问题。

本案例实现的是在 G120 变频器上使用一个按钮 QA1 作正反向运行控制，按一下 QA1 按钮，电动机 M1 正转，再按一次，电动机 M1 反转的功能。

二、相关知识点

1. 西门子 G120 的控制单元

变频器 G120 的控制是由控制单元来完成的。根据应用的不同，通过设定相应的参数控制单元可以实现更进一步的应用功能。其中，CU240B-2 系列是带有标准 I/O 接口的控制单元，适合于很多普通的应用场合。它可以与 PM240 和 PM250 功率模块结合使用。

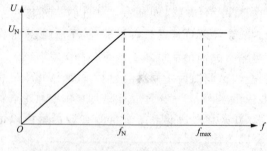

图 14-1　变频器输出频率与输出电压的关系

2. 变频器输出频率与输出电压的关系

变频器输出频率有最大频率 f_{max}、基准频率 f_N 和基准电压 U_N、上限频率 f_H、下限频率 f_L、启动频率、点动频率、跳跃频率、多段速频率、制动频率和输入最大模拟量时的频率。

变频器输出频率与输出电压的关系如图 14-1 所示。

3. 设置或修改变频器输出频率值的方法

设置或修改变频器输出频率值时，可以通过面板功能键、外部速度控制端子和外部模拟信号进行。

4. 控制单元 CU240B-2 的端子介绍

控制单元 CU240B-2 使用内部电源，开关闭合后，数字量输入变为高电平时的接线如图 14-2 所示。

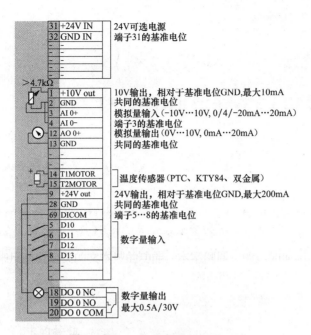

图 14-2 使用内部电源时的接线 1 图示

控制单元 CU240B-2 使用外部电源，开关闭合后，数字量输入变为高电平时的接线如图 14-3 所示。

控制单元 CU240B-2 使用内部电源，开关闭合后，数字量输入变为低电平时的接线如图 14-4 所示。

控制单元 CU240B-2 使用外部电源，开关闭合后，数字量输入变为低电平时的接线如图 14-5 所示。

三、 创作步骤

第一步 变频器 G120 的电气设计

在变频器 G120 的控制中，要实现可逆运行控制，即实现电动机的正反转，是不需要额外的可逆控制装置的，只需要改变输出电压的相序即可，这样就能降低维护成本和节省安装空间。

变频器 G120 的电源是 AC380V，控制启停变频器的电源为 DC24V，如图 14-6 所示。

第二步 工作过程分析

G120 的启停控制采用的是两线制的控制方式，电动机的启停、旋转方向通过数字量

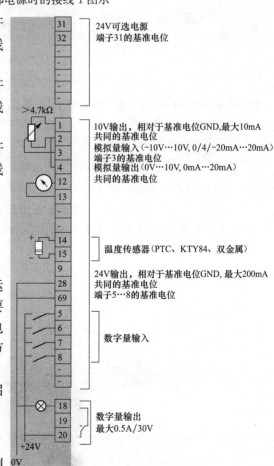

图 14-3 使用外部电源时的接线 1 图示

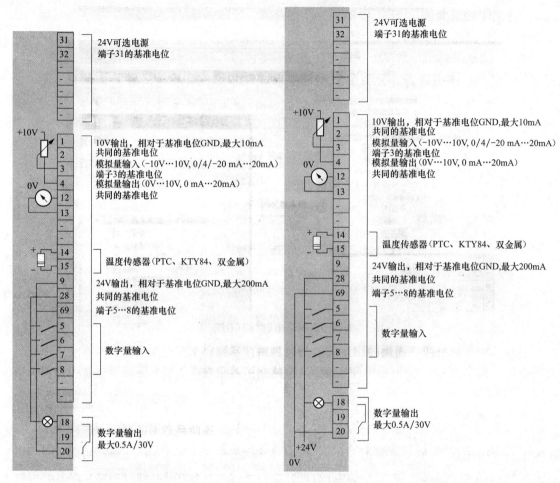

图 14-4 使用内部电源时的接线 2 图示   图 14-5 使用外部电源时的接线 2 图示

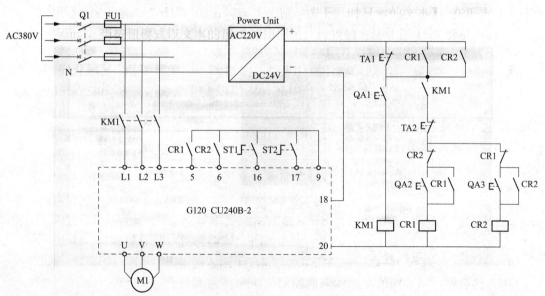

图 14-6 变频器 G120 的电气控制图

输入控制。速度调节时，是通过数字量输入选择，可以设置两个固定转速，数字量输入 DI4（16 号端子）接通时采用固定转速 1，数字量输入 DI5（17 号端子）接通时采用固定转速 2。DI4 与 DI5 同时接通时采用固定转速 1＋固定转速 2。

P1003 参数设置固定转速 1，P1004 参数设置固定转速 2。

当按下 QA1 按钮后，KM1 线圈得电吸合，其变频器 G120 主回路的主触点接通，变频器通电处于待机状态，与此同时，KM1 的辅助动合触点使 QA1 自锁。

当按下 QA2 按钮后，CR1 线圈得电吸合，其动合触点 CR1 接通变频器的 FWD 端子，电动机 M1 开始正转。与此同时，其另一动合触点闭合使 QA2 自锁，动断触点自锁，动断触点断开，使 CR2 线圈不能通电。

如果要使电动机反转，则应先按下 TA2 使电动机停止，然后按下 QA3 按钮，CR2 线圈得电吸合，其动合触点 CR2 闭合，接通变频器 REV 端子，电动机反转。与此同时，其另一动合触点 CR2 闭合使 QA3 自保，动断触点 CR2 断开使 CR1 线圈不能通电。

当需要断电时，必须先按下 TA2，使 CR1 和 CR2 线圈失电，其动合触点断开，电动机减速停止，并解除对 QA2 的旁路，这时才能按下 TA1，使变频器断电。

变频器故障报警时，控制电路被切断，变频器主电路断电。

● ——【第三步】 自锁和互锁的应用

自锁保持电路状态的持续，KM1 自锁，持续通电。CR1 自锁，持续正转。CR2 自锁，持续反转。

互锁保持变频器状态的平稳过渡，避免变频器受到冲击。CR1、CR2 互锁，正、反转运行不能直接切换；CR1、CR2 对 QA2 的锁定，保证运行过程中不能直接断电停机。

● ——【第四步】 参数复位

在 BOP-2 面板上，恢复变频器 G120 的出厂设置时，按▲和▼键将光标移动到"EXTRAS"，然后，按█键进入"EXTRAS"菜单，按▲和▼键找到"DRVRESET"功能后，再按█键激活复位出厂设置，按█取消复位出厂设置，按█后开始恢复参数，BOP-2 上会显示"BUSY"，复位完成后 BOP-2 显示完成"DONE"，按█或█返回到"EXTRAS"菜单。

● ——【第五步】 变频器的额定参数设置

为了使电动机与变频器相匹配，需要按照电动机铭牌的额定数据设置电动机参数。需要设定的参数为 P0304、P0305、P0307 和 P0311。

● ——【第六步】 变频器 G120 的宏设置

设置 P0010＝1，然后修改 P0015，再设置 P0010＝0，本案例将 P0015 设置为宏 1，这样 G120 变频器自动设置的参数见表 14-1。

表 14-1　　　　　　　　　　　　宏 1 自动设置的参数表

参数号	参数值	说明	参数组
P840［0］	r3333.0	由 2 线制信号启动变频器	CDS0
P1113［0］	r3333.1	由 2 线制信号反转	CDS0
P3330［0］	r722.0	数字量输入 DI0 作为 2 线制-正转启动命令	CDS0

续表

参数号	参数值	说明	参数组
P3331 [0]	r722.1	数字量输入 DI1 作为 2 线制-反转启动命令 0	CDS0
P2103 [0]	r722.2	数字量输入 DI2 作为故障复位命令	CDS0
P1022 [0]	r722.4	数字量输入 DI4 作为固定转速 1 选择	CDS0
P1023 [0]	r722.5	数字量输入 DI5 作为固定转速 2 选择	CDS0
P1070 [0]	r1024	转速固定设定值作为主设定值	CDS0

●── 第七步 变频器 G120 的参数设置

设置参数 P1003 的固定频率 1 和 P1004 的固定频率 2，最小为 -210000.000 rpm，最大为 210000.000rpm，出厂设置为 0.00rpm。

变频器 G120 并联运行

一、案例说明

在工业控制系统的传送带、流水线的控制场合，常常会出现变频器并联运行的情况，本案例中通过对两台 G120 变频器的电气设计和参数设定来说明如何进行变频器的并联。

二、相关知识点

1. CU240B-2 系列控制单元的模拟量输入

CU240B-2 系列控制单元配置有一个差动输入，可以通过 DIP 开关进行电压或电流信号的切换，切换的信号为 $-10\sim+10V$，$0/4\sim20mA$，10 位的分辨率。模拟量输入可以设定为数字量输入来使用。切换电平为 0 对应 1：4V，1 对应 0：1.6V。

模拟量输入的电压保护为 $\pm30V$，共模电压为 $\pm15V$。

2. CU240B-2 系列控制单元的模拟量输出

CU240B-2 系列控制单元有一路不带隔离的输出，可以通过参数设置进行电压或电流信号的切换，切换信号为 $0\sim10V$，$0/4\sim20mA$。

电压输出为 10V，最小阻抗为 $10k\Omega$。电流输出为 20mA，最大阻抗为 500Ω。

CU240B-2 系列控制单元的模拟量输出是带有短路保护的。

三、创作步骤

第一步　变频器的并联运行的控制设计

变频器 G120 的电源是 AC380V，控制启停变频器的电源为 DC24V，如图 15-1 所示。

第二步　变频器的并联运行的控制过程

变频器 G120 的启停控制是通过数字量输入 DI0（端子号为 5）进行控制的。速度调节时，数字量输入 DI0 接通时，选择固定转速 1，P1001 参数设置固定转速 1，DI0 同时作为速度启停命令和固定转速 1 的选择命令，也就是任何时刻固定转速 1 都会被选择。

当按下按钮 QA1 后，KM1 线圈得电吸合，其主触点接通。然后按下按钮 QA2 后，CR1 线圈得电吸合，其动合触点 CR1 同时接通两个变频器的运行控制端子 5，电动机 M1 和 M2 都正转。

由于两台 G120 变频器的 AI0 端子 3、4 并联，那么调节电位器 R1 就可以同时改变两台变频器的频率给定。

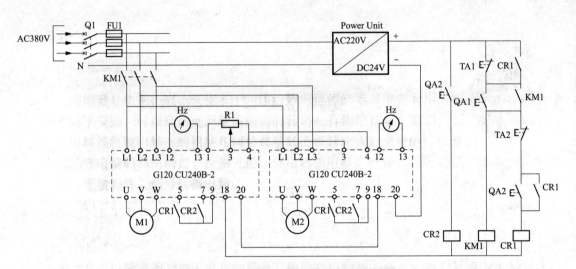

图 15-1 变频器的并联运行的控制电路图

当停止运行时，必须先按下按钮 TA2，使 CR1 的线圈失电，然后再按下 TA1 按钮，使变频器 G120 断电。

两台 G120 变频器故障报警信号输出触点 18、20 经过串联后，接入控制电路，当两台变频器中的一台变频器发生故障时，控制电路都会被切断，变频器主电路断电。

如果需要监控两台变频器的运行频率，那么在每台 G120 变频器的 AO0 输出端子 12、13 上，连接频率仪表就可以实现了。

● ——— 第三步 变频器 G120 的宏设置

设置 P0010＝1，然后修改 P0015，再设置 P0010＝0，本案例将 P0015 设置为宏 2，这样 G120 变频器自动设置的参数见表 15-1。

表 15-1 宏 2 自动设置的参数表

参数号	参数值	说明	参数组
P840 [0]	r722.0	数字量输入 DI0 作为启动命令	CDS0
P1020 [0]	r722.0	数字量输入 DI0 作为固定转速 1 选择	CDS0
P1021 [0]	r722.1	数字量输入 DI1 作为固定转速 2 选择	CDS0
P1070 [0]	r1024	转速固定设定值作为主设定值	CDS0
P2103 [0]	r722.2	数字量输入 DI2 作为故障复位命令	CDS0

● ——— 第四步 变频器 G120 的频率设置

设置参数 P1003 来固定频率 1，最小为-210000.000rpm，最大为 210000.000rpm，出厂设置为 0.00rpm。

● ——— 第五步 实际频率的参数设定

实际频率为 0～50Hz 时，AO0 的输出电压范围是 0～10V，P771.0＝21 设置为 r0021 实际输出频率。

案例 16 TIA V13 WinCC 中的变量创建和组态

一、 案例说明

在运行的 HMI 项目的系统中，使用变量转发过程值，过程值是存储在某个已连接到自动化系统的存储器中的数据，过程值可以是温度、压力、重量、速度、位置、填充量或开关状态，这些过程值在自动化系统中常常用来表示工程中的各种状态。这样，就需要用户在 TIA V13 的 WinCC 中定义处理这些过程值的外部变量。

在本案例中，将为大家展示的是如何使用 TIA V13WinCC 中的变量，以及如何对变量进行组态。

二、 相关知识点

1. 跨项目组成部分的符号寻址

如果在不同 PLC 的多个块中以及 HMI 画面中使用了过程变量，则可以在程序中的任意位置创建或修改该变量。这种情况下，在哪个设备的哪个块中进行修改并不重要。TIAPortal 中用于定义 PLC 变量的选项如下。

（1）在 PLC 变量表中定义。

（2）在程序编辑器中定义。

（3）通过 PLC 输入和输出的链接来定义。

项目表中所有已定义的 PLC 变量都列在 PLC 变量表当中，这些变量是可以在表中进行编辑的。也就是说 TIAV13 中的变量修改是集中执行、并且还可以不断进行更新的。符号寻址在项目中的应用如图 16-1 所示。

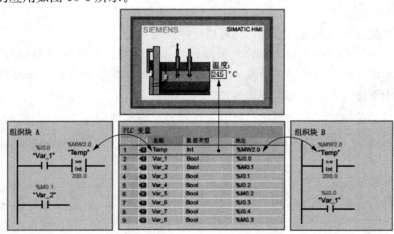

图 16-1　符号寻址在项目中的应用图示

2. TIA V13 中 WinCC 的外部变量

通过 TIA V13 中 WinCC 中的外部变量，可以在自动化系统的组件之间（如 HMI 设备和 PLC 之间）进行通信。

TIA V13 中 WinCC 的外部变量是 PLC 中所定义的存储位置的映像。无论是 HMI 设备还是 PLC，都可以对该存储位置进行读写访问。

由于外部变量是在 PLC 中定义的存储位置的映像，因而它能采用的数据类型取决于与 HMI 设备相连的 PLC。

如果在 STEP7 中编写一个 PLC 控制程序，则在控制程序中创建的 PLC 变量将添加到 PLC 变量表中。如果想要将外部变量连接到 PLC 变量，则可以通过 PLC 变量表直接访问 PLC 变量，并将它们连接到外部变量。

另外，所连接 PLC 中所有可用的数据类型，都是可以在 WinCC 的外部变量中进行使用的。

对于外部变量，在运行系统过程中，通过 WinCC 和所连接自动化系统之间的通信连接传送当前变量值，随后保存在运行系统存储器中。然后会将变量值更新为设置周期时间。WinCC 在运行系统存储器中将访问上一周期时从 PLC 读取的变量值，然后用在运行系统项目中。

因此，在处理运行系统存储器值时，用户是可以更改 PLC 中的值的。

3. TIA V13 中 WinCC 的寻址外部变量

TIA V13 中 WinCC 寻址外部变量的选项取决于上述 WinCC 和 PLC 之间的连接类型。寻址前必须区分是集成连接还是非集成连接。

（1）集成连接。项目中的设备连接以及通过"设备和网络"编辑器创建的设备连接将作为集成连接。

集成连接的优势在于可以通过符号和绝对方式寻址一个变量。

对于符号寻址，通过变量名称选择 PLC 变量并将其连接到 HMI 变量。HMI 变量的有效数据类型由系统自动选择。

对于符号寻址具有优先访问功能的数据块，将动态分配数据块中元素的地址并在更改后自动应用到 HMI 变量。在这一步中无需编译所连接数据块或 WinCC 项目。

对于具有优先访问功能的数据块，只可以使用符号寻址。

对于符号寻址具有标准访问功能的数据块，将永久分配数据块元素的地址。HMI 变量的有效数据类型由系统自动选择。数据块元素地址的任何变化都将会直接影响 HMI 变量。

在这一步中无需编译所连接数据块或 WinCC 项目。

对于具有标准访问功能的数据块，可以进行符号寻址和绝对寻址。

（2）非集成连接。通过"连接"编辑器创建的设备连接将作为非集成连接。非集成连接所用设备并不一定要在一个项目中，通过符号也可识别连接类型。

对于具有非集成连接的项目，应始终通过绝对寻址组态变量连接，手动选择有效的数据类型。如果在具有非集成连接的项目执行期间，项目中的 PLC 变量地址发生变化，那么还必须在 WinCC 中进行相应更改。在系统运行中无法检查变量连接的有效性，也无法发出错误消息。

非集成连接适用于所有支持的 PLC。但符号寻址不可用于非集成连接。

对于非集成连接，控制程序无需是 WinCC 项目的组成部分。非集成连接可独立组态 PLC 和 WinCC 项目。对于 WinCC 中的组态，只需知道 PLC 中所用的地址及其功能即可。

4. TIA V13 中 WinCC 的内部变量

TIA V13 中 WinCC 的内部变量是不具有与 PLC 连接的变量的。

内部变量存储在 HMI 设备的内存中。因此，只有这台 HMI 设备能够对内部变量进行读写访问。例如，可以创建内部变量来执行本地计算。可以将 HMI 数据类型用于内部变量。

三、 创作步骤

第一步 激活 HMI 变量编辑器

如果 TIA V13 中 WinCC 资源管理器中的【HMI 变量】编辑器处于关闭状态，则必须先双击将其激活后才能创建和组态变量。

双击【项目树】图标后，选择【HMI_基本画面】→【HMI 变量】选项，在右侧的工作区就会看到 HMI 变量编辑器了，也可以创建新的变量表，然后打开变量表，如图 16-2 所示。

图 16-2 TIA V13 中的 HMI 变量编辑器的激活过程

第二步 新建变量

打开的【默认变量表】中的变量的第一行中已经创建好了一个标签变量，单击这个变量的名称就可以修改变量名称，在变量表的【名称】列中，双击【添加】选项，便创建了一个新变量，如图 16-3 所示。

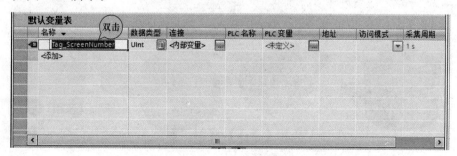

图 16-3 新建变量

第三步 新建变量命名

单击名称下的输入框，使之变为可编辑状态，输入新变量的名称为"启动 _ M1"，如图 16-4 所示。

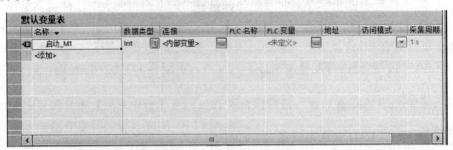

图 16-4　新建变量命名

第四步 变量的数据类型设定

WinCC 中的数据类型有 DateTime、LReal、UDint、Int、Word、Real、Bool 等。单击【数据类型】下的下拉图标，选择 WinCC 中预装的数据类型即可，这里选择 Int，如图 16-5 所示。

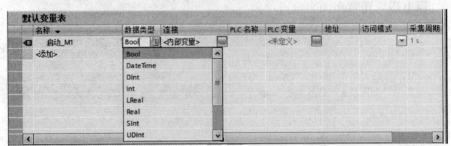

图 16-5　变量的数据类型选择过程

第五步 外部变量为 PLC 数据块中的变量的创建

创建一个外部变量【M1 _ 启动】，在【名称】栏中输入变量的名称"M1 _ 启动"，在【启动 _ M1】外部变量的【数据类型】下拉框中选择变量的类型为 Bool 布尔量，单击【连接】右侧的图标，选择【HMI _ 连接 _ 1】选项，如图 16-6 所示。

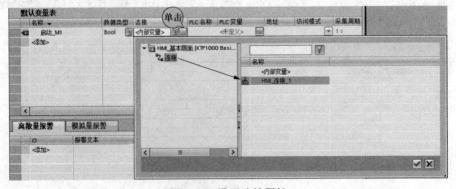

图 16-6　设置连接属性

在【地址】栏的下拉框中选择所创建的变量的地址，这个地址是可以组态的，这里单击地址栏右侧的图标，然后选择 PLC 中已经创建好的变量【启动】，如图 16-7 所示。

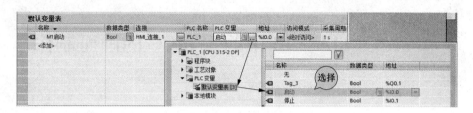

图 16-7　建立一个外部变量"M1 启动"

● ──第六步　内部变量的创建

创建 WinCC 的内部变量时，【名称】和【数据类型】的选择与外部变量一样，唯一不同的是外部变量必须添加地址。这里建立一个内部变量"画面切换"，在【名称】栏中输入变量的名称"画面切换"，单击新建变量【连接】下的下拉图标，选择【内部变量】选项，内部变量的操作如图 16-8 所示。

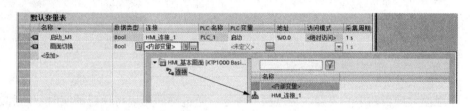

图 16-8　内部变量的操作图示

然后选择内部变量的数据类型，这里选择 Bool 布尔量，WinCC 的内部变量是没有连接到 PLC 的地址的，如图 16-9 所示。

图 16-9　内部变量"画面切换"的创建

案例 17 TIA V13 中的 WinCC 的画面制作

一、 案例说明

一般情况下，触摸屏的项目是将项目数据以对象的形式进行存储，在项目中的对象以树形结构进行排列。

项目窗口会显示属于项目的对象类型以及和所选择的操作单元要进行组态的对象类型。项目窗口结构中的标题栏，包含的是"项目名称"，在画面中将显示依赖于操作单元的"对象类型"和所包含的对象。

在本例中将详细介绍 HMI 项目窗口中画面的相关知识和画面的制作。

二、 相关知识点

1. 画面及画面组件

画面是触摸屏项目的中心要素，是过程的映像，通过画面可以将项目的实时状态和过程状态可视化，在项目中可以创建一些带有显示单元与控制单元的画面，用于画面之间的切换。

用户可以在画面上显示过程并且指定过程值，即可以进行过程数据的输入与传送，如组态输入输出域等，来输入过程数据或设置新的数值。

画面组件可以由静态组件和动态组件组成。静态组件包括文本和图形，动态组件与 PLC 链接，并且通过 PLC 存储器上的当前值可视化。可视化可以通过字母数字显示，以趋势和棒图形式来实现。动态组件也可以在操作单元上由操作单元上由操作员进行输入，并写入 PLC 存储器，与 PLC 的链接通过变量来建立。

（1）静态元素。静态元素在运行时不改变它们的状态，如文本或图形对象。

（2）动态元素。动态元素根据过程改变它们的状态，通过下列方式显示当前过程值。

1）通过外部变量，从 PLC 的映像寄存器中获得当前过程值，如以字母数字、趋势图和棒图的形式显示过程值。

2）通过外部变量，可以将 HMI 设备上的输入值写入到 PLC 的映像寄存器中，如按钮启动、温度给定值。

2. 画面布局

画面布局由正在组态的 HMI 设备的特征进行确定，画面布局是对应于项目添加的设备用户界面的布局。其中，画面分辨率、字体和颜色等的画面属性也由所选 HMI 设备的特征进行确定。如果设定的 HMI 设备有功能键，则此画面将显示这些功能键。

功能键是 HMI 设备上的键，在 WinCC 中可分配一种或多种功能。当操作员在 HMI 设备上按下相关键时，会触发这些功能，用户可以为功能键分配全局或局部功能。其中：全局功能键始终触发同样的操作，而与当前显示的画面无关；局部分配的功能键会触发不同的操作，这取决于操作员站上当前显示的画面。这种分配只适用于已在其中定义了功能键的画面。

3. 画面编辑器

在【项目树】窗口的【画面】组中，双击【添加画面】选项就可以打开画面编辑器。在工作区显示新画面，读者可以按照过程要求进行画面元素的组态。

在【画面】编辑器中的【属性】任务卡下，有【属性】、【动画】、【事件】和【文本】四个选项卡，【属性】选项卡下有当前画面的常规属性和层属性，如图 17-1 所示。

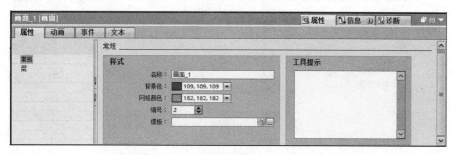

图 17-1　画面的属性任务卡的图示

【动画】选项卡是动态组态的模板，包含可以将选项板中的画面对象进行动态化的功能。用户可以通过拖放或双击将动画从【移动】、【显示】和【变量绑定】选项板粘贴到画面对象。

4. 画面属性

画面布局是由正在组态的 HMI 设备的特征确定的，对应于 HMI 设备用户界面的布局。诸如画面分辨率、字体和颜色等的画面属性也是由所选配的 HMI 设备的特征来确定的，如果设定的 HMI 设备有功能键，则此画面将显示这些功能键。

功能键是 HMI 设备上的键，在 WinCC 中可以分配一或多个功能。当操作员在 HMI 设备上按下相关键时，会触发这些功能。

用户可以为 HMI 上的功能键分配全局或局部功能。

（1）全局功能键始终触发同样的操作，而与当前显示的画面无关。

（2）局部分配的功能键会触发不同的操作，这取决于操作员站上当前显示的画面。这种分配只适用于已在其中定义了功能键的画面。

三、　创作步骤

第一步　添加画面

画面是项目的主要元素，通过它们可以操作和监视读者设计的系统，如显示电动机转速、管道压力和炉膛温度等。

添加画面时，在 TIA V13 软件平台【项目视图】下的【项目树】里，单击【设备】→【项目名称】→【HMI＿基本画面】→【画面】→【添加新画面】选项，添加完成后，在【项目树】的画面下就会显示出新添加的画面。在【项目视图】中添加新画面的操作如图 17-2 所示。

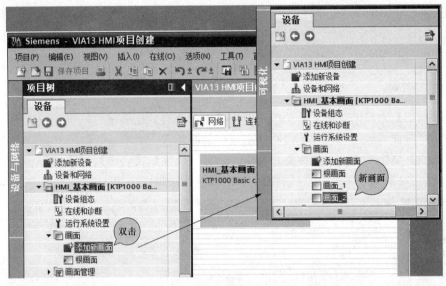

图 17-2　添加新画面的操作

用户也可以创建操作员用来控制和监视机器设备和工厂的画面。创建画面时，所包含的对象模板将会提供显示过程、创建设备图像和定义过程值。

● 第二步　更改画面名称

添加画面后，在工作区域增加了【画面 _ 2】，使用鼠标右键单击新添加的【画面 _ 2】的图标，在弹出来的子选项中单击【重命名】选项，此时，【画面 _ 2】的状态变为可编辑状态，输入要更改的画面的新名称即可，这里的名称为"生产线 1"，如图 17-3 所示。

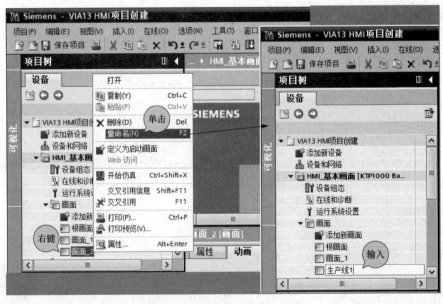

图 17-3　画面 _ 2 的重命名操作

● 第三步　删除画面

首先在【项目树】中选择画面，然后从快捷菜单中选择【删除】选项，那么所选画面及其所有对象都会从当前项目中删除掉。

● 第四步　画面组的相关操作

画面组，通俗点说就是具有相同类的一个画面文件夹。具有相同类别的画面集合在同一个画面组中，方便查找和管理。

使用鼠标单击【项目树】选项，然后右键单击【画面】选项，在弹出的快键命令中选择【添加组】选项，在【画面】下方就会出现▶ ▣组_1，单击【组_1】，在出现编辑框后，输入"生产线控制"，如图 17-4 所示。

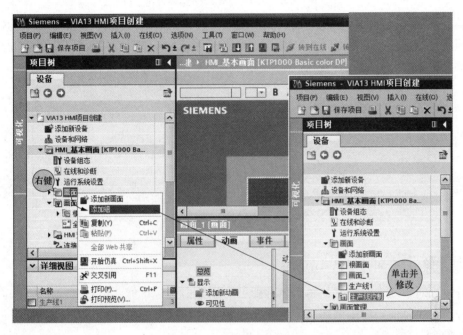

图 17-4　画面组的创建

将画面移动到组中时，首先选择【画面】文件夹中要移动的画面，这里选择【生产线 1】，然后拖放到所需组【生产线】的文件夹中，这样，画面即移动到画面组当中了，如图 17-5 所示。

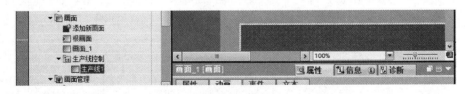

图 17-5　画面移动完成后的图示

● 第五步　复制画面

复制已有画面时，在【项目树】中选择画面，在快捷菜单中选择【复制】命令，将画面复制到剪贴板，然后在【项目树】中，选择画面的插入位置，再从快捷菜单中选择【粘贴】命令来插入复制好的画面，也可以在按住 Ctrl 键的同时将画面拖动到所需位置。复制和粘贴的操作如图 17-6 所示。

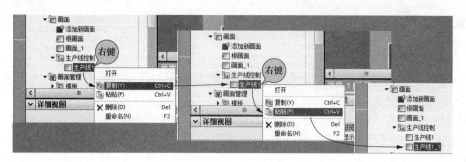

图 17-6　复制和粘贴的操作流程 1

粘贴完成复制的画面后，新画面的副本随即插入，副本的名称由原画面名称和追加的连续编号组成，本案例复制的是【生产线 1】，粘贴后为【生产线 1 _ 1】，用户可以单击新添加的画面的名称来修改，修改后为【生产线 2】，如图 17-7 所示。

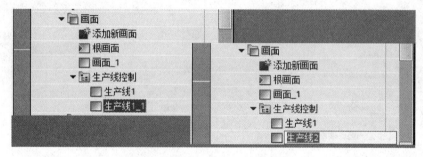

图 17-7　复制和粘贴的操作流程 2

● 第六步　打开和关闭已有画面

打开画面时，双击要打开的画面名称即可，如单击【生产线 1】画面，在右侧的工作区中就会弹出这个画面，单击画面右上角的图标▣就可以关闭当前画面。

● 第七步　功能键切换画面的操作

在画面中通过组态一个画面切换的功能键，就可以在操作过程中切换 HMI 设备上的画面，这里实现的是运行 HMI 项目后，单击功能键【F1】，将弹出【生产线 1】的画面，设置的方法是使用鼠标左键单击将要与功能键 F1 相联系的画面【生产线 1】，然后拖拽到功能键【F1】上即可，完成后，功能键的右下方出现一个黄色的小三角，如图 17-8 所示。

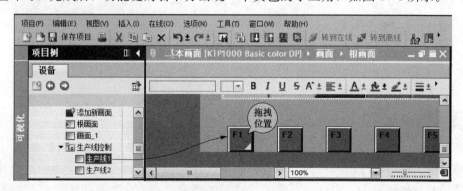

图 17-8　功能键切换画面的操作

案例 18 TIA V13中制作控制按钮和文本域

一、案例说明

西门子 TIA V13 组态软件上创建的按钮可以实现的功能包括启动（置1）、停止（清0）、点动（按1松0）、保持（取反），而 HMI 上创建的文本域用于输入一行或多行文本，可以自定义字体和字的颜色，来反映所定义的文本域的功能。本案例展示的是如何制作控制按钮和文本域。

二、相关知识点

1. TIA V13WinCC 中的按钮

TIA V13 WinCC 中的按钮对象允许用户组态一个对象，借助该对象，操作员可以在运行系统中执行任何可组态的功能。

2. TIA V13WinCC 中的文本域

文本域用于输入一行或多行文本，可以自定义字体和字的颜色，还可以为文本域添加背景色或样式，通俗点说，文本域就是可以用颜色填充的一个封闭对象。

3. 硬件连接

TIA V13 WinCC 支持多个不同自动化概念的组态。例如，HMI 设备通过过程总线直接与 PLC 连接的单用户系统，多台 HMI 设备通过过程总线连接至一个或多个 PLC 的多用户系统等。此外，还有 HMI 设备通过以太网连接到计算机构成的具有集中功能的 HMI 系统。

三、创作步骤

1. 按钮的制作

第一步 弹出工具窗口

弹出工具窗口时，要单击 TIA V13 WinCC 软件的菜单栏上的【视图】菜单，在弹出来的子菜单中，双击【工具】选项，这样在工作区就会弹出工具窗口了，操作如图 18-1 所示。

第二步 控制按钮的制作

在工具窗口中，有四个选项，即简单对象、增强对象、图像和库，在画面 1 中添加按钮时，首先打开画面 1，然后单击【元素】选项，在展开的选项中单击"简单对象"按钮，在简单对象下单击██ 按钮并按住鼠标左键拖拽到画面当中，如图 18-2 所示。

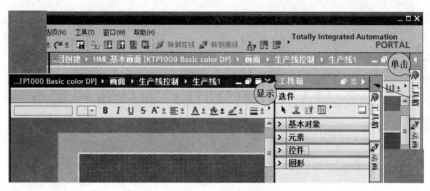

图 18-1　工具窗口的弹出操作流程

图 18-2　在画面中添加按钮

●——第三步 按钮的属性与命名

新添加的按钮上的文本显示为"Text"，双击这个新添加的按钮后，在工作区的下方会弹出按钮的【属性】窗口，在【属性】窗口的【常规】设置框中，可以设置按钮的模式、标签、图形和热键，点选【模式】下的【文本】，然后在【标签】中设置【按钮"未按下"时显示的图形】，这里输入"M1"，然后勾选【按钮"按下"时显示的文本】，在下方的输入框中输入"Run"，当按钮模式以文本的形式被使用时，设置的方法如图 18-3 所示。

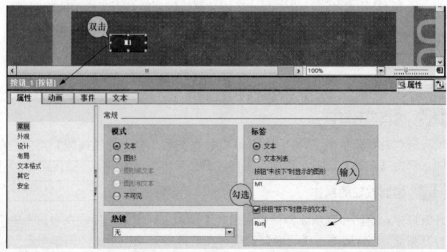

图 18-3　使用按钮模式为文本的形式的设置

当按钮模式以图形的形式被使用时，首先点选【图形】，然后在【图形】中设置【按钮"未按下"时显示的图形】，这里选择【G_Off】，然后勾选【按钮"按下"时显示的图形】，选择【G_On】，当按钮模式以图形的形式被使用时，设置的方法如图18-4所示。

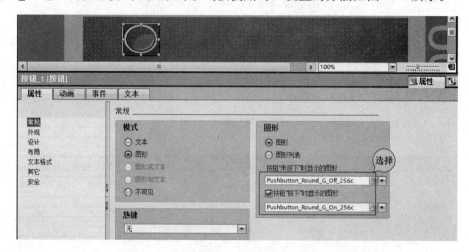

图18-4　使用按钮模式为图形的形式的设置

第四步　按钮启动画面的设置

双击要启动的画面【画面_1】，然后在画面中添加按钮，双击创建好的按钮，修改按钮的名称为【启动】，然后选择【事件】组，然后单击【单击】选项，打开【函数列表】对话框，操作如图18-5所示。

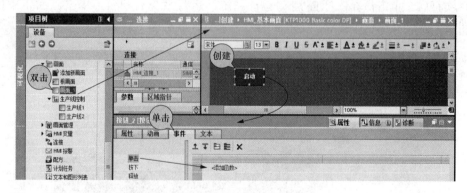

图18-5　打开【函数列表】对话框的过程

单击按钮的系统函数的下拉框，单击函数列表的第一行，将显示项目中可以使用的系统函数和脚本的列表，然后单击【激活屏幕】系统函数，如图18-6所示。

第五步　连接按钮的弹出画面

激活【激活屏幕】的系统函数后，【激活屏幕】系统函数会出现在【函数列表】对话框中。这个系统函数的两个参数包括【画面名称】和【对象号】，【画面名称】参数包含单击该按钮时将打开的画面的名称，而【对象号】代表目标画面中对象的Tab顺序号。在画面改变后，会在该对象上设置一个焦点，【对象号】是可选参数，【画面名称】是必选参数，在【画面名称】中选择【生产线1】选项，如图18-7所示。

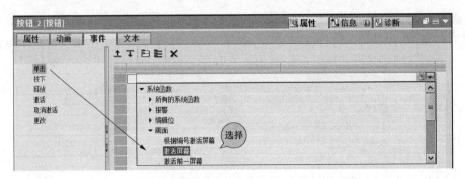

图 18-6 系统函数和脚本的列表的图示

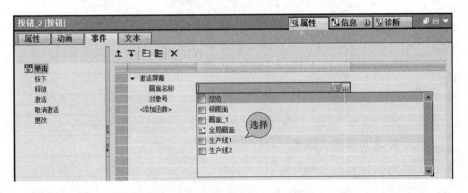

图 18-7 【激活屏幕】的系统函数

保存项目后，单击仿真图标 启动运行系统，运行系统启动后，单击画面 1 中的【启动】按钮后，就会弹出这个按钮所连接的【生产线 1】的画面了，如图 18-8 所示。

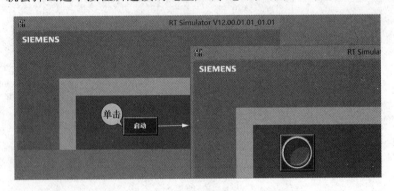

图 18-8 按钮启动画面弹出的运行图

2. 文本域的制作

第一步 创建文本域

首先双击要添加域的画面【生产线 1】，然后再使用鼠标左键单击项目窗口右侧的【工具箱】→【基本对象】→【文本域】选项，将鼠标移动到画面编辑窗口，在画面上需要生成域的区域再次单击鼠标左键，即可在该位置生成一个文本域，文本域默认的显示为"Text"，操作如图 18-9 所示。

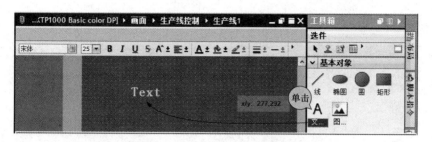

图 18-9 文本域的画面添加过程

第二步 设置文本域的属性

单击刚刚创建的文本域，在工作区域下方将出现这个【文本域】的属性视图，在文本域的属性视图中，有【事件】、【属性】、【动画】和【文本】四组属性，可以根据工程项目的需要有针对性地选择和组态。用户可以设置【属性】中【外观】下的填充部分文本的颜色、背景色、填充样式、边框的颜色、样式等选项，文本的外观的属性如图 18-10 所示。

图 18-10 组态文本域

第三步 更改文本域的文本

文本域的文本默认的是"Text"，双击画面中的文本域【Text】，然后在弹出来的文本域的【属性】视图中，单击【常规】选项，在右侧弹出来的文本输入框中输入这个文本域的文本，这里输入"热水温度"，如图 18-11 所示。

图 18-11 更改文本域的文本

第四步 组态闪烁的文本

在文本域的属性视图中，单击【属性】→【闪烁】选项，在右侧的运行时外观中的【闪烁】框中，选择【标准】选项，如图 18-12 所示。

图 18-12　组态闪烁的文本

组态完闪烁的文本【热水温度】后，运行系统启动后，可以看到闪烁的文本，即文本的背景色和文本颜色在交替闪烁，如图 18-13 所示。

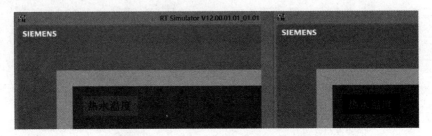

图 18-13　文本域在画面中的闪烁显示

第三篇

应 用 中 级

案例 19　旋转编码器在西门子 200 系统中的应用

一、案例说明

在实际的工程应用当中，电动机一般带动机械装置进行运转，所以往往工艺上需要知道机械装置的位移量，本案例中将编码器连接到测速辊上，在程序中根据测速辊的直径计算出测速辊的周长，进而计算出每分钟走过的米数，这样就可以计算出工程中机械装置在一定时段中的移动距离了。

本案例将详细介绍编码器在西门子 200 PLC 中的实际应用。

二、相关知识点

1. 编码器的类型

根据检测原理，编码器可分为光学式、磁电式、感应式和电容式。根据编码方式，编码器可分为增量式编码器、绝对式编码器和混合式编码器。根据输出信号形式，编码器可以分为模拟量编码器、数字量编码器，如图 19-1 所示。

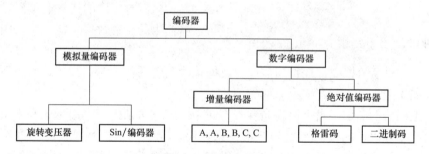

图 19-1　编码器的分类

编码器实物图如图 19-2 所示。

图 19-2　编码器实物图

2. 光电编码器

光电编码器是集光、机、电技术于一体的数字化传感器，主要利用光栅衍射的原理来实现位移—数字变换，可以高精度测量被测物的转角或直线位移量。通俗点说，光电编码器就是通过光电转换将输出轴上的机械几何位移量转换成脉冲或数字量的传感器。

典型的光电编码器由码盘、检测光栅、光电转换电路、机械部件等组成，光电转换电路包括光源、光敏器件、信号转换电路。

光电编码器具有结构简单、精度高、寿命长等优点，广泛应用于精密定位、速度、长度、加速度、振动等方面。

（1）绝对式编码器。绝对式编码器是用光信号扫描分度盘（分度盘与传动轴相连）上的格雷码刻度盘，以确定被测物的绝对位置值，然后将检测到的格雷码数据转换为电信号，以脉冲的形式输出测量的位移量的编码器。

绝对式编码器的原理及组成部件与增量式编码器基本相同。与增量式编码器不同的是，绝对式编码器用不同的数码来指示每个不同的增量位置，它是一种直接输出数字量的传感器。

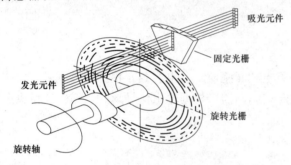

绝对式编码器输出的是绝对值，或输出旋转角度的绝对值。停止后在接通电源时需要原点复归动作，这种编码器结构比较复杂，价格较高。绝对式编码器的工作示意图如图 19-3 所示。

绝对式编码器在一个检测周期内，不同的角度有不同的格雷码编码，因此编码器输出的位置数据是唯一的，因为使用机械连接的方式，所以在掉电时编码器的位

图 19-3　绝对式编码器的工作示意图

置不会改变，上电后可以立即取得当前位置数据，检测到的数据为格雷码，因此不存在模拟量信号的检测误差。

绝对式编码器的圆形码盘上沿径向有若干同心码道，每条码道上由透光和不透光的扇形区相间组成，相邻码道的扇区数目是双倍关系，码盘上的码道数就是它的二进制数码的位数。在码盘的一侧是光源，另一侧对应每一码道有一光敏元件。当码盘处于不同位置时，各光敏元件根据受光照与否转换出相应的电平信号，形成二进制数。显然，码道越多分辨率就越高，对于一个具有 n 位二进制分辨率的编码器，其码盘必须有 n 条码道。

根据编码方式的不同，绝对式编码器有两种类型码盘，即二进制码盘和格雷码码盘，如图 19-4 所示。

绝对式编码器的特点是不需要计数器，在转轴的任意位置都可读出一个固定的与位置相对应的数字码，即直接读出角度坐标的绝对值。另外，相对于增量式编码器，绝对式编码器不存在累积误差，并且当电源切除后位置信息也不会丢失。

（2）增量式旋转编码器。增量式编码器提供了一种对连续位移量离散化、增量化以及位移变化（速度）的传感方法。增量式旋转编码器是用光信号扫描分度盘（分度盘与转动轴相连），通过检测、统计信号的通断数量来计算旋转角度的编码器。

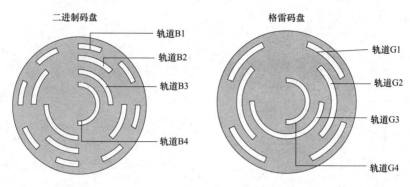

图 19-4　绝对式编码器码盘

增量式编码器的特点是每产生一个输出脉冲信号就对应一个增量位移，它能够产生与位移增量等值的脉冲信号。增量式编码器测量的是相对于某个基准点的相对位置增量，而不能够直接检测出绝对位置信息，增量式编码器原理图如图 19-5 所示。

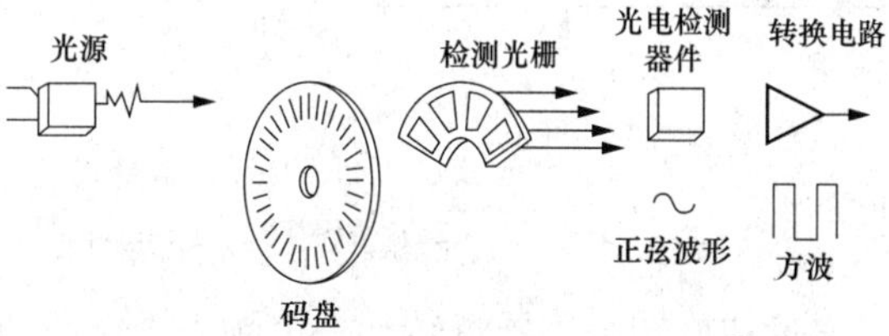

图 19-5　增量式编码器原理图

增量式编码器主要由光源、码盘、检测光栅、光电检测器件和转换电路组成。在码盘上刻有节距相等的辐射状透光缝隙，相邻两个透光缝隙之间代表一个增量周期。检测光栅上刻有 A、B 两组与码盘相对应的透光缝隙，用以通过或阻挡光源和光电检测器件之间的光线，它们的节距和码盘上的节距相等，并且两组透光缝隙错开 1/4 节距，使得光电检测器件输出的信号在相位上相差 90°。当码盘随着被测转轴转动时，检测光栅不动，光线透过码盘和检测光栅上的透过缝隙照射到光电检测器件上，光电检测器件就输出两组相位相差 90°的近似于正弦波的电信号，电信号经过转换电路的信号处理，就可以得到被测轴的转角或速度信息。

一般来说，增量式光电编码器输出 A、B 两相相位差为 90°的脉冲信号，即所谓的两相正交输出信号，根据 A、B 两相的先后位置关系，可以方便地判断出编码器的旋转方向。另外，码盘一般还提供用作参考零位的 N 相标志（指示）脉冲信号，码盘每旋转一周，会发出一个零位标志信号，增量式编码器输出信号示意图如图 19-6 所示。

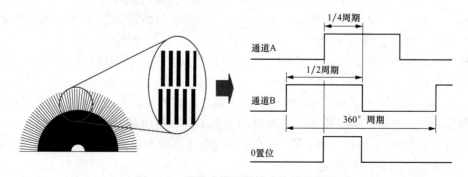

图 19-6　增量式编码器输出信号示意图

TTL 信号有零点与取消信号，HTL 信号只有零点信号，没有取消信号。用 TTL 与HTL 信号的增量编码器的相位图如图 19-7（a）所示，用正弦或余弦信号分辨的增量编码器的相位图如图 19-7（b）所示。

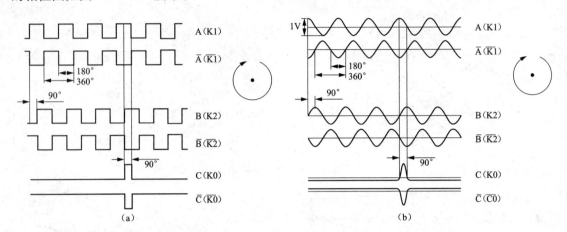

图 19-7 增量式旋转编码器的相位图
(a) 采用 TTL 与 HTL 信号；(b) 采用正弦或余弦信号

增量式旋转编码器每转动一个预先设定的角度将输出一个脉冲信号，通过统计脉冲信号的数量来计算旋转的角度，因此编码器输出的位置数据是相对的。由于采用固定脉冲信号，因此旋转角度的起始位可以任意设定。由于采用相对编码，因此掉电后旋转角度数据会丢失，需要重新复位。增量式旋转编码器输出的是相对值，或针对旋转角的变化量输出脉冲。停止后在接通电源时是不需要原点复归动作的，它的结构相对简单，价格相对较低。

增量式旋转编码器的选型时要选择旋转一周对应的脉冲数（256、512、1024、2048），输出信号类型（TTL、HTL、push-pull mode），电压类型（5V，24V）和最大分辨速度。

（3）混合式旋转编码器。混合式旋转编码器是用光信号扫描分度盘（分度盘与转动轴相连），通过检测、统计光信号的通断数量来计算旋转角度的。它同时输出绝对旋转角度编码与相对旋转角度编码。

3. 编码器的输出信号

一般情况下，从编码器的光电检测器件获取的信号电平较低，波形也不规则，不能直接用于控制、信号处理和远距离传输，所以在编码器内还需要对信号进行放大、整形等处理。经过处理的输出信号一般近似于正弦波或矩形波，因为矩形波输出信号容易进行数字处理，所以它在控制系统中应用比较广泛。

增量式光电编码器的信号输出有集电极开路输出、电压输出、线驱动输出和推挽式输出等多种信号形式。

（1）集电极开路输出。集电极开路输出是以输出电路的晶体管发射极作为公共端，并且集电极悬空的输出电路。根据使用的晶体管类型的不同，集电极开路输出可以分为 NPN 集电极开路输出和 PNP 集电极开路输出，NPN 集电极开路输出也称作漏型输出，当逻辑"1"时输出电压为 0，如图 19-8 所示。

PNP 集电极开路输出也称作源型输出，当逻辑"1"时，输出电压为电源电压，在编码器供电电压和信号接受装置的电压不一致的情况下可以使用这种类型的输出电路，PNP 集电极开路输出如图 19-9 所示。

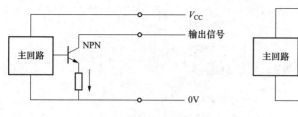

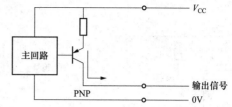

图 19-8　NPN 集电极开路输出　　　　图 19-9　PNP 集电极开路输出

PNP 型的集电极开路输出的编码器信号可以接入到漏型输入的模块中，但不能直接接入源型输入的模块中，PNP 型的集电极开路输出的编码器的接线原理如图 19-10 所示。

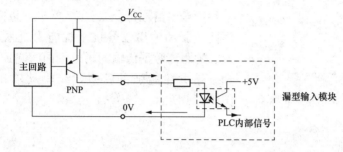

图 19-10　PNP 型输出的接线原理

NPN 型的集电极开路输出的编码器信号可以接入到源型输入的模块中，但不能直接接入漏型输入的模块中，NPN 型的集电极开路输出的编码器的接线原理图如图 19-11 所示。

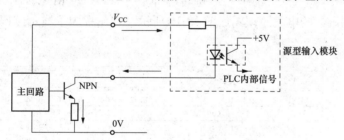

图 19-11　NPN 型输出的接线原理图

（2）电压输出型。电压输出是在集电极开路输出电路的基础上，在电源和集电极之间接了一个上拉电阻，这样就使得集电极和电源之间有了一个稳定的电压状态，一般在编码器供电电压和信号接受装置电压一致的情况下使用这种类型的输出电路，电压输出型的接线原理图如图 19-12 所示。

（3）推挽式输出。推挽式输出方式由两个分别为 PNP 型和 NPN 型的三极管组成，推挽式输出方式的接线原理图如图 19-13 所示。

当其中一个三极管导通时，另外一个三极管关断，两个输出晶体管交互进行动作。

这种输出形式具有高输入阻抗和低输出阻抗的特性，因此在低阻抗情况下它也可以提供大范围的电源。由于输入、输出信号相位相同且频率范围宽，因此它还适用于远距离传输。

推挽式输出电路可以直接与 NPN 和 PNP 集电极开路输入的电路连接，即可以接入源型或漏型输入的模块中。

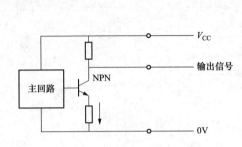

图 19-12 电压输出型的接线原理图

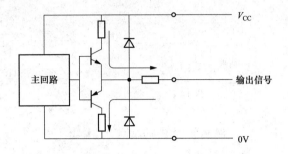

图 19-13 推挽式输出接线原理图

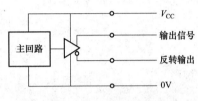

图 19-14 线驱动输出接线原理图

（4）线驱动输出。线驱动输出接口采用了专用的 IC 芯片，输出信号符合 RS-422 标准，以差分的形式输出，因此线驱动输出信号抗干扰能力更强，可以应用于高速、远距离数据传输的场合，同时它还具有响应速度快和抗噪声性能强的特点，线驱动输出接线原理图如图 19-14 所示，

三、 创作步骤

第一步 硬件设计

本案例中西门子 200 PLC 控制系统中的 CPU 选用的是 6ES7-214-1BD23-OXBO，旋转编码器 Autonics（E50S8-3-T-24），编码器每转脉冲数为 250，三相 A、B、Z 测速辊直径为 100mm。连接的编码器的电气原理图如图 19-15 所示。本例程为了演示编码器的应用，所以对其他连线进行了省略。

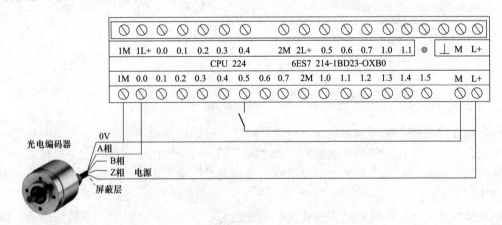

图 19-15 连接编码器的 200 PLC 的电气原理图

硬件连接时，将编码器的计数脉冲连接到 PLC I0.0 的输入端，I0.5 是开始计数的输入点。

第二步 内部继电器的使用

编码器每转一圈，发出 250 个脉冲，测速辊直径为 100mm，其周长为 314mm，则每两相邻脉冲距离＝314/250=1.256mm。如果测速辊旋转速度低于 48rpm，则可以用普通输入点进行计数，否则就得用高速计数器计数。

编程时使用脉冲计数允许输入 I0.5 的下降沿置位 PLC 的内部继电器开关 M5.0，如图 19-16 所示。

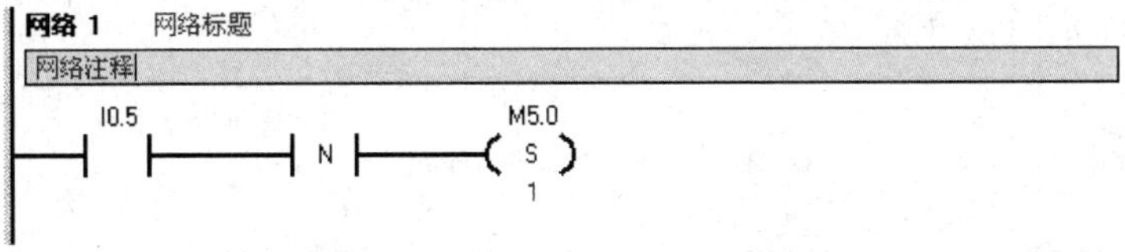

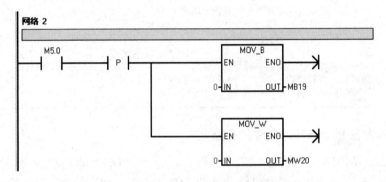

图 19-16　置位内部继电器

● **第三步** 将字节和字清零的程序

使用 M5.0 的状态由 0 变为 1 时的上升沿，来对 MB19 和 MW20 进行清零的操作，程序的实现如图 19-17 所示。

图 19-17　清零的程序编制

在网络 2 中笔者使用了 EU 上升沿触发指令 ┤P├，EU 指令在其之前的逻辑运算结果由 OFF 到 ON 时就产生一个宽度为一个扫描周期的脉冲，驱动其后面的输出线圈。

上升沿触发 EU 指令，在 EU 指令前有一个上升沿时，即由 OFF 到 ON 时，会产生一个宽度为一个扫描周期的脉冲，驱动后面的输出线圈。对开机时就为接通状态的输入条件，EU 指令不执行，边沿触发 EU 指令是没有操作数的。

● **第四步** 加 1 程序的编制

当 M5.0 为 "1" 时条件成立，每个接入 I0.0 计数脉冲的下降沿使 MB19 的值加 1，程序的实现如图 19-18 所示。

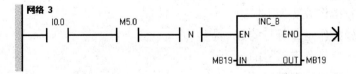

图 19-18　加 1 程序的编制

其中，INC_B 指令是递增指令，递增字节和递减字节指令在输入字（IN）上的变量加 1 或减 1，并将结果置入 OUT。增减指令的功能详述见表 19-1。

表 19-1   增减指令的功能详述

名称	指令格式	功能	操作数寻址范围
增减指令	INCB OUT	将字节无符号输入数加 1 执行结果：OUT+1=OUT（在 LAD 和 FBD 中为：IN+1=OUT）	IN，OUT：VB，IB，QB，MB，SB，SMB，LB，AC，＊VD，＊AC，＊LD IN 还可以是常数
	DECB OUT	将字节无符号输入数减 1 执行结果：OUT-1=OUT（在 LAD 和 FBD 中为：IN-1=OUT）	
	INCW OUT	将字（16 位）有符号输入数加 1 执行结果：OUT+1=OUT（在 LAD 和 FBD 中为：IN+1=OUT）	IN，OUT：VW，IW，QW，MW，SW，SMW，LW，T，C，AC，＊VD，＊AC，＊LD IN 还可以是 AIW 和常数
	DECW OUT	将字（16 位）有符号输入数减 1 执行结果：OUT-1=OUT（在 LAD 和 FBD 中为：IN-1=OUT）	
	INCD OUT	将双字（32 位）有符号输入数加 1 执行结果：OUT+1=OUT（在 LAD 和 FBD 中为：IN+1=OUT）	IN，OUT：VD，ID，QD，MD，SD，SMD，LD，AC，＊VD，＊AC，＊LD IN 还可以是 HC 和常数
	DECD OUT	将字（32 位）有符号输入数减 1 执行结果：OUT-1=OUT（在 LAD 和 FBD 中为：IN-1=OUT）	

第五步 加法指令与移动指令的程序

用一比较器将 MB19 的当前值与 250 进行比较，当 MB19＝250 时（说明走过了一圈），将 MW20 累加一次周长 314，同时将脉冲计数 MB19 清零，程序如图 19-19 所示。

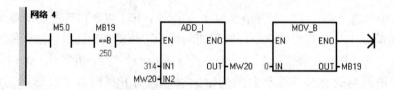

图 19-19　加法指令与移动指令的程序

在网络 4 中使用了比较指令 ┤==B├ ，比较指令用于比较两个数值，即 IN1 的数值是大于、小于还是等于 IN2 的数值。

IN1 = IN2, IN1 >= IN2, IN1 <= IN2。IN1 > IN2, IN1 < IN2, IN1 <> IN2。

其中各种比较操作说明如下。

(1) 字节比较操作是无符号的。

(2) 整数比较操作是有符号的。

(3) 双字比较操作是有符号的。

(4) 实数比较操作是有符号的。

使用 LAD 和 FBD 两种编程方法编程时，当比较结果为真时，比较指令接通触点（LAD）或输出（FBD）。

而使用 STL 编程时，当比较结果为真时，比较指令将 1 载入栈顶，再将 1 与栈顶值作"与"或者"或"运算（STL）。

当使用 IEC 比较指令时，读者可以使用各种数据类型作为输入。但是，两个输入的数据类型必须一致。

另外，网络 4 中还使用了加法指令，S7-200 PLC 的整数计算包括加法、减法、乘法和除法。

其中，加整数（+I）和减整数（-I）指令将两个 16 位整数相加或相减，并产生一个 16 位的结果（OUT）。乘以整数（＊I）指令将两个 16 位整数相乘，并产生一个 16 位的乘积。除以整数（/I）指令将两个 16 位整数相除，并产生一个 16 位的商，不保留余数。如果结果大于一个字输出，则设置溢出位。

● ——第六步 定时器指令的应用

使用 M5.0 动合触点的状态来使能定时器 T37，定时器 T37 的设定值为 1min，即 60000ms，定时器指令的应用如图 19-20 所示。

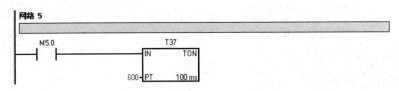

图 19-20　定时器指令的编制

● ——第七步 测速辊测量距离的程序

当定时器的延时到达 1min 时，T37 触点闭合，使 M5.0＝0，计数停，将 MB19 中的脉冲数先转换到 VW20 中，然后乘以 1256，再除以 1000，即乘每个脉冲对应的距离 1.256，在与计整圈距离的值 MW20 相加后再放到 MW20 中，得到每分钟的测速辊测得的距离，如图 19-21 所示。

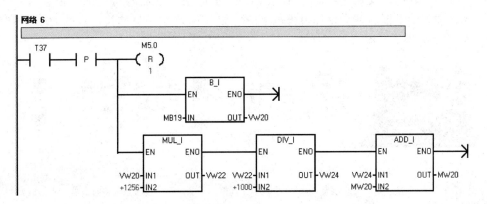

图 19-21　测速辊测量距离的程序

在网络 6 中使用了乘法指令和除法指令。乘以整数（＊I）指令将两个 16 位整数相乘，并产生一个 16 位的乘积。除以整数（/I）指令将两个 16 位整数相除，并产生一个 16 位的商，不保留余数。如果结果大于一个字输出，则设置溢出位。

案例 20　西门子 S7-200 PLC 的网络通信案例

一、案例说明

USS 和 PPI 通信是西门子 200 PLC 常用的通信手段，PPI 协议是主从协议，S7-22X 既可作主站又可作从站，通信速率为 9.6Kbps、19.2Kbps 和 187.5Kbps 波特率。

本案例中分两个部分。第一部分将通过实际的 PPI 的数据通信，来说明在工程项目中如何使用 PPI 实现数据的交换。其中，PPI 通信协议和相关知识点会贯穿在案例项目的创建和通信编程当中。第二部分将要实现的是 S7-200 PLC 通过 USS 协议网络控制 MicroMaster MM440 变频器，从而控制电动机的启动、制动停止、自由停止和正反转，并能够通过 PLC 读取变频器参数、设置变频器参数。

二、相关知识点

1. PPI 网络介绍

PPI 网络做扩展连接时，每个网段有 32 个网络节点，每个网段长 50m（不用中继器）。PPI 网络能够通过中继器实现对网络的扩展。在一个网络中，读者最多可以使用 9 个中继器，但是网络的总长度不能超过 9600m。

中继器对网络扩展的作用体现在以下两个方面。

（1）第一个方面，使用中继器扩展站点，在不使用中继器时每个网段最多 32 个节点，长度 50m，加了中继器后就会增加另外的 32 个站。PPI 网络扩展连接示意图如图 20-1 所示。

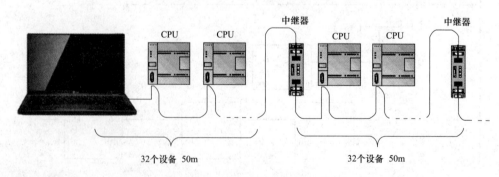

图 20-1　PPI 网络扩展连接示意图

（2）中继器的另一个作用是扩展网络的长度。

在 PPI 网络中使用中继器的目的是增加网络的长度，如果读者在项目中使用两个中继器，而且中间没有其他节点，则会扩展网络长度为 1000m，如图 20-2 所示。

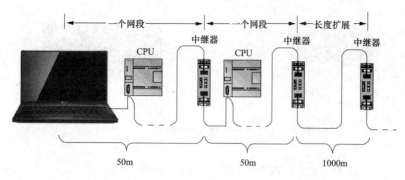

图 20-2 PPI 使用中继扩展图示

除了扩展 PPI 网址和增加通信长度这两个作用外，中继器还有一个作用是在不同网段间实现电气隔离，这样可以提高网络通信信号的质量和隔离不同网段，这样一来，不同的网段之间不会互相干扰，并且不同网段的地可以不是等电位的。

2. PPI 组网

PPI 网络的主从协议是主站设备发送要求到从站设备，从站设备进行响应的一个过程。从站是不发送信息的，只是等待主站的要求和对要求作出响应。

主站靠一个 PPI 协议管理的共享连接来与从站通信。

PPI 网络是令牌环网，令牌在 PPI 主站之间传递，当 S7-200 CPU 作主站时，它可以作为从站响应其他主站的申请，即拿到令牌的主站 PLC 可以访问 PPI 网上其他所有的 PLC，包括其他的 PPI 主站 PLC 和从站 PLC。CPU 221/222/224/226 可以作主站，也可以作从站。

PPI 并不限制与任意一个从站通信的主站数量，但是在一个网段中，主站的个数不能超过 32 个。

在程序中，如果读者将 S7-200 配置为主站，就不能将这个 S7-200 再作为 MPI 的从站使用了。

（1）单主站 PPI 网络。对于简单的单主站网络来说，编程站可以通过 PPI 多主站电缆或编程站上的通信处理器（CP）卡与 S7-200 CPU 进行通信，编程站（STEP7-Micro/WIN）是网络主站的单主站 PPI 网络，如图 20-3 所示。

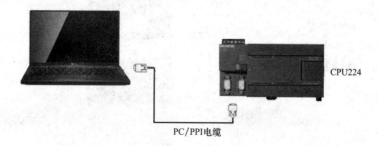

图 20-3 编程站（STEP7-Micro/WIN）是网络的主站的图示

人机界面（HMI）设备（如 TD200、TP 或者 OP）是网络的主站，如图 20-4 所示。

在上面所述的两个网络中，S7-200 CPU 都是从站响应来自主站的要求。

（2）多主站 PPI 网络。在一个从站的多主站网络中，编程站（STEP 7-Micro/WIN）可

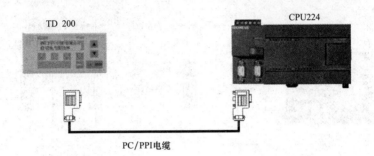

图 20-4　人机界面（HMI）设备是网络的主站的图示

以选用 CP 卡或 PPI 多主站电缆。STEP 7-Micro/WIN 和 HMI 共享网络。

STEP 7-Micro/WIN 和 HMI 设备都是网络的主站，它们必须有不同的网络地址。如果使用 PPI 多主站电缆，那么该电缆将作为主站，并且使用 STEP7-Micro/WIN 提供给它的网络地址，S7-200 CPU 将作为从站。只带一个从站的多主站 PPI 网络如图 20-5 所示。

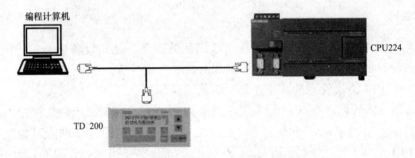

图 20-5　只带一个从站的多主站 PPI 网络的图示

在多个主站和多个从站进行通信的 PPI 网络中，STEP 7-Micro/WIN 和 HMI 可以对任意 S7-200 CPU 从站读写数据，STEP7-Micro/WIN 和 HMI 是共享网络的。

所有设备（主站和从站）有不同的网络地址。如果使用 PPI 多主站电缆，那么该电缆将作为主站，并且使用 STEP 7-Micro/WIN 提供给它的网络地址。S7-200 CPU 将作为从站，多个主站和多个从站的 PPI 网络如图 20-6 所示。

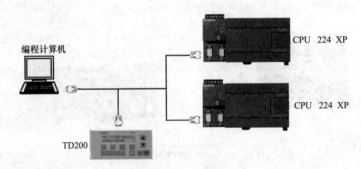

图 20-6　多个主站多个从站的 PPI 网络图示

（3）复杂的 PPI 网络。对于带点对点通信的多主站网络，STEP 7-Micro/WIN 和 HMI 通过网络读写 S7-200 CPU，同时 S7-200 CPU 之间使用网络读写指令相互读写数据（点对点通信），这种复杂的 PPI 网络如图 20-7 所示。

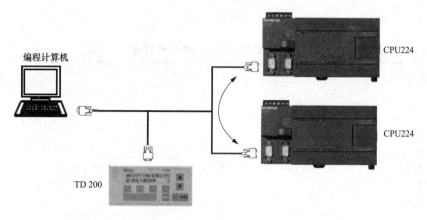

图 20-7　点对点通信的 PPI 网络 1

　　带点对点通信的多主站网络的复杂 PPI 网络还有另外一种使用形式，即每个 HMI 监控一个 S7-200 CPU。

　　S7-200 CPU 使用 NETR 和 NETW 指令相互读写数据（点对点通信）。

　　对于复杂的 PPI 网络，配置 STEP 7-Micro/WIN 使用 PPI 协议时，最好使能多主站，并选中 PPI 高级选框。如果使用的电缆是 PPI 多主站电缆，那么多主网络和 PPI 高级选框便可以忽略，点对点通信的 PPI 网络 2 如图 20-8 所示。

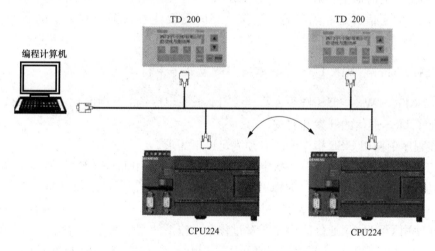

图 20-8　点对点通信的 PPI 网络 2

3. S7-200 CPU 通信端口

　　在规划网络时，S7-200 CPU 既可以放在整个总线型网络的一端，也可以放在网络的中间。

　　在 S7-200 CPU 通信口上使用西门子网络插头，可以利用插头上的终端和偏置电阻。如果使用带编程口的网络插头，则可以便于调试程序。

　　连接时，PROFIBUS 电缆的红色导线连接到 S7-200 CPU 通信口的 3 针（B 即 RS-485 信号＋），此信号应当连接到 MM 440 通信端口的 P＋，绿色导线连接到 S7-200 CPU 通信口的 8 针（A 即 RS-485 信号－），此信号应当连接到 MM 440 通信端口的 N－。

S7-200CPU 通信接口的引脚分配见表 20-1。

表 20-1　　　　　　　　　　　　S7-200 CPU 通信接口的引脚分配

连接器	针	Profibus 名称	端口 1
	1	屏蔽	机壳接地
	2	24V 返回逻辑地	逻辑地
	3	RS-485 信号 B	RS-485 信号 B
	4	发送申请	RTS（TTL）
	5	5V 返回	逻辑地
	6	+5V	+5V、100Ω 串联电阻
	7	+24V	+24V
	8	RS-485 信号 A	RS-485 信号 A
	9	不用	10 位协议选择（输入）
	连接器外壳	屏蔽	机壳接地

S7-200CPU 上的通信口的通信距离为一个网段 50m，这是在符合规范的网络条件下，能够保证的通信距离。凡是超出 50m 的距离，均应当加中继器。加一个中继器可以延长通信网络 50m。如果加一对中继器，并且它们之间没有 S7-200 CPU 站存在（可以有 EM277），则中继器之间的距离可以达到 1000m。符合上述要求就可以做到非常可靠的通信。

S7-200 CPU 上的通信口在电气上是 RS-485 口，RS-485 支持的距离是 1000m，另外，S7-200 CPU 上的通信口是非隔离的，连接网络时需要注意保证使网络上的各通信口电位相等。

4. STEP 7-Micro/WIN USS 指令库和 USS 协议专用指令

STEP 7-Micro/WIN USS 指令库提供了 14 个子程序、3 个中断例行程序和 8 条指令，极大地简化了 USS 通信的开发和实现。

读者在程序中使用 USS 指令库时必须满足以下需求。

（1）初始化 USS 协议将端口 0 指定用于 USS 通信，使用 USS_INIT 指令为端口 0 选择 USS 通信协议或 PPI 通信协议。选择 USS 协议与驱动器通信后，端口 0 将不能用于其他任何操作，包括与 STEP 7-Micro/WIN 进行通信。

（2）在使用 USS 协议通信的程序开发过程中，应该使用带两个通信端口的 S7-200 CPU，如 CPU226、CPU224XP 或 EM 277 PROFIBUS 模块（与计算机中 PROFIBUS CP 连接的 DP 模块）。这样第二个通信端口可以用来在 USS 协议运行时，通过 STEP 7-Micro/WIN 监控应用程序。

（3）USS 指令影响与端口 0 上自由接口通信相关的所有 SM 位置。

（4）USS 指令的变量要求一个 400 个字节的 V 内存块，该内存块的起始地址由用户指定，保留用于 USS 的变量。

（5）某些 USS 指令也要求有一个 16 个字节的通信缓冲区，作为指令的参数，需要为该缓冲区在 V 内存中提供一个起始地址，建议为 USS 指令的每个案例指定一个独特的缓冲区。

使用 USS 指令，首先要安装指令库，正确安装结束后，打开指令树中的【库】选项，会出现多个 USS 协议指令，并且会自动添加一个或几个相关的子程序，如图 20-9 所示。

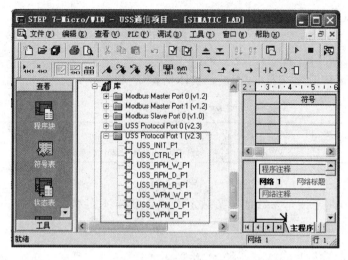

图 20-9　USS 通信中的子程序图示

5. USS 通信报文传输格式

（1）字符帧格式。USS 的字符传输格式符合 UART 规范，即使用串行异步传输方式。USS 在串行数据总线上的字符传输帧为 11 位长度，具体格式见表 20-2。

表 20-2　　　　　　　　　　　USS 在串行数据总线上的字符传输帧

起始位	数据位								校验位	停止位
1	0 LSB	1	2	3	4	5	6	7 MSB	偶×1	1

连续的字符帧组成 USS 报文。在一条报文中，字符帧之间的间隔延时要小于两个字符帧的传输时间（当然这个时间取决于传输速率）。S7-200 CPU 的自由口通信模式正好能够支持上述字符帧格式。

把 S7-200 的自由口定义为以上字符传输模式，就能通过编程，实现 USS 协议报文的发送和接收。主站控制器所支持的通信模式必须要和所要控制的驱动装置所要求的一致，这是实现 S7-200 PLC 和西门子驱动装置通信的基础。

（2）报文帧格式。协议的报文简洁可靠，高效灵活。报文由一连串的字符组成，协议中定义了它们的特定功能，具体见表 20-3。

表 20-3　　　　　　　　　　　报文的特定功能表

STX	LGE	ADR	净数据区					BCC
			1.	2.	3.	…	n	

以上每小格代表一个字符（字节），其含义如下。

1）STX：起始字符，总是 02H。

2）LGE：报文长度。

3）ADR：从站地址及报文类型。

4）BCC：BCC校验符。

在ADR和BCC之间的数据字节，称为USS的净数据。主站和从站交换的数据都包括在每条报文的净数据区域内。

净数据区由PKW区和PZD区组成，具体见表20-4。

表20-4　　　　　　　　　　　　　　　　PKW区和PZD区

PKW区						PZD区			
PKE	IND	PWE1	PWE2	…	PWEm	PZD1	PZD2	…	PZD$_n$

以上每小格代表一个字（两个字节），含义如下。

PKW：此区域用于读写参数值、参数定义或参数描述文本，并且可以修改和报告参数的改变。

6．MM 440 通信端口

一般的驱动装置支持USS通信的端口不止一个，MicroMaster系列的MM 440变频器，它在操作面板BOP接口上有支持USS的RS-232连接，在端子上有支持USS的RS-485连接。

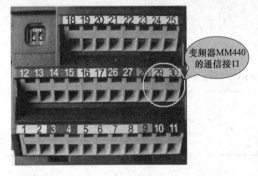

图20-10　变频器MM440的通信接口图示

由于S7-200 CPU的通信端口是RS-485规格的，因此将S7-200CPU的通信端口与驱动装置的RS-485端口连接，在RS-485网络上实现USS通信是最简单最经济的连接方式。

将MM440的通信端子为P+（29）和N−（30）分别接到S7-200通信口的3号与8号针即可，接线图如图20-10所示。

在变频器MM 440前面板上的通信端口是RS-485端口，与USS通信有关的前面板端子见表20-5。

表20-5　　　　　　　　变频器MM440前面板上的通信端口表

端子号	名称	功能
1	—	电源输出 10V
2	—	电源输出 0V
29	P+	RS-485 信号＋
30	N−	RS-485 信号−

因MM 440通信口是端子连接，故PROFIBUS电缆不需要网络插头，而是剥出线头直接压在端子上。如果还要连接下一个驱动装置，则两条电缆的同色芯线可以压在同一个端子内。PROFIBUS电缆的红色芯线应当压入端子29，绿色芯线应当连接到端子30。

S7-200CPU和变频器MM 440通信端口都是非隔离型的，使用西门子推荐的网络设备时，网络连接距离为50m，但根据实际需要可以外接通信端口的信号隔离和放大器件来提高网络的连接距离。

在采用屏蔽双绞线作为通信电缆时，把具有不同电位参考点的设备互联后在连接电缆中形成不应有的电流，这些电流导致通信错误或设备损坏。要确保通信电缆连接的所有设备共用一个公共电路参考点，或是相互隔离以防止干扰电流产生，屏蔽层必须接到外壳地或 9 针连接器的 1 脚上。

终端电阻是用来防止信号反射的，并不用于抗干扰。如果通信距离很近，则在波特率较低或点对点的通信的情况下，可以不用终端电阻。

通信口 M 的等电位连接建议单独采用较粗的导线，而不要使用 PROFIBUS 的屏蔽层，因为此连接上可能有较大的电流，可以导致通信中断。

PROFIBUS 电缆的屏蔽层要尽量大面积接 PE，其中一种实用的做法是在靠近插头，接线端子处环剥外皮，用压箍将裸露的屏蔽层压紧在 PE 接地体上（如 PE 母排或良好接地的裸露金属安装板）。

通信线与动力线分开布线，紧贴金属板安装也能提高抗干扰能力。驱动装置的输入输出端要尽量采用滤波装置，并使用屏蔽电缆。

三、创作步骤

1. PPI 通信案例

第一步 **PPI 通信的硬件连接图**

本案例中的 CPU224 为主站，另一台 CPU226 为 PPI 为从站，PPI 主站的 PPI 地址为 2，另一台地址为 3，PC/PPI 电缆，USB 下载电缆 6ES7 901-3DB30-0XA0，PPI 通信的硬件连接如图 20-11 所示。

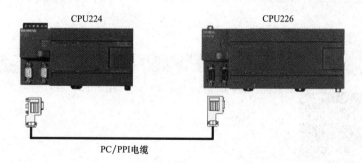

图 20-11　PPI 通信的硬件连接图

第二步 **创建项目和指令向导的应用**

打开 Micro Win 管理器，创建一个空项目，名称为"S7 200 PPI"。

使用工具菜单下的指令向导时需要注意的是，只有在 PPI 通信中作主站的 CPU 才需要用 NETR/NETW 向导编程，从站 PLC 不需做任何编程。

在 Micro/WIN 中的命令菜单中选择【工具】→【指令向导】，然后在指令向导窗口中选择【NETR/NETW】指令，使用【工具】菜单下的【指令向导】的图示如图 20-12 所示。

在【指令向导】页面，选择【NETR/NETW】指令后，单击【下一步】按钮，如图 20-13 所示。

在【指令向导】中设置需要填写读、写指令的个数，因为使用一次读指令、一次写指令，故此处填写 2，如图 20-14 所示。

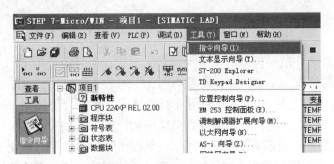

图 20-12 使用【工具】菜单下的【指令向导】图示

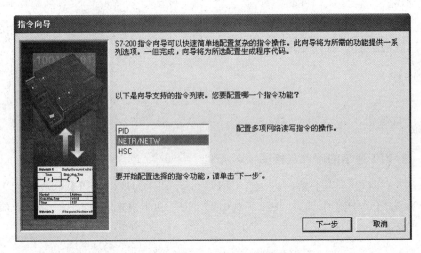

图 20-13 【指令向导】第一步图示

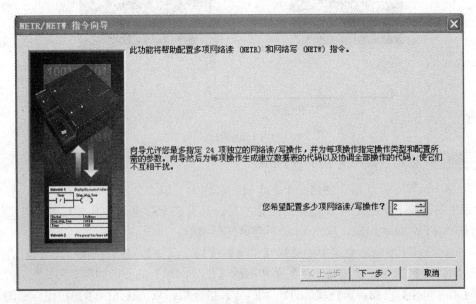

图 20-14 【指令向导】第二步图示

在图所示的向导中，读者可以选择使用 PLC 的通信口 0 还是通信口 1，这里选择的是 PLC 的通信口 0，另外，读者还可以在这个向导中修改子程序的名称，如图 20-15 所示。

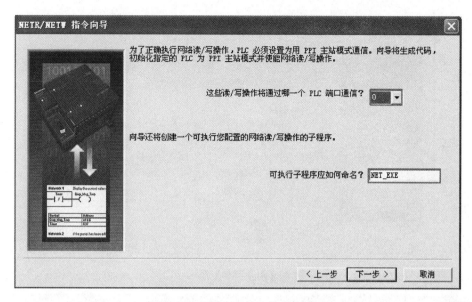

图 20-15　【指令向导】第三步图示

首先在向导中选择读操作【NETR】，然后选择读取数据的数据长度，读取从站数据的地址是 6，数据长度是 2，读取从站的 VB100～101，读取后的数值放置到主机 PLC 的 VB100、VB101。读取设置完成后，单击【下一项操作】按钮，如图 20-16 所示。

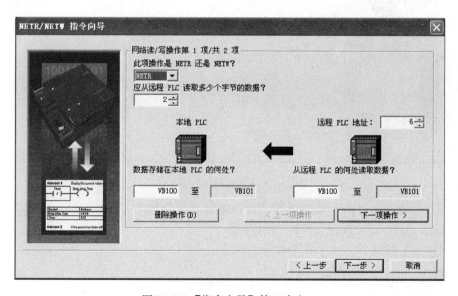

图 20-16　【指令向导】第四步之一

在向导中选择写操作【NETW】，然后选择读取数据的数据长度为 2，读取从站数据的地址是 6，将主站的 VB50～51 的数值放置到从站地址为 6 PLC 的 VB50、VB51 中。写入设置完成后，单击【下一项操作】按钮，如图 20-17 所示。

设置在主站 PLC 中设置的 V 变量区，此处使用建议地址 VB262～VB282 共 21 字节的 V 存储区，如图 20-18 所示。

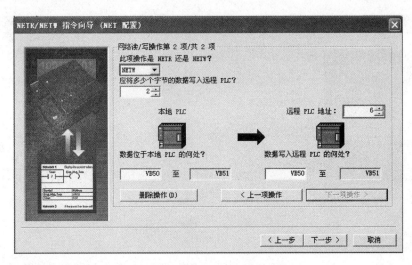

图 20-17 【指令向导】第四步之二

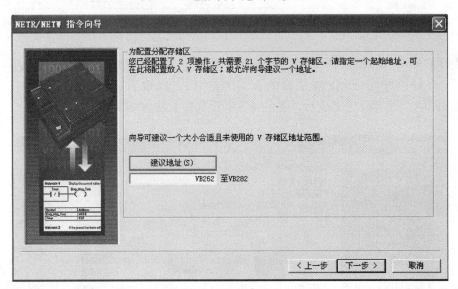

图 20-18 【指令向导】第五步

最后的界面将总结前面所做的选择，自动生成的子程序名字为"NET_EXE"，全局符号表为"NET_SYMS"，如图 20-19 所示。

单击【完成】按钮即完成了指令向导的编程工作。

● 第三步 子程序的调用

在主程序中，调用【NET_EXE】子程序，如图 20-20 所示。

在子程序输入管脚 Timeout 处设置为 0，即没有通信超时。当子程序运行出错时，Error 位被置 1。

● 第四步 主站的编程

在网络 2 中使用从站的 I0.0 作为电动机的启动信号，从站的 I0.2 作为电动机的停止信号，启动本地的电动机 Q0.0，主站的程序段二的程序如图 20-21 所示。

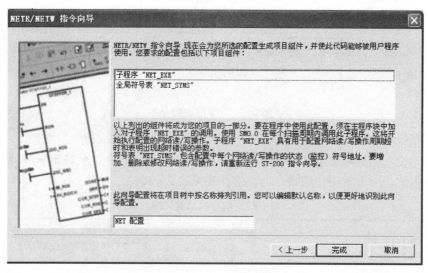

图 20-19　完成指令向导图

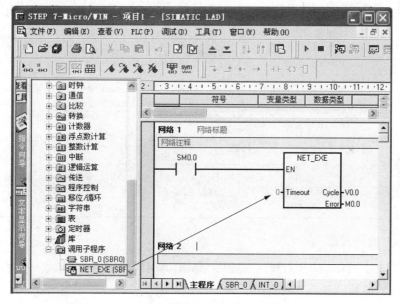

图 20-20　调用【NET_EXE】子程序的编程

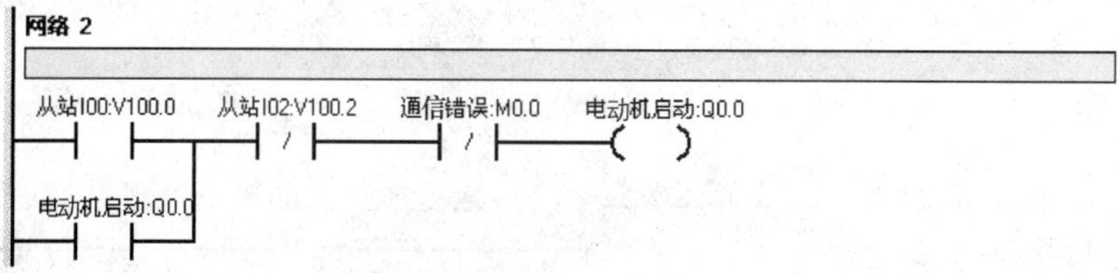

网络 2

从站I00:V100.0　从站I02:V100.2　通信错误:M0.0　电动机启动:Q0.0
电动机启动:Q0.0

图 20-21　主站的编程

第五步　字传送

在 Micro/WIN 中新建一个项目，CPU 选择为 226。

网络 1 是将 IW0 中的内容传送到 VW100 当中，程序的编写如图 20-22 所示。

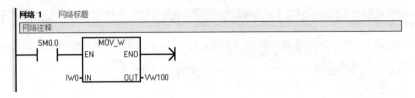

图 20-22 字传送指令

在本程序段中使用了字传送指令 MOV _ W 指令，是单一传送指令。

单一传送指令的移动字节（MOVE）指令将输入字节（IN）移至输出字节（OUT），不改变原来的数值，所有单一传送指令的功能详述见表 20-6。

表 20-6　　　　　　　　　　　　　单一传送指令的功能详述

名称	指令格式	功能	操作数
单一传送指令	MOVB IN，OUT	将 IN 的内容复制到 OUT 中 IN 和 OUT 的数据类型应相同，可分别为字，字节，双字，实数	IN，OUT：VB、IB、QB、MB、SB、SMB、LB、AC、* VD、* AC、* LD，其中，IN 还可以是常数
	MOVW IN，OUT		IN、OUT：VW、IW、QW、MW、SW、SMW、LW、T、C、AC、* VD、* AC、* LD，其中，IN 还可以是 AIW 和常数，OUT 还可以是 AQW
	MOVD IN，OUT		IN、OUT：VD、ID、QD、MD、SD、SMD、LD、AC、* VD、* AC、* LD，IN 还可以是 HC、常数、&·VB、&·IB、&·QB、&·MB、&·T、&·C
	MOVR IN，OUT		IN、OUT：VD、ID、QD、MD、SD、SMD、LD、AC、*VD、* AC、* LD，IN 还可以是常数
	BIR IN，OUT	立即读取输入 IN 的值、将结果输出到 OUT	IN：IB OUT：VB、IB、QB、MB、SB、SMB、LB、AC、* VD、* AC、* LD
	BIW IN，OUT	立即将 IN 单元的值写到 OUT 所指的物理输出区	IN：VB、IB、QB、MB、SB、SMB、LB、AC、* VD、* AC、* LD 和常数 OUT：QB

●── 第六步 通信设置

将从站的 I0.0～I1.7 的状态放入 VB100、VB101 中，方便主站读取。程序编写完成后，进行两个 PLC 的通信设置，并将程序下载。

双击通信菜单下【通讯】选项进入 PLC 扫描界面，如图 20-23 所示。

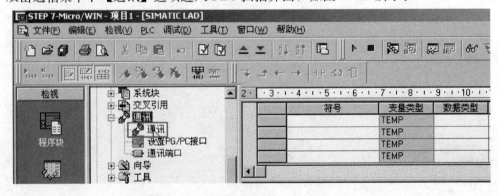

图 20-23 通信设置画面

在弹出的对话框中选择【双击以刷新】。刷新 PPI 网络上的 PLC 站的图示如图 20-24 所示。

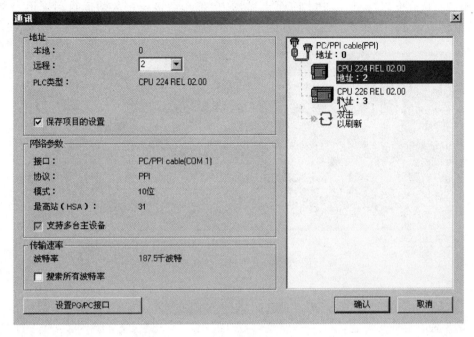

图 20-24　刷新 PPI 网络上的 PLC 站

然后设置波特率为 187.5kbps，再单击【确认】按钮，如图 20-25 所示。

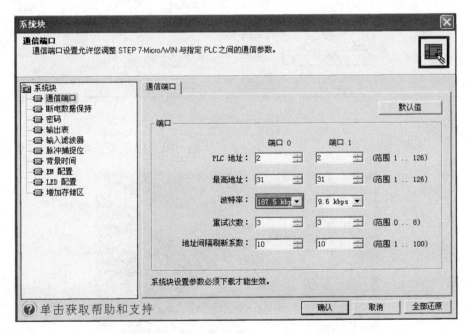

图 20-25　串行口设置为 187.5kbps

● 第七步　仿真

程序下载后，将 PPI 电缆连接到 Port1，保证 PC 与 CPU 的连接，仿真示意图如图 20-26

所示。

从图 20-26 上可以看到，CPU 前面板显示 I0.0 已经接通。从站运行后，I0.0 接通后 V100.0 也变成了 1，仿真中的状态表如图 20-27 所示。

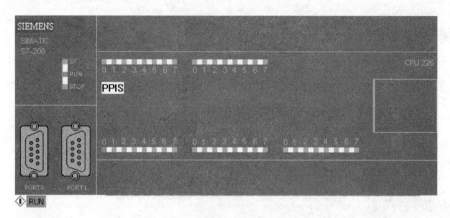

图 20-26 CPU226 仿真图示

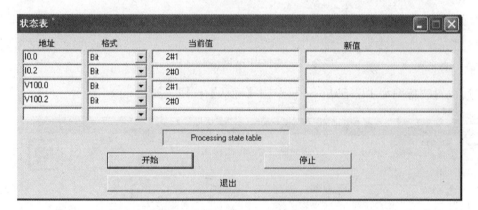

图 20-27 监控画面的状态表

此时在主站我们可以看到 Q0.0 已经运行了，主站 CPU224 的面板如图 20-28 所示。

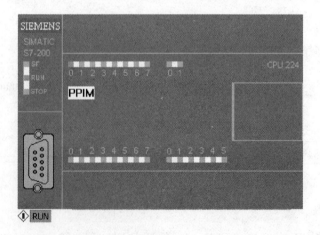

图 20-28 主站 CPU224 的前面板

在【状态表】中可以看到 V100.0 已经接通，Q0.0 也已经接通，主站的状态表如图 20-29 所示。

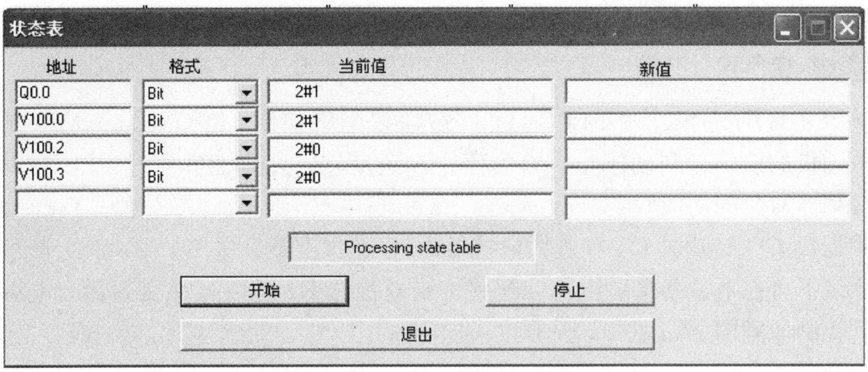

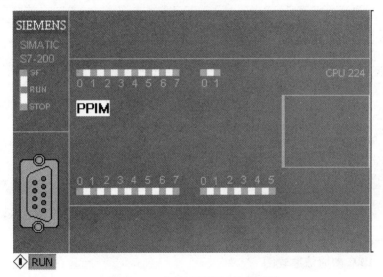

图 20-29　主站的状态表

当从站的 I0.2 接通时，Q0.0 断开，如图 20-30 所示。

图 20-30　主站 CPU224 的前面板

主站的【状态表】中可以看到 V100.2 为 "1"，Q0.0 为 "0"，此时，主站的状态表如图 20-31 所示。

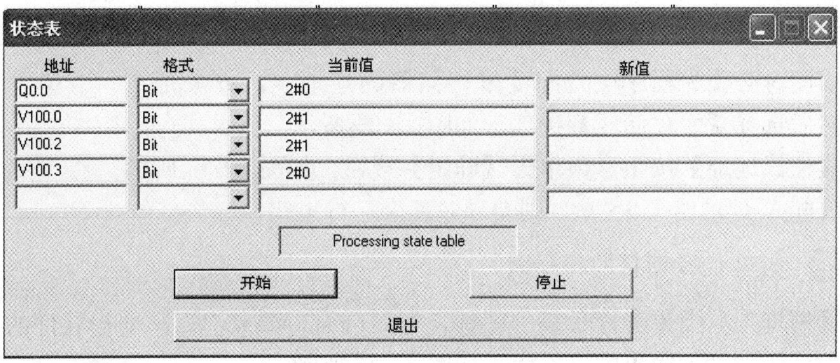

图 20-31　主站的状态表

通过上面的编程，就实现了两台 PLC 之间的通信了。

2. USS 通信

第一步　电气设计

本案例要实现的是 S7-200 PLC 通过 USS 协议网络控制 MicroMaster MM440 变频器，从而控制电动机的启动、制动停止、自由停止和正反转，并且能够通过 PLC 读取变频器参数、设置变频器参数的功能。

系统中配置了空气开关 Q1 和进线电抗器 R1，选择空气开关 Q1 时，其分断能力能够在额定电压等级下可靠地分断最大电流。配置进线电抗器 R1 可以减小变频器与电源间的相互干扰，电气控制原理图如图 20-32 所示。

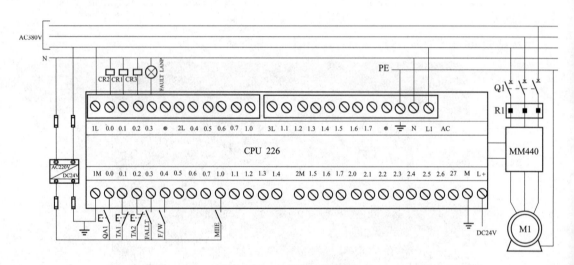

图 20-32　电气控制原理图

第二步　PLC 的通信原理图

西门子 200 系列 PLC 与变频器 MM440 通信时，如果使用 ProfibusDP 作为通信的连接，那么 PLC 与多台变频器的通信连接如图 20-33 所示。

从图 20-33 中大家可以看到，在最末端的变频器处要安装终端电阻。

第三步　程序块的地址组态

在编程前读者必须为程序块分配变量存储器的地址 V，方法是在指令树中右击【程序块】选项，然后选择【库存储区】选项，如图 20-34 所示。

先单击【建议地址】按钮，再单击【确定】按钮，如图 20-35 所示。

如果不分配 V 地址给 USS 库，则会导致程序运行出错。

第四步　创建 USS 项目的符号表

在项目【浏览条】中单击符号表的图标，在 STEP7-Micro/WIN 编程软件的工作窗口区域的符号表中，设定输入输出的符号表，如图 20-36 所示。

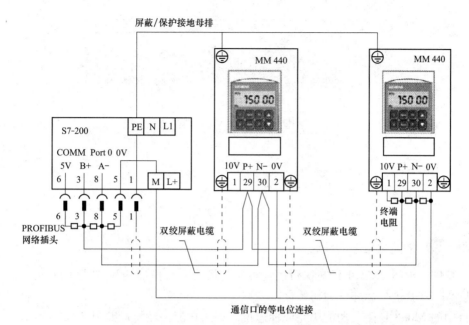

图 20-33　PLC 与多台变频器的通信连接示意图

图 20-34　库存储区图示

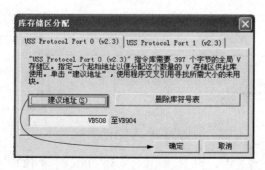

图 20-35　库存储区分配图示

地址	注释
I0.0	驱动装置的启动/停止控制
I0.1	停车信号 2。ON时驱动装置将封锁主回路输出,电动机自由停车.
I0.2	停车信号 3。ON时驱动装置将快速停车
I0.3	故障确认。当驱动装置发生故障后,将通过状态字向USS主站报告;如果造成故障的原因排除,可以使用此输入端清除驱动装置的报警状态,即复位
I0.4	电动机运转方向控制,OFF时正传,ON时反转
I1.0	USS通信和PPI通信切换
I1.1	读/写操作开始按钮,ON一下时开始参数的读写
Q0.0	运行模式反馈,表示驱动装置是运行(为1)还是停止(为0)
Q0.1	指示驱动装置的运转方向,反馈信号,正传为1,反转为0
Q0.2	驱动装置禁止状态指示(0-未禁止,1-禁止状态)。禁止状态下驱动装置无法运行。要清除禁止状态,故障位必须复位,并且 RUN、OFF2和OFF3都为 0
Q0.3	故障指示位(0-无故障,1-有故障)

图 20-36　符号表

● **第五步　初始化程序的编制**

由于特殊继电器 SM0.1 仅在执行用户程序的第一个扫描周期为"1"的状态,所以,运行程序后 M0.0 就进行标志位的初始化。

项目中的 M0.3 是读写功能块完成标志位,用于功能块轮替,如图 20-37 所示。

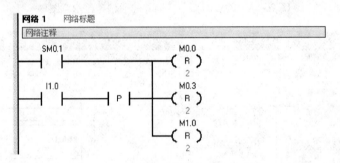

图 20-37　读写功能块标志位

● **第六步　初始化 PORT 0 为 USS 通信**

在图 20-38 所示的网络 2 中,运行开始或 I1.0 由 OFF 到 ON 时,初始化 PORT 0 为 USS 通信。使用站地址为 3 的 MM 440 变频器,则须在位号为 03 的位单元格中填入二进制 1。其他不需要激活的地址对应的位设置为 0。取整数,计算出的 Active 值为 00000008H,即 16#00000008,也等于十进制数 8。

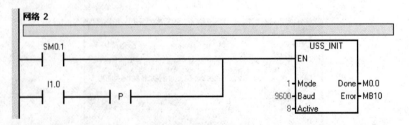

图 20-38　初始化程序

在图 20-39 所示的网络 3 中,当 I1.0 由 ON 到 OFF 时将 PORT 0 的 Mode 置 0,恢复 PORT 0 工作模式为 PPI 通信,这样可以使用此串口进行程序下载上传等操作。

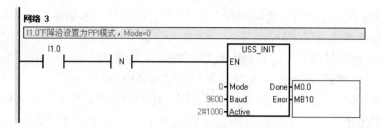

图 20-39 设定 PPI 模式

其中，在网络 2 中使用 USS 库指令以前，必须使用 USS _
INIT 指令来初始化 USS 通信参数，USS _ INIT 指令如图 20-40
所示。

图 20-40 USS _ INIT
指令图示

通俗地说，USS _ INIT 子程序的 Active 参数，是用来表示网
络上哪些 USS 从站要被主站访问的，即在主站的轮询表中激活。
网络上作为 USS 从站的驱动装置每个都有不同的 USS 协议地址，
主站要访问的驱动装置，其地址必须在主站的轮询表中激活。USS _ INIT 指令只用一个 32
位长的双字来映射 USS 从站的有效地址表，Active 的无符号整数值就是它在指令输入端的
取值，如图 20-41 所示。

位号	MSB 31	30	29	28	...		03	02	01	LSB 00
对应从站地址	31	30	29	28	...		3	2	1	0
从站激活标志	0	0	0	0	...		1	0	0	0
取16进制无符号整数值		0			...				8	
Active =					16#00000008					

图 20-41 32 位长的双字映射 USS 从站有效地址

在这个 32 位的双字中，每一位的位号表示 USS 从站的地址号，要在网络中激活某地址
号的驱动装置，则需要把相应位号的位设置为二进制 1，不需要激活 USS 从站，相应的位设
置为 0，最后对此双字取无符号整数就可以得出 Active 参数的取值。

第七步 变频器的运行控制

控制功能块 USS _ CTRL，通过 PLC 的输入输出可以控制并诊断驱动器的工作。在网络
4 当中，使用特殊继电器 SM0.0 始终为 1 的功能来使能 USS _ CTRL 指令，RUN 管脚连接
的是驱动装置的启动/停止控制，I0.0 为 0 时电动机将按照变频器中设置的斜坡减速来停机，
I0.0 为 1 时电动机将按照变频器的设置进行启动。

管脚 OFF2 连接的是 I0.1，是停车信号 2。当 I0.1 的信号为 1 时，变频器将封锁主回路
输出，电动机自由停车。

管脚 OFF3 连接的是 I0.2，是停车信号 3。当 I0.2 的信号为 1 时，变频器将快速停车。

管脚 F _ ACK 连接 I0.3，是故障确认管脚。当变频器发生故障后，将通过状态字向
USS 主站报告。如果造成故障的原因排除，则可以使用此输入端清除驱动装置的报警状态，
即复位。这是针对变频器的操作。

DIR 管脚连接的是 I0.4，I0.4 为 1 时是反转，为 0 时是正转。

Drive 管脚的输入表示的是变频器在 USS 网络上的站号，本例即为 3。另外，从站必须先在初始化时激活才能进行控制。

Type 管脚的输入是向 USS_CTRL 功能块指示变频器的类型。其中，"0" 代表 MM 3 系列或更早的产品，"1" 代表的是 MM 4 系列，SINAMICS G 110。

管脚 Speed_SP 的输入代表的是速度设定值，速度设定值必须是一个实数，给出的数值是变频器的频率范围百分比还是绝对的频率值取决于变频器中的参数设置（如 MM 440 的 P2009）。

Resp_R 的管脚连接的是从站应答确认信号。主站从 USS 从站收到有效的数据后，M0.2 位将为 "1"，在一个程序扫描周期，表明以下的所有数据都是最新的。

Error 的管脚表示错误代码，如果为 "0" 则代表没有出错。

此 USS_CTRL 功能块使用了 PZD 数据读写机制，传输速度比较快，网络 4 如图 20-42 所示。

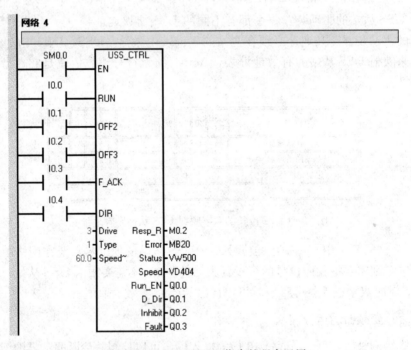

图 20-42 USS_CTRL 指令的程序运用

其中，USS_CTRL 指令用于对单个驱动装置进行运行控制，这个功能块利用了 USS 协议中的 PZD 数据传输，控制和反馈信号更新较快。

网络上的每一个激活的 USS 驱动装置从站，都要在程序中调用一个独占的 USS_CTRL 指令，而且只能调用一次。需要控制的驱动装置必须在 USS 初始化指令运行时定义为 "激活"。

这里，USS_CTRL 指令用于控制处于激活状态的变频器，每台变频器只能使用一条该指令，如图 20-43 所示。

指令说明如下。

（1）USS_CTRL（端口 0）或 USS_CTRL_P1（端口 1）指令被用于控制 ACTIVE（激活）驱动器。USS_CTRL 指令将选择的命令放在通信缓冲区中，然后送至编址的驱动器 DRIVE（驱动器）参数，条件是已在 USS_INIT 指令的 ACTIVE（激活）参数中选择该驱动器。

（2）仅限为每台驱动器指定一条 USS_CTRL 指令。

（3）某些驱动器仅将速度作为正值报告，如果速度为负值，则驱动器将速度作为正值报告，但逆转 D_Dir（方向）位。

（4）EN 位必须为 ON，才能启用 USS_CTRL 指令，该指令应当始终启用。

（5）RUN 表示驱动器是 ON 还是 OFF，当 RUN（运行）位为 ON 时，驱动器收到一条命令，按指定的速度和方向开始运行。为了使驱动器运行，必须符合以下条件。

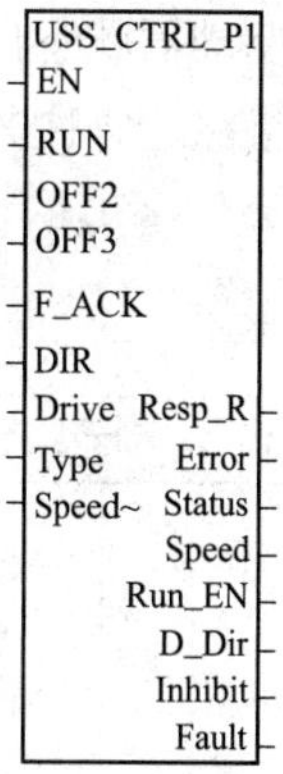

```
┌─────────────────┐
│ USS_CTRL_P1     │
│─ EN             │
│                 │
│─ RUN            │
│─ OFF2           │
│─ OFF3           │
│─ F_ACK          │
│─ DIR            │
│─ Drive   Resp_R─│
│─ Type     Error─│
│─ Speed~  Status─│
│           Speed─│
│          Run_EN─│
│           D_Dir─│
│          Inhibit─│
│            Fault─│
└─────────────────┘
```

图 20-43　USS_
CTRL 指令

1）DRIVE（驱动器）在 USS_INIT 中必须被选为 ACTIVE（激活）。

2）OFF2 和 OFF3 必须被设为 0。

3）Fault（故障）和 Inhibit（禁止）必须为 0。

（6）当 RUN 为 OFF 时，会向驱动器发出一条命令，将速度降低，直至电动机停止。OFF2 位用于允许驱动器自由降速至停止，OFF2 用于命令驱动器迅速停止。

（7）Resp_R（收到应答）位确认从驱动器收到应答，对所有的激活驱动器进行轮询，查找最新驱动器状态信息。每次 S7-200 PLC 从驱动器收到应答时，Resp_R 位均会打开，进行一次扫描，所有数值均被更新。

（8）F_ACK（故障确认）位用于确认驱动器中的故障，当 F_ACK 从 0 转为 1 时，驱动器清除故障。

（9）DIR（方向）位用来控制电动机的转动方向。

（10）Drive（驱动器地址）输入是 MicroMaster 驱动器的地址，向该地址发送 USS_CTRL 命令。有效地址为 0～31。

（11）Type（驱动器类型）输入选择驱动器的类型，将 MicroMaster 3（或更早版本）驱动器的类型设为 0，将 MicroMaster 4 驱动器的类型设为 1。

（12）Speed_SP（速度设定值）是作为全速百分比的驱动器速度，Speed_SP 的负值会使驱动器反向旋转，其范围为 -200.0% ～ 200.0%。

（13）Fault 表示故障位的状态（0 表示无错误，1 表示有错误），驱动器显示故障代码，欲清除故障位并纠正引起故障的原因，打开 F_ACK 位。

（14）Inhibit 表示驱动器上的禁止位状态（0 表示不禁止，1 表示禁止），欲清除禁止位，故障位必须为 OFF，运行、OFF2 和 OFF3 输入也必须为 OFF。

（15）D_Dir 表示驱动器的旋转方向。

（16）Run_EN（运行启用）表示驱动器是在运行（1）还是停止（0）。

（17）Speed 是以全速百分比表示的驱动器速度，其范围为 -200.0% ～ 200.0%。

（18）Staus 是驱动器返回的状态字原始数值。

（19）Error 是一个包含对驱动器最新通信请求结果的错误字节，USS 指令执行错误主题定义了可能因执行指令而导致的错误条件。

（20）Resp_R（收到的响应）位确认来自驱动器的响应，对所有的激活驱动器都要轮询最新的驱动器状态信息。每次 S7-200 CPU 接收到来自驱动器的响应时，每扫描一次，Resp_R 位就会接通一次并更新所有相应的值。

高低字节的含义说明如图 20-44 所示。

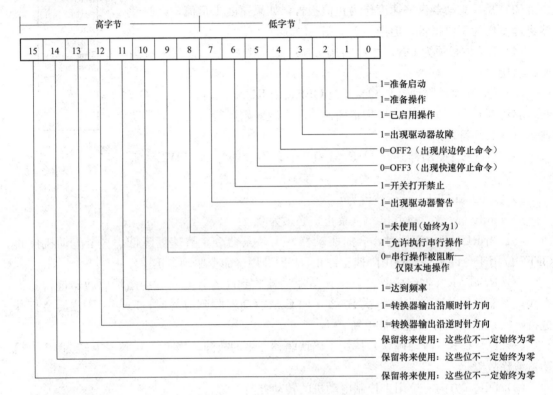

图 20-44　高低字节的含义图示

●—— 第八步 读写操作

当 I1.1 由 OFF 到 ON 时，启动读参数指令，即 M1.0 位被置 1，程序如图 20-45 所示。

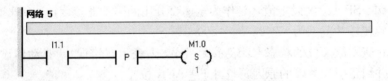

图 20-45　启动读参数指令的程序编制

在图 20-46 所示的网络 6 中，读取实际的电动机电流值（参数 r0068），由于此参数是一个实数，因此选用实型参数读功能块，USS 的参数读写指令必须与参数的类型匹配。

（1）【EN】管脚是使能读写指令的，也就是说 M1.0 必须为 1。

（2）【XMT_REQ】管脚连接的是发送请求，必须使用一个边沿检测触点用来触发读操作，它前面的触发条件 M1.0 必须与 EN 端的输入一致。

（3）【Drive】的管脚输入的 3 是要读写参数的变频器在 USS 网络上的地址。

（4）【Param】管脚连接的参数号（仅数字）是 68，此处也可以是变量。

（5）【Index】是参数下标。有些参数由多个带下标的参数组成一个参数组，下标用来指出具体的某个参数，对于没有下标的参数，可以设置为 0。

（6）【DB_Ptr】读写指令需要一个 16 字节的数据缓冲区，用间接寻址形式给出一个起始地址。此数据缓冲区与库存储区不同，是每个指令（功能块）各自独立需要的。此数据缓冲区也不能与其他数据区重叠，各指令之间的数据缓冲区也不能冲突。

（7）【Done】读写功能完成标志位，读写完成后置 1。

（8）【Error】代表出错代码。MB30 为 0 代表无错误。

（9）【Value】存储的是读出的数据值，要指定一个单独的数据存储单元。

另外，【EN】和【XMT_REQ】的触发条件必须同时有效，【EN】必须持续到读写功能完成（Done 为 1），否则会出错。

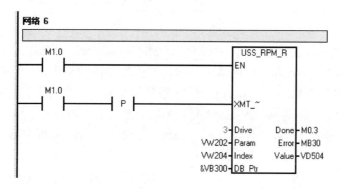

图 20-46 USS_PPM_R 指令的应用

其中，USS 指令库中共有六种参数读写功能块，分别用于读写驱动装置中不同规格的参数，具体见表 20-7。

表 20-7　　　　　　　　　　　　　　USS 读写功能块

功能块名称	功能	格式
USS_RPM_W	读取无符号字参数	U16 格式
USS_RPM_D	读取无符号双字参数	U32 格式
USS_RPM_R	读取实数（浮点数）参数	Flost 格式
USS_WPM_W	写入无符号字参数	U6 格式
USS_WPM_D	写入无符号双字参数	U32 格式
USS_WPM_R	写入实数（浮点数）参数	Float 格式

USS 参数读写指令采用与 USS_CTRL 功能块不同的数据传输方式，由于许多驱动装置把参数读写指令用到的 PKW 数据处理作为后台任务，参数读写的速度要比控制功能块慢一些。因此，使用这些指令时需要更长的等待时间，并且在编程时要考虑到对这些因素进行相应的处理。

（1）读参数指令。USS_RPM 指令用于读取变频器的参数，USS 协议有以下 3 条读指令。

1）USS_RPM_W 指令用于读取一个无符号字类型的参数。

2）USS_RPM_D 指令用于读取一个无符号双字类型的参数。

3）USS＿RPM＿R指令用于读取一个浮点数类型的参数。

USS＿RPM指令如图20-47所示。

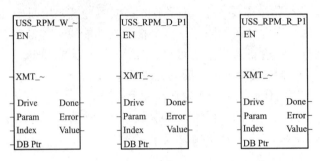

图 20-47　USS＿RPM 指令

指令说明如下。

1）一次仅限将一条读取（USS＿RPM＿x）或写入（USS＿WPM＿x）指令设为激活。

2）EN位必须为ON，才能启用请求传送，并应当保持ON状态，直至设置"完成"位为止，表示进程完成。例如，当XMT＿REQ输入为ON时，在每次扫描时向MicroMaster传送一条USS＿RPM＿x请求。因此，XMT＿REQ输入应当通过一个脉冲方式打开。

3）Drive输入是MicroMaster驱动器的地址，USS＿RPM＿x指令被发送至该地址。单台驱动器的有效地址是0～31。

4）Param是参数号码，Index是需要读取参数的索引值，Value是返回的参数值，必须向DB＿Ptr输入提供16个字节的缓冲区地址，该缓冲区被USS＿RPM＿x指令用于存储向MicroMaster驱动器发出的命令结果。

5）当USS＿RPM＿x指令完成时，Done输出ON，Error输出字节和Value输出包含执行指令的结果，Error和Value输出在Done输出打开之前无效。

（2）写参数指令USS＿WPM。写参数指令的用法与读参数指令类似，与读参数指令的区别在于写参数指令的参数是功能块的输入。

USS＿WPM指令用于将参数写入变频器，USS协议共有三种写入指令。

1）USS＿WPM＿W（端口0）或USS＿WPM＿W＿P1（端口1）指令写入不带符号的字参数。

2）USS＿WPM＿D（端口0）或USS＿WPM＿D＿P1（端口1）指令写入不带符号的双字参数。

3）USS＿WPM＿R（端口0）或USS＿WPM＿R＿P1（端口1）指令写入浮点。

写参数USS＿WPM的指令如图20-48所示。

指令说明如下。

1）一次仅限将一条读取（USS＿RPM＿x）或写入（USS＿WPM＿x）指令设为激活。

2）当MicroMaster驱动器确认收到命令或发送一则错误条件时，USS＿WPM＿x事项完成。当该进程等待应答时，逻辑扫描继续执行。

3）EN位必须为ON，才能启用请求传送，并应当保持打开，直至设置"Done"位，表示进程完成。例如，当XMT＿REQ输入为ON时，在每次扫描时向MicroMaster传送一条USS＿WPM＿x请求。因此，XMT＿REQ输入应当通过一个脉冲方式打开。

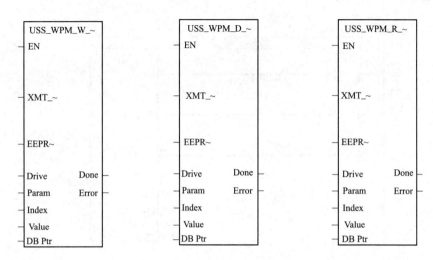

图 20-48　USS_WPM 的指令

4）当驱动器打开时，EEPROM 输入启用对驱动器的 RAM 和 EEPROM 的写入，当驱动器关闭时，仅启用对 RAM 的写入。请注意，该功能不受 MM3 驱动器支持，因此该输入必须关闭。

5）其他参数的含义及使用方法参考 USS_RPM 指令。

（3）读写多个参数。在任一时刻 USS 主站内只能有一个参数读写功能块有效，否则会出错。因此如果需要读写多个参数（来自一个或多个驱动装置），必须在编程时进行读写指令之间的轮替处理。

● ── **第九步**　**读/写操作轮替功能的程序编制**

在图 20-49 所示的网络 7 当中实现的是读/写操作轮替功能。由于在同一时间 USS 网络上读参数或写参数只能有一种操作，因此有必要设置读/写操作的轮替功能。当读参数完成时 M0.3 被置 1 一个扫描周期，从而 M1.0 复位为 0，读参数操作被屏蔽，同时 M1.1 被置位，开始写参数操作。

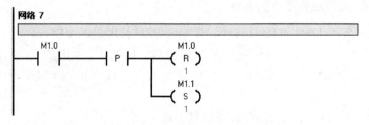

图 20-49　读/写操作轮替功能的实现

向变频器 MM440 中写参数，即 P1082 设置为 50.0，程序如图 20-50 所示。

在网络 9 中，实现读/写操作轮替，功能同网络 7，网络 9 如图 20-51 所示。

● ── **第十步**　**变频器的复位**

变频器 MM440 的参数设置，即设置 USS 通信控制的参数，设置时控制源和设定源之间可以自由组合，根据工艺要求可以灵活选用。我们以控制源和设定源都来自 COM Link 上的 USS 通信为例，简介 USS 通信的参数设置。

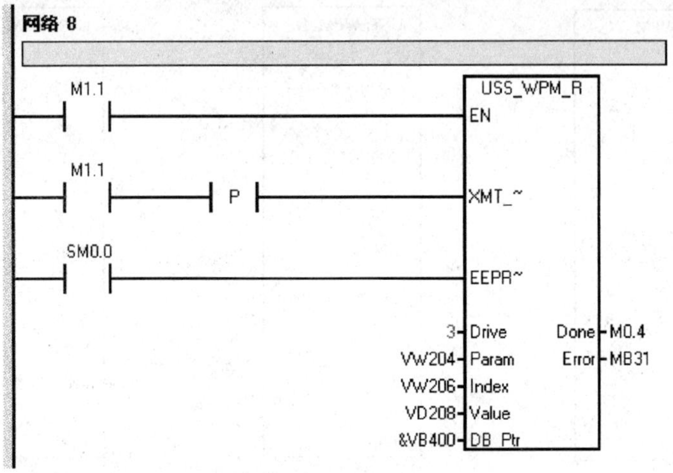

网络 8

```
      M1.1                                    USS_WPM_R
    ──┤ ├──                                  EN

      M1.1
    ──┤ ├────────┤ P ├──                      XMT_~

      SM0.0
    ──┤ ├──                                   EEPR~

                              3─ Drive    Done ─M0.4
                           VW204─ Param   Error ─MB31
                           VW206─ Index
                           VD208─ Value
                          &VB400─ DB_Ptr
```

图 20-50　写参数的操作

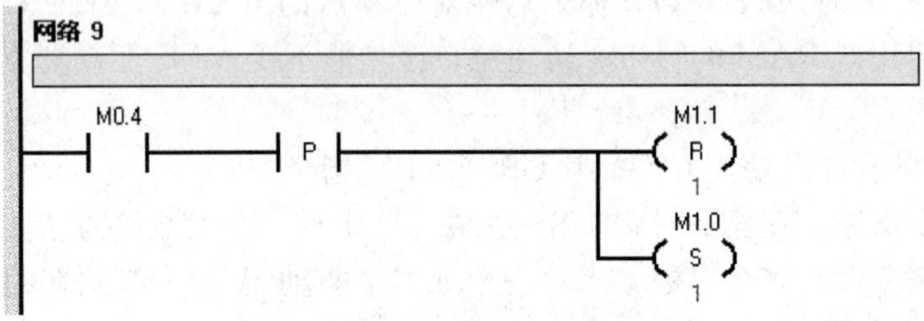

网络 9

```
      M0.4                                       M1.1
    ──┤ ├────────┤ P ├──                        ─( R )─
                                                   1
                                                 M1.0
                                                ─( S )─
                                                   1
```

图 20-51　读/写操作轮替

在将变频器连至 S7-200 PLC 之前，必须确保变频器具有以下系统参数，即使用变频器上的基本操作面板的按键设置参数。

将变频器 MM440 复位为出厂默认设置值（可选），即 P0010＝30（出厂的设定值），P0970＝1（参数复位）。

第十一步　通信应答参数的设置

P2012 的长度等于 USS 的 PZD 长度。常规的 PZD 长度是两个字长。这一参数允许用户选择不同的 PZD 长度，以便对目标进行控制和监测。例如，3 个字的 PZD 长度时，可以有第 2 个设定值和实际值，实际值可以是变频器的输出电流（P2016 或 P2019［下标 3］＝r0027）。

设置 P2013［0］＝127，即 USSPKW 区的长度可变。

P2013＝USS 的 PKW 长度，默认值设定为 127（可变长度）。也就是说，被发送的 PKW 长度是可变的，应答报文的长度也是可变的，这将影响 USS 报文的总长度。如果要写一个控制程序，并采用固定长度的报文，那么，应答状态字（ZSW）总是出现在同样的位置。MicroMaster4 变频器最常用的 PKW 固定长度是 4 个字长，因为它可以读写所有的参数。

第十二步　电动机标准参数的设置

（1）P0003＝3 时，用户访问级为专家级，使能读/写所有参数。

（2）P0010 为调试参数过滤器，P0010＝1 时快速调试，P0010＝0 时准备。

（3）P0304 为电动机额定电压（以电动机铭牌为准）。

（4）P0305 为电动机额定电流（以电动机铭牌为准）。

（5）P0307 为电动机额定功率（以电动机铭牌为准）。

（6）P0308 为电动机额定功率因数（以电动机铭牌为准）。

（7）P0310 为电动机额定频率（以电动机铭牌为准）。

（8）P0311 为电动机额定速度（以电动机铭牌为准）。

第十三步　设置本地/远程控制模式

P0700＝5，通过 COM 链路（经由 RS-485）进行通信的 USS 设置，即通过 USS 对变频器进行控制。

P1000＝5，这一设置可以允许通过 COM 链路的 USS 通信发送频率设定值。

第十四步　站地址和通信速率的设置

P2011 设置 P2011 [0]＝0～31，这是为变频器指定的唯一从站地址，即驱动装置 COM Link 上的 USS 通信口在网络上的从站地址。网络上不能有任何两个从站的地址相同。

设置 RS-485 串行口 USS 的波特率，P2010 在不同值有不同的波特率，即 P2010＝4（2400bit/s）、P2010＝5（4800bit/s）、P2010＝6（9600bit/s）、P2010＝7（19200bit/s）、P2010＝8（38400bit/s）、P2010＝9（57600bit/s）。这一参数必须与 PLC 主站采用的波特率一致，如本项目中 PLC 和变频器的波特率都设为 9600bit/s。另外，设定值与程序中的站地址要一致。

第十五步　斜坡时间的设定和串行链接参考频率的设定

斜坡上升时间（可选）P1120＝0～650.00，这是一个以秒（s）为单位的时间，在这个时间内，电动机加速到最高频率。

斜坡下降时间（可选）P1121＝0～650.00，单位为秒（s），在这个时间内，电动机减速到完全停止。

设置串行链接参考频率，即 P2000＝1～650，单位为 Hz，默认值为 50。

第十六步　设置 USS 的规格化

P2009 表示 USS 规格化（具有兼容性），P2009 决定是否对 COM Link 上的 USS 通信设定值规格化，即决定设定值将是运转频率的百分比形式，还是绝对频率值。

0——不规格化 USS 通信设定值，即设定为变频器中频率设定范围的百分比形式。设置值为 0 时，根据 P2000 的基准频率进行频率设定值的规格化。

1——对 USS 通信设定值进行规格化，即设定值为绝对的频率数值。设置值为 1 时，允许设定值以绝对十进制数的形式发送。如果在规格化时设置的基准频率为 50.00Hz，则所对应的十六进制数是 4000，十进制数值是 16384。

此处 P2009 的设定值＝0。

P2014 的设置是 P2014 [0]＝0 至 65535，即 COM Link 上的 USS 通信控制信号中断超时时间，单位为 ms。如果设置为 0，则不进行此端口上的超时检查。

此通信控制信号中断，指的是接收到的对本装置有效通信报文之间的最大间隔。如果设定了超时时间，报文间隔超过此设定时间还没有接收到下一条信息，则会导致 F0072 错误，变频器将会停止运行。通信恢复后此故障才能被复位。根据 USS 网络通信速率和站数的不同，此超时值会不同。如果要设定超时值，请参考相关表格，并选取一个适当的数值。

第十七步　状态字和实际值的设定

参数 P2016 和 P2019 是允许用户确定的参数，在 RS-232C 和 RS-485 串行接口的情况下，答应报文 PZD 中应该返回哪些状态字和实际值，其下标参数设定如下。

(1) 下标 0＝状态字 1（ZSW）（默认值＝r0052＝变频器的状态字）。

(2) 下标 1＝实际值 1（HIW）（默认值＝r0021＝输出频率）。

(3) 下标 2＝实际值 2（HIW2）（默认值＝0）。

(4) 下标 3＝状态字 2（ZSW2）（默认值＝0）。

PZD 控制字，信号 047FH 使变频器正向运行，而信号 0C7FH 使变频器反向运行。

第十八步　保存设置参数的设定

设置 P0971＝1，上述参数将保存到 MM 440 的 EEPROM 中。

案例 21

PLC 控制变频器 G120

一、案例说明

在实际的工程项目中，如果电动机工频启动，则电流剧增的同时，电压也会大幅度波动，电压下降的幅度将取决于启动电动机的功率大小和配电网的容量。电压下降将会导致同一供电网络中的电压敏感设备故障跳闸或工作异常，如 PC 机、传感器、接近开关和接触器等均会动作出错。

变频器是对交流电动机进行变频调速的装置，具有调速精度高、响应快、保护功能完善、过载能力强、节能显著、维护方便、智能化程度高、易于实现复杂控制等优点，电动机采用变频调速后，由于能在零频零压时逐步启动，因此能最大程度上消除电压下降。

本案例将通过西门子 200PLC 的程序编制，来驱动变频器 G120 带动电动机按照工艺上的要求达到精确运行的目的，并通过项目的硬件配置给读者展示如何在 STEP7-Micro/WIN 中应用扩展模块。

二、相关知识点

1. S7-200 的扩展电缆

S7-200 系统在扩展时，使用的是扁平电缆的总线连接方式，这样可以提高抗震动性能，使连接变得更简单、更可靠、更灵活，扁平电缆如图 21-1 所示。

2. 模拟量输入输出扩展模块 EM235 （D/A）

EM235 模块的上部端子排为标注 A、B、C、D 的四路模拟量输入接口，可以分别接入标准电压、电流信号。DC 24V 电源正极接入模块左下方 L+端子，负极接入 M 端子。

图 21-1　扁平电缆图示

下部端子为一路模拟量输出端的 3 个接线端子 MO、VO、IO，其中 MO 为数字接地接口，VO 为电压输出接口，IO 为电流输出接口。

另外，EM235 模块在接线时，未用的接口要用短路线短接，以免受到外部干扰，如未用的 B+与 B-端。6ES7 235 0KD22-0XA0 的接线如图 21-2 所示。

EM235 模块 AI 对应 2 线制、3 线制、4 线制传感器的接线，下面以一通道为例来进行说明。

（1）对于 2 线制的，传感器的＋接到 24V 电源，传感器的－接到 A＋上，A－和 M 连接上。

（2）对于 3 线制的，传感器的＋接到 A＋，传感器的－接到 A－上。外供电源的－和 A－相连。

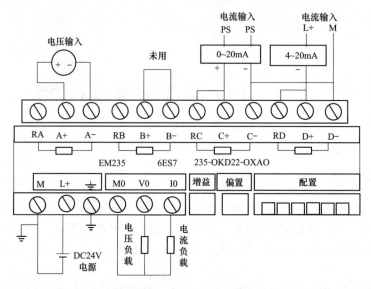

图 21-2 EM235 接线图示

（3）对于 4 线制的，传感器的＋接到 A＋，传感器的－接到 A－上。电源直接外供。

3. 模拟量输入/输出模块 EM235 的 DIP 开关设置

EM235 电压输入范围是：单极性为 0～10V、0～5V、0～1V、0～500mV、0～100mV、0～50mV。双极性为 ±10V、±5V、±2.5V、±1V、±500mV、±250mV、±100mV、±50mV、±25mV。

EM235 模块的模拟量输出功能同 EM232 模拟量输出模块的技术参数也基本相同。EM235 模块需要直流 24V 电源供电，可由 CPU 模块的传感器电源 DC24V/400mA 对其供电，也可由用户提供外部电源进行供电。

EM235 是最常用的模拟量扩展模块，在软件中不需要去配置 EM235，量程及单双极性都是通过模拟量上的 DIP 跳线来完成的。而模拟量的矫正可以通过模拟电位计来完成。

表 21-1 说明如何用 DIP 开关设置 EM235 扩展模块，开关 1 到 6 可以用来选择输入模拟量的单/双极性、增益和衰减。

表 21-1　　　　　　　　　　　EM235 扩展模块的单/双极性、增益和衰减的说明

EM235 开关						单/双极性选择	增益选择	衰减选择
SW1	SW2	SW3	SW4	SW5	SW6			
					ON	单极性		
					OFF	双极性		
			OFF	OFF			X1	
			OFF	ON			X10	
			ON	OFF			X100	
			ON	ON			无效	
ON	OFF	OFF						0.8
OFF	ON	OFF						0.4
OFF	OFF	ON						0.2

由表 21-1 可知，DIP 开关 SW6 决定模拟量输入的单双极性，当 SW6 为 ON 时，模拟量输入为单极性输入，SW6 为 OFF 时，模拟量输入为双极性输入。

SW4 和 SW5 决定输入模拟量的增益选择，而 SW1、SW2 和 SW3 共同决定了模拟量的衰减选择。

6 个 DIP 开关决定了所有的输入设置，也就是说开关的设置应用于整个模块，开关设置也只有在重新上电后才能生效。

对 6 个 DIP 开关的功能进行排列组合，所有的输入设置见表 21-2。

表 21-2　　　　　　　　　　6 个 DIP 开关的功能进行排列组合

单极性						满量程输入	分辨率
SW1	SW2	SW3	SW4	SW5	SW6		
ON	OFF	OFF	ON	OFF	ON	0 到 50mV	12.5μV
OFF	ON	OFF	ON	OFF	ON	0 到 100mV	25μV
ON	OFF	OFF	OFF	ON	ON	0 到 500mV	125μA
OFF	ON	OFF	OFF	ON	ON	0 到 1V	250μV
ON	OFF	OFF	OFF	ON	ON	0 到 5V	1.25mV
ON	OFF	OFF	OFF	ON	ON	0 到 20mA	5μA
OFF	ON	OFF	OFF	ON	ON	0 到 10V	2.5mV
双极性						满量程输入	分辨率
SW1	SW2	SW3	SW4	SW5	SW6		
ON	OFF	OFF	ON	OFF	OFF	±25mV	12.5μV
OFF	ON	OFF	ON	OFF	OFF	±50mV	25μV
OFF	OFF	ON	ON	OFF	OFF	±100mV	50μV
ON	OFF	OFF	OFF	ON	OFF	±250mV	125μV
OFF	ON	OFF	OFF	ON	OFF	±500	250μV
OFF	OFF	ON	OFF	ON	OFF	±1V	500μV
ON	OFF	OFF	OFF	OFF	OFF	±2.5V	1.25mV
OFF	ON	OFF	OFF	OFF	OFF	±5V	2.5mV
OFF	OFF	ON	OFF	OFF	OFF	±10V	5mV

模拟量扩展模块的接线如下。

（1）对于电压信号，按正、负极直接接入 X＋和 X－。

（2）对于电流信号，将 RX 和 X＋短接后接入电流输入信号的"＋"端。

（3）未连接传感器的通道要将 X＋和 X－短接。

4. 计算正弦值的程序编制

三角函数包括正弦 sin、余弦 cos 和正切 tan 三个函数。

三角函数要求 ACCU1 里的实数为一个以弧度表示的角度值，对于角度输入值为（0°～360°）这样的值，如果有必要的话，必须将其转换为 0～2π（π＝3.141593）的弧度值。

输入继电器 I0.5 为"1"时，首先将输入角从角度转换成弧度，方法是用角度乘以 π 除以 180 即可完成转换，然后调用正弦（SIN）指令对角度值 IN 进行三角运算，并将结果放置在与 OUT 连接的 AC3 中，程序如图 21-3 所示。

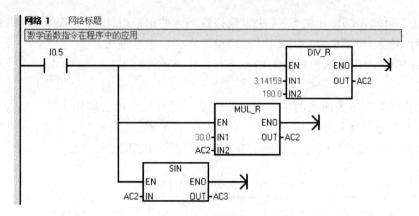

图 21-3 计算正弦值的程序编制

5. 计算常用对数的程序

计算以 10 为底的 130 的常用对数时，首先将 130 这个常数存储到 VD50，然后应用对数的换底公式来换算，也就是说当求解以 10 为底的常用对数时，用实数除法指令将自然对数除以 2.302585 即可，因为 ln10≈2.302585，所以在 CPU 得电时 SM0.0 始终是接通的，MOV＿R 指令将常数 130 装载到 VD50 当中，当 I0.3 使能后，先后求解 VD50 和常数 10 的对数，并分别存储在 AC1 和 VD100 当中，然后，进行实数的除法运算后，得出以 10 为底的 130 的常用对数值，存储到 AC2 中，程序如图 21-4 所示。

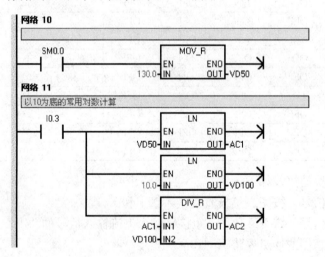

图 21-4 常用对数的求解图示

6. 双整数与实数之间的转换

在 STEP7-Micro/WIN 编程软件中，在进行的数学运算中要求两个进行运算的操作数的数据类型必须一样，如果数据类型不同必须进行转换，双整数与实数之间的转换程序如图 21-5 所示。

在输入继电器 I0.0 的状态由 "0" 变为 "1" 时，将 VD4 中的双整数转换成实数，将结果存储到 VD8 当中，程序的实现如图 21-5 所示。

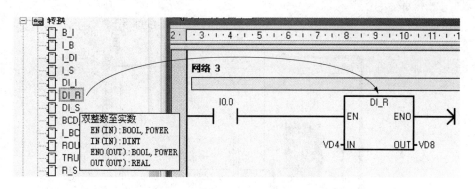

图 21-5　双整数转换成实数的图示

然后将 VD8 中的实数转换为双整数，将结果存储到 VD8 当中，如果产生了小数，小数要舍去，四舍五入程序的实现如图 21-6 所示。

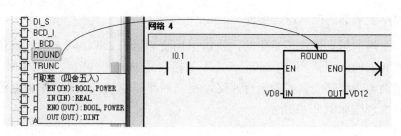

图 21-6　四舍五入程序的实现图示

用户可以在程序中使用指令 TRUNC 来实现舍去小数的功能，无论小数的大小如何，都将被忽略掉，程序如图 21-7 所示。

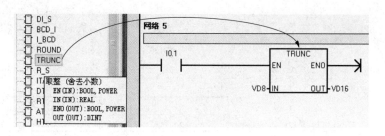

图 21-7　舍去小数的图示

三、 创作步骤

第一步　项目工艺

变频器所带电动机驱动一个水泵给某一宾馆的水箱供水，水箱的出水口供给某宾馆的各个用户，为保证每个用户用水的连续性，不会出现断水现象或水泵给水箱加入太多的水引起溢流现象造成不必要浪费，特设立此恒液位控制系统，设备工作原理图如图 21-8 所示。

液位测量变送器除提供 4～20mA 的液位信号外，还提供液位高、液位低两个继电器逻辑输出信号，当液位低于 50mm 时，液位低逻辑输出闭合；当液位高于 1200mm 时，液位高逻辑输出闭合。

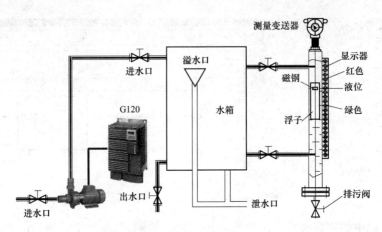

图 21-8　设备工作原理图

● 第二步 **变频器的电气原理图**

本例程中水箱的用水量是不变化的，所以采用变频器 G120 控制水箱的液位，来保证水压的稳定。变频器的电源采用 AC380V/50Hz 三相四线制电源供电，使用 EM235 扩展模块的一个模拟量输出来控制变频器的运行速度，控制回路以空气开关 Q1 作为电源隔离短路保护开关，电气原理图如图 21-9 所示。

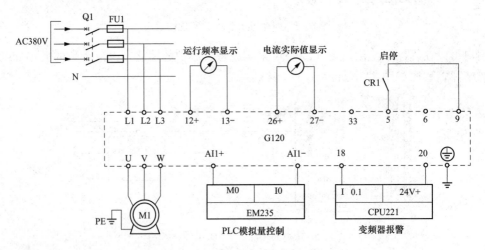

图 21-9　变频器的电气原理图

● 第三步 **PLC 控制原理图**

S7-200 PLC 的扩展单元是没有 CPU 的，作为基本单元输入输出点数的扩充，只能与基本单元连接使用。在系统当中 S7-200 PLC 的扩展单元是不能单独使用的。

S7-200 PLC 的扩展单元包括数字量扩展单元、模拟量扩展单元、热电偶、热电阻扩展模块、PROFIBUS-DP 通信模块。

S7-200 PLC 在扩展时，可以扩展多种模块，并且没有槽位的限制。同时使用西门子总线延长电缆 0.8m，可以实现双机架的安装方式，节省柜内空间，标准导轨安装如图 21-10 所示。

当 CPU 单元自身带的数字量输入输出控制点数不够用时，可以用数字量输入输出扩展模块来进行扩展，同时，S7-200 PLC 有不同型号的数字量输入输出扩展模块，读者可以根据需要进行选配。

图 21-10　S7-200 标准导轨扩展模块的安装图示

而当输入输出信号为模拟量，如电压、温度、流量、湿度、压力等模拟量信号时，那么在系统中就需要使用模拟量输入输出扩展模块来处理这些信号。同样地，模拟量输入输出扩展模块也有不同的型号，读者可以根据需要在自己的系统中任意选择。本案例的扩展选用模块 EM235。

其中，水泵启动按钮的动合触点 QA1 连接到 S7-200 CPU 本体的输入 I0.2，停止按钮的动断触点 TA1 连接到 S7-200 CPU 本体的输入 I0.3。水位高输入动合触点 PS1 接连到 S7-200 CPU 本体的输入 I0.4 上，水位低输入常开点 PS1 接连到 S7-200 CPU 本体的输入 I0.5 上。PLC 用于控制变频器启动的输出端使用的是 CPU 本体继电器输出 Q0.0，变频器的无故障信号 R1B，R1CC 动断继电器触点接到 PLC 的逻辑输入 I0.1，PLC 的控制原理图如图 21-11 所示。

PLC 的扩展模块 EM235 电流输出接入 G120 的模拟量输入端 COM 和 AI3 端。

项目的 I/O 统计表见表 21-3。

表 21-3　　　　　　　　　　　　I/O 统计表

输入器件				输出器件			
编号	符号	名称	地址	编号	符号	名称	地址
1	QA1	启动	I0.2	1	CR1	变频启动	Q0.0
2	TA1	停止	I0.3	2	HL1	系统运行	Q0.3
3	PT1	液位传感器	AIW0	3	HL2	水位高位	Q0.1
4	PS1	液位达到上限	I0.4	4	HL3	水位低位	Q0.2
5	PS2	液位达到下限	I0.5				
6	R1B	变频器无故障	I0.1	5			

模拟量的数据格式为一个字长，所以地址必须从偶数字节开始。例如，AIW0、AIW2、AIW4…，AQW0、AQW2…。每个模拟量扩展模块至少占两个通道，即使第一个模块只有一个输出 AQW0，第二个模块模拟量输出地址也应从 AQW4 开始寻址，以此类推。

● —— 第四步　创建项目和 DIP 开关的设置

创建项目【水箱自动控制】后，要为添加的扩展模拟量模块 EM235 选定模拟量输入的量程，因为现场的压力仪表为 4～20mA 输出，所以必须设定 EM235 的量程，量程设定时通过设定开关来选择合适的模拟量的输入量程，本项目例程使用的是 4～20mA 的模拟量输入，根据 EM235 的 6 个 DIP 开关的功能排列组合表可知，DIP 开关的 SW1 和 SW6 设置为 ON，而 SW2、SW3、SW4 和 SW5 的设置为 OFF 状态。

● —— 第五步　配置 PID 生成的组件

PID 是闭环控制系统的比例—积分—微分控制算法，PID 控制器根据设定值（给定）与被控对象的实际值（反馈）的差值，按照 PID 算法计算出控制器的输出量，控制执行机构去

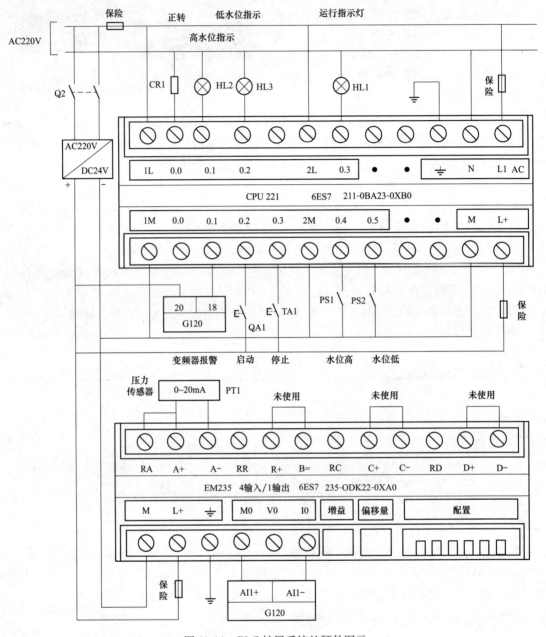

图 21-11　PLC 扩展系统的硬件图示

影响被控对象的变化。

西门子 S7-200 PLC 中包含有 PID 指令。S7-200 CPU 最多可以支持 8 个 PID 控制回路（8 个 PID 指令功能块）。

PID 控制是负反馈闭环控制，能够抑制系统闭环内各种因素所引起的扰动，使反馈跟随给定而变化。

根据具体项目的控制要求，在实际应用中有可能用到其中的一部分，如常用的 PI（比例－积分）控制，这时更没有微分控制环节。

在本项目的【水箱自动控制】例程中，PID 控制器的编程将使用 Micro/WIN 编程软件中【工具】菜单下的指令向导来完成，如图21-12所示。

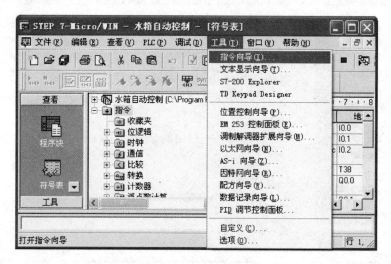

图21-12　指令向导的图示

在弹出的【指令向导】对话框中，选择【PID】指令向导后单击【下一步】按钮，如图21-13所示。

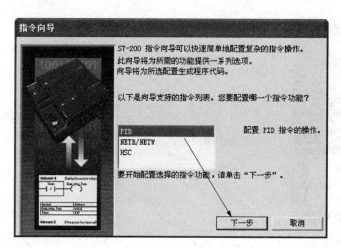

图21-13　选择PID指令向导的操作图示

在【PID指令向导】页面中，选择PID回路为【0】后，单击【下一步】按钮，如图21-14所示。

在【PID配置0】的页面中，给定值范围为水箱液位高度0～1200mm，所以将【给定范围的低限】设置为0，将【给定范围的高限】设置为1200对应模拟量输入的量程0～20mA。PID回路的【比例增益】设为1.0，【积分时间】为10.00min，【采样时间】为1.0s，【微分时间】设为0.00min，也就是说只采样比例积分控制器，微分环节先不启用，设置参数如图21-15所示。

模拟量输入和输出均为单极性，在PID指令向导中输入【使用20％偏移量】是因为输入模拟量的量程为4～20mA，模拟量输出采用0～20mA，所以输出模拟量的【使用20％偏

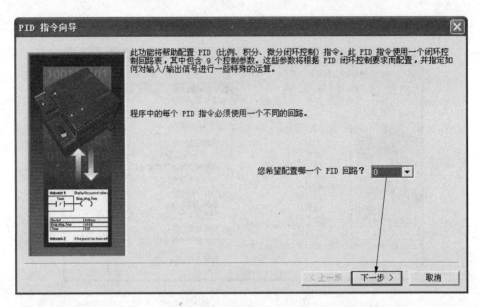

图 21-14 选择 PID 回路的图示

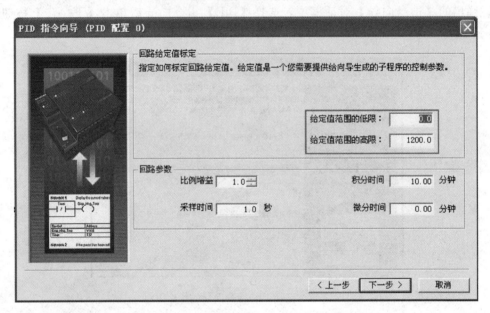

图 21-15 回路给定值和 PID 参数设置的图示

移量】勾是不选的，如图 21-16 所示。

在选择不使用报警选型后，读者还需要设置 PID 中断使用的变量区域，从 VB300 到 VB419，也就是说 S7-200 PLC 地址区的设置从 VB300 开始，如图 21-17 所示。

然后输入初始化子程序和中断的名称，因为本例程是不使用手动控制的，所以不选择【增加 PID 手动控制】选择，单击【下一步】按钮，如图 21-18 所示。

最后会弹出 PID 的配置生成的组件汇总，读者应该仔细阅读，如果发现设置与期望不符，可以单击【上一步】按钮来重新设置 PID 选项。如果所有设置都符合要求，则单击【完成】按钮关闭【PID 指令向导】，如图 21-19 所示。

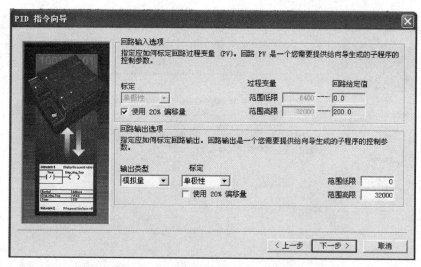

图 21-16 输入输出模拟量量程选择

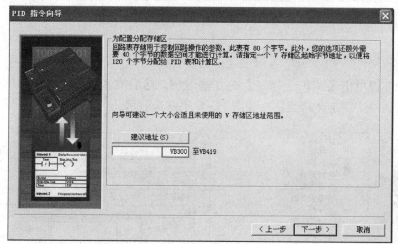

图 21-17 S7-200 PLC 地址区的设置图示

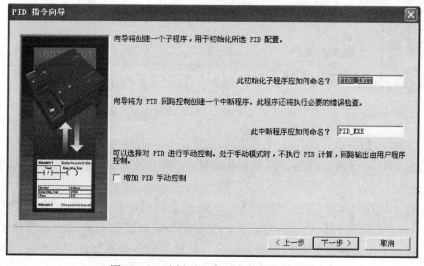

图 21-18 选择子程序、中断名称的图示

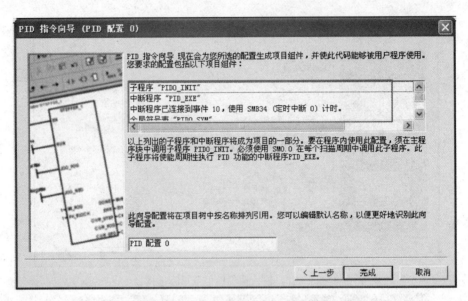

图 21-19 PID 的配置生成的组件汇总图示

● **第六步** **PID 程序的编制**

使用鼠标左键单击【调用子程序】的复选框⊞，然后双击【PID0 _ INIT（SBR1）】选项，在程序编辑器中添加此功能块，如图 21-20 中框选所示。

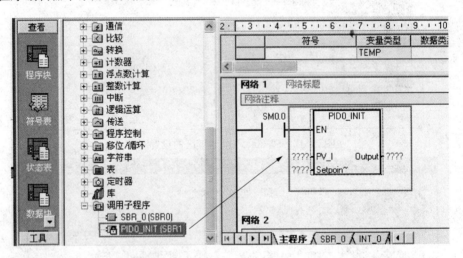

图 21-20 添加 PID0 _ INIT 功能块的图示

如果在功能块【PID0 _ INIT】上添加布尔量条件，有时会导致 PID 功能不能正常运行，为了防止 PID 运行出现问题，建议使用 SM0.0 常 ON 来启动功能块，程序如图 21-21 所示。

网络 1 中的 PID0 _ INIT 功能块，PV _ I 此处是测量液位的模拟量输入，所以此次填 AIW0。Setpoint 管脚是 PID 液位的给定值，变量类型是浮点型，所以此处使用了一个双字变量 VD10。Output 管脚是 PID 控制器的输出，变量的类型是整型，因为要使用此输出控制变频器速度，所以此处填模拟量输出的地址 AQW0。

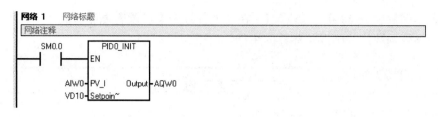

图 21-21　网络 1 的程序图示

网络 2 是变频器启动回路，按下启动按钮 I0.2 后，如果液位没有达到高限且变频器没有故障，则给变频器启动信号输出置 1，同时将系统输出运行灯点亮，如图 21-22 所示。

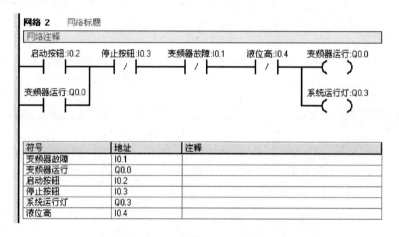

图 21-22　网络 2 的程序图示

在网络 3 的编程回路当中，当水箱的水位低于 50mm 时，电子式液位计的液位低的逻辑输入信号接通，即 I0.3 的动断触点闭合，液位低的指示灯 HL3 点亮，提示系统存在故障。而当液位达到 1200mm 时，电子式液位计液位高的逻辑输入信号接通，即 I0.3 的动断触点闭合，点亮指示灯 HL2，如图 21-23 所示。

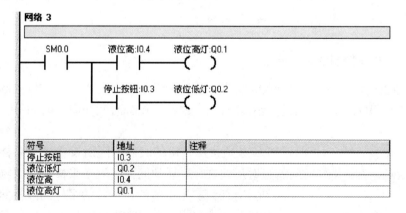

图 21-23　网络 3 的程序图示

● ──　第七步　**符号表编制**

在完成 PID 向导的操作后，可以在 Symbol Table（符号表）中，查看 PID 向导所生成的符号表，本例程中为【PID0_SYM】，在这个符号表中，读者能够看到各个参数所使用的详细地址及参数的数值范围以及参数的注释，如图 21-24 所示。

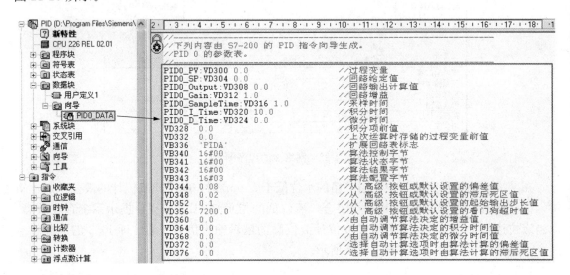

图 21-24　查看向导生成的符号表

另外，在 Data Block（数据块）中，读者还可以查看 PID 指令回路表的相关参数，如图 21-25 所示。

图 21-25　数据块在 Micro/WIN 中的位置图示

●━━ 第八步 **PID 控制的参数调试**

（1）PID 的主要参数。PID 参数的取值，以及它们之间的配合，对 PID 控制是否稳定具有重要的意义。PID 的主要参数包括采样时间、增益、积分时间和微分时间等。其中各参数介绍如下。

1）采样时间。系统运行时，PLC 必须按照一定的时间间隔对反馈进行采样，才能进行 PID 控制的精确计算。采样时间就是对反馈进行采样的间隔，短于采样时间间隔的信号变化是不能测量到的。过短的采样时间是没有任何实用价值的，过长的采样间隔显然不能满足扰动变化比较快或者速度响应要求高的工作场合要求。所以在进行编程时，读者指定的 PID 控制器采样时间必须与实际的采样时间一致。S7-200 PLC 中 PID 的采样时间精度是用定时中断来保证的。

2）增益（Gain，放大系数，比例常数）。增益与偏差（给定与反馈的差值）的乘积作为控制器输出中的比例部分。过大的增益会造成反馈的振荡。

3）积分时间（Integral Time）。偏差值恒定时，积分时间决定了控制器输出的变化速率。积分时间越短，偏差得到的修正越快。过短的积分时间有可能导致系统不稳定。

积分时间的长度相当于在阶跃给定下，增益为"1"的时候，输出的变化量与偏差值相等所需要的时间，也就是输出变化到二倍于初始阶跃偏差的时间。

如果将积分时间设为最大值，则相当于没有积分作用。

4）微分时间（Derivative Time）。偏差值发生改变时，微分作用将增加一个尖峰到输出中，随着时间流逝减小。微分时间越长，输出的变化越大。微分使控制对扰动的敏感度增加，也就是说偏差的变化率越大，微分控制作用越强。微分相当于对反馈变化趋势的预测性调整。

如果将微分时间设置为0就不起作用，控制器将作为PI调节器工作。

（2）PID参数自整定步骤。

1）第一步，使用鼠标左键双击【工具】选项下的【PID调节控制面板】选项，如图21-26所示。

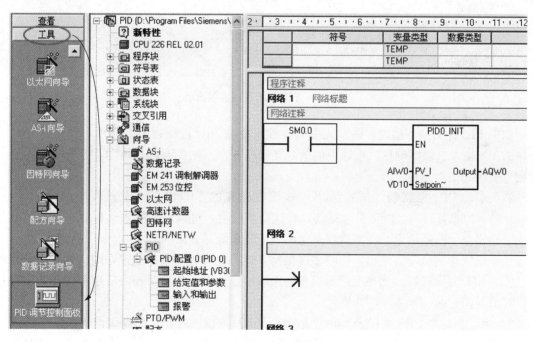

图 21-26 【PID调节控制面板】按钮位置的图示

2）第二步，在打开的【PID调节控制面板】画面中，设置PID回路调节参数。

在PID调节面板的【Current PID】选项中选择要调节的PID回路，在【PID调节调节面板】的左下角勾选【Manual】选项，调节PID参数后单击【Update PLC】按钮进行更新，使新参数值起作用，监视参数更改后的趋势图。此时，读者要根据趋势图来改变PID参数，直至最终PID的调节过程稳定为止。

为了使PID自整定顺利进行，应当做到使PID调节器基本稳定，尽量设置较小的比例系数和比较大的积分系数，然后单击【Start Auto Tune】按钮即可，如图21-27所示。

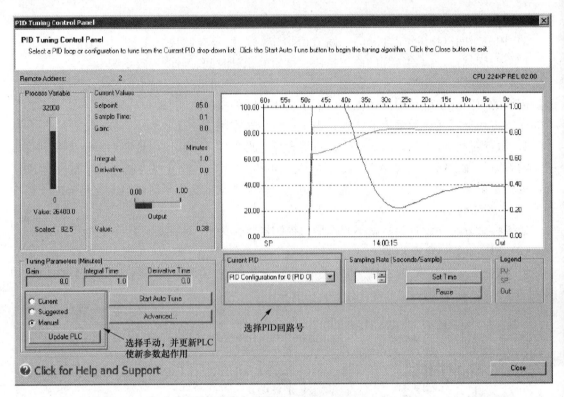

图 21-27　PID 调节控制面板图示

如果 PID 控制器不稳定，则首先应当在程序中使 PID 控制器不起作用，即断开 PID 功能块的 EN 输入。观察确认反馈通道的信号要保持稳定，不能有剧烈跳动，并检查输出模拟量通道输出的信号是否正常。

然后启动 PID 控制器，试着给出一些比较保守的 PID 参数，设置较小的比例增益，20min 以上的积分时间，以免引起振荡。在这个基础上，可以直接投入运行观察反馈的波形变化。给出一个阶跃给定，再来观察系统的响应是最好的方法。

如果反馈达到给定值之后，历经多次振荡才能稳定或者根本不稳定，则应该考虑是否增益过大，积分时间过短。如果反馈迟迟不能跟随给定，上升速度很慢，应该考虑是否增益过小，积分时间过长。

3）第三步，在 PID 调节前，单击【Advanced】按钮进入 PID 的高级设置。

在 PID 高级设置对话框中，建议勾选【Automatically determine values】项，让自整定来自动计算死区值和偏移值，对于一般的 PID 系统，自动选择 b. Hysteresis（滞回死区），死区值规定了允许过程值偏离设定值的最大（正负）范围，过程反馈在这个范围内的变化不会引起 PID 自整定调节器输出改变，或者使 PID 自整定调节器"认为"这个范围内的变化是由于自己改变输出进行自整定调节而引起的。

PID 自整定开始后，只有过程反馈值超出了该区域，PID 自整定调节器才会认为它对输出的改变发生了效果。

这个值用来减少过程变量的噪声对自整定的干扰，从而更精确地计算出过程系统的自然振动频率。如果选用自动计算，则缺省值为 2%。PID 高级设定菜单如图 21-28 所示。

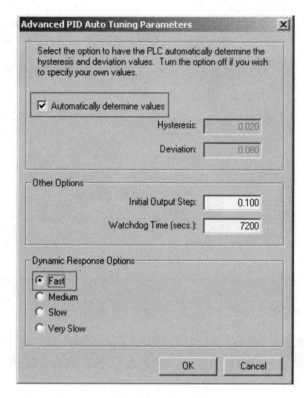

图 21-28　PID 高级设定菜单图示

因为是流量系统，所以在【Dynamic Response Options】中选择【Fast】选项。

在【Other Options】选项框中的【Initial Output Step】是 PID 调节的初始输出值，PID 自整定开始后，PID 自整定调节器将主动改变 PID 的输出值，以观察整个系统的反应。初始步长值就是输出变动第一步变化值，以占实际输出量程的百分比表示。【Watchdog Time】代表过程变量必须在此时间（时基为秒）内达到或穿越给定值，否则会产生看门狗超时错误，在本系统中不使用这些参数。

如果读者对 PID 参数特别熟悉，或对自动调节面板的结果不满意，则可以双击在【向导】下的【给定值和参数】选项，在弹出的对话框中设置 PID 的回路参数，包括比例、积分、微分增益以及 PID 的采样时间这几个最重要的参数，然后将整个向导再执行一遍。也就是说，读者可以根据 PID 调节的实际效果，手动调节这些参数，以使 PID 控制器达到工艺的要求，PID 配置 0 回路的 PID 参数位置如图 21-29 所示。

S7-200 PLC 提供的 PID 调节面板是一个功能强大的 PID 调节工具，这个工具降低了读者调试 PID 参数的难度，节省了用户的调试时间，当用户对 PID 控制器所调节的系统特性不是十分了解时，这个 PID 调节面板工具是非常有用的。

对于有一定 PID 调试经验的读者，也可以先使用 PID 调节面板进行自动整定，然后再手工对 PID 控制器参数进行精调，将 PID 调节面板作为一个调试助手使用。

● ── 第九步　变频器参数设置清单

大家都知道，在设置变频器参数时，首先必须要按照电动机的标识来设定电动机的额定功率和额定电流等额定参数，然后在 DRC 电动机控制菜单中设置电动机的控制类型为泵和

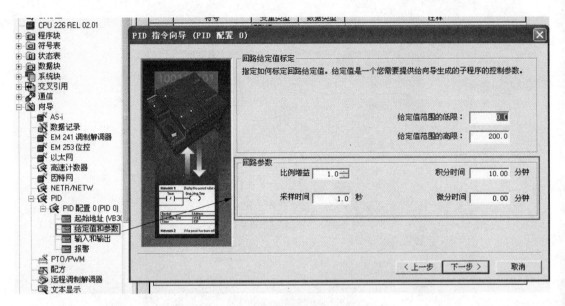

图 21-29 PID 配置 0 回路的 PID 参数位置图示

风机，还要设置变频器最低运行速度 LSP 为 5Hz，并在 I/O 菜单中将变频器的输入量程设置为 0～20mA，同时在命令菜单中设置变频器的速度给定来源为 AI3 模拟电流输入，变频器的参数设置清单见表 21-4。

表 21-4 变频器的参数设置清单

参数	菜单	设置值
UFT——电动机控制类型	DRC——电动机控制菜单	P——泵和风机
LSP——低速频率	SET——设置菜单	5Hz
CrL——0Hz	I/O——输入输出菜单	输入量程 0～20mA
FR1——给定 1 通道	CTL——命令菜单	AI3

本项目的例程中使用了 PID 向导对一个简单的 PID 控制器完成了编程和调试的工作，Micro/WIN 软件中内置的 PID 自动调节功能使 PID 的调整变得比较简单，降低了读者对 PID 控制器使用的经验要求。当然，读者如果对系统和 PID 控制器很熟悉，也可以自己对 PID 的控制参数进行手动优化。

案例 22　变频器 G120 的同速控制和检修与维护

一、案例说明

在本例中，笔者将使用多种方法为读者展示开环同速控制的方法，因为在工程的实际应用当中，经常会有一些设备需要组合成生产线连续运行，并且这些设备的运行速度需要保持同步。变频器的同速控制方法就是在交流调速系统中，通过调整各台设备的运行速度使各台设备保持同步运行。

在交流调速系统的实际工程当中，需要用到同速运行的设备包括造纸生产线、直进式金属拉丝机、皮带运输机、印染设备、冷轧机等，这些设备都能一次完成所需的加工工艺，且生产效率高、产品质量也相对稳定。

笔者在"相关知识点"部分当中，对同步控制进行了详细的介绍，读者可以根据同步控制的这些方法对实际的工程项目采取最优的控制方法。在本案例的最后，还给出了一些变频器的常用的故障分析和检修方案。

二、相关知识点

1. 变频器的速度控制方法

对变频器的速度进行有效控制的方法有很多，可以采用变频器的操作面板，或操作面板上的电位器，也可以采用外接模拟控制端子，或外接升降速数字端子这几种控制方法。其中，操作面板是不适合于多台变频器的联动控制的。

2. 同速控制设备的必要性

同速控制设备的产品连续地经过各台设备，如果各台设备不能保持速度同步，就会导致产品被拉断，使设备被迫停止运行，严重的会造成很大的损失。另外，有些单机设备有多个动力拖动，这多个动力之间也需要保持同步。

3. 交—直—交变频器的组成

交—直—交变频器是现在通常使用的变频器，交—直—交变频器先将工频交流整流变换成直流，再通过逆变器转换成可控的频率和交流电压。由于有中间直流环节，所以这种变频器又称间接式变压变频器，如图 22-1 所示。

三、创作步骤

1. 变频器的同步

开环同速是"准同步"运行，在多台变频器同速运行时不需要反馈环节，在要求不高的

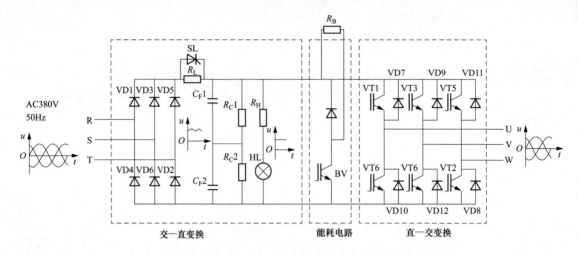

图 22-1　变频器的组成图示

系统中多被采用。实现开环同步方法可以采用共电位控制、升降速端子控制和电流信号控制等。

闭环同速控制在多台变频器同速运行时设计有反馈环节，用于控制精度要求比较高的场合。

第一步　开环的共电位同步控制方案

在共电位的同步控制中，在所控制的变频器的电压模拟调速端子上所加的是同一调速电压，但要将变频器的中的功能参数里的【频率增益】和【频率偏置】进行统一设置。通过同一电位器控制 3 台 G120 变频器同速运行的共电位的同步控制框图如图 22-2 所示。

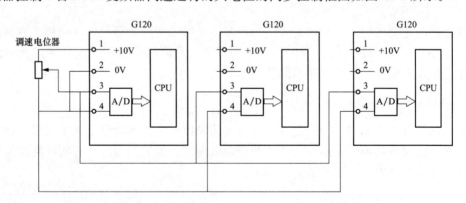

图 22-2　共电位的 3 台 G120 的同步控制框图

第二步　开环的电流信号控制的同步方案

使用电流信号对多台变频器进行同步控制，是应用变频器的电流模拟调速端子进行串联，输入 4～20mA 的电流信号来同步控制，从而得到多台变频器的同速运行的，如图 22-3 所示。

使用电流信号对多台变频器进行同步控制的优点是结构简单，可以有较长的连接距离，抗干扰能力比较强；缺点是需要一个电流源，并且每台设备都需要有微调控制，操作比较麻烦。

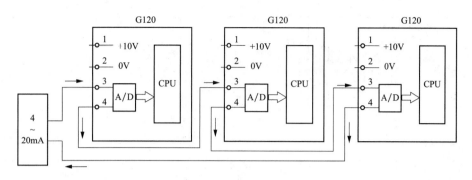

图 22-3　开环的电流信号控制的同步图示

第三步　开环的使用变频器频率输出同步控制方案

利用上一台的变频器的频率输出端子作为下一步的同步控制信号，就可以使两台变频器同步运行了，这种变频器的同速控制是不能准确同步的。因为变频器的输出信号是二次信号，输出的精度、与输出频率的比率存在一定的误差，也容易引进干扰，所以建议不采用多台的同步控制方案。两台变频器利用变频器的输出进行同步的控制框图如图 22-4 所示。

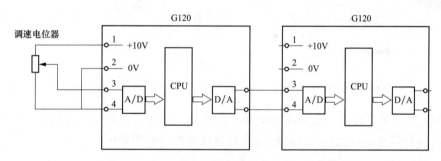

图 22-4　开环的使用变频器频率输出的同步图示

第四步　开环的升降速端子的同步控制方案

利用变频器上的升降速端子进行同步控制时，将所有变频器的升速端子由同一继电器的触点进行控制，降速端子则由另一个继电器的触点进行控制，由这两个继电器分别控制变频器的升速和降速。速度微调的解决方案是在每个变频器的升速端子上分别并联上一个点动开关。利用变频器上的升降速端子进行的同步控制的优点是工作稳定、没有干扰，这是因为升降速端子连接的是数字控制的信号。利用变频器 G120 上的升降速端子进行的同步控制框图如图 22-5 所示。

变频器 G120 上的升降速端子可以通过 G120 的功能参数进行组态，来使能哪个端子是升速，哪个端子是降速，如在上面的变频器 G120 上的升降速端子进行的同步控制框图中，5号端子使能的是升速，7号端子使能的是降速。

第五步　闭环的同速控制方案

在有 PLC 或上位机控制的闭环交流调速系统中，同速控制可以有不同的构成形式。

在闭环的同速控制系统中，可以将各变频器的反馈信号输入到 PLC 或上位机，由 PLC 或上位机作为总闭环控制计算，由 PLC 或上位机分别给出控制变频器运行的给定信号，这

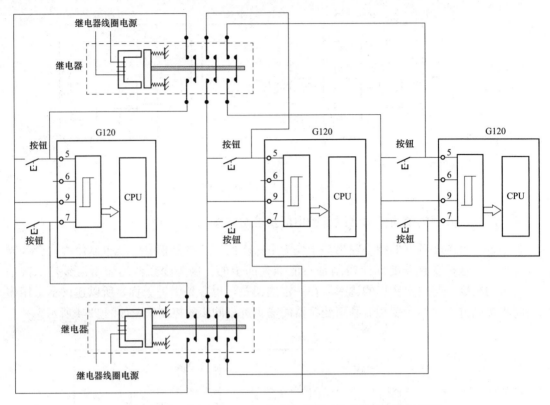

图 22-5　利用变频器 G120 上的升降速端子进行的同步控制框图

种闭环控制方式计算速度快，控制电路简单，但由于采用电压及电流的反馈形式，传输距离有所限制，其分布范围不能很大。闭环的变频器同速控制框图如图 22-6 所示。

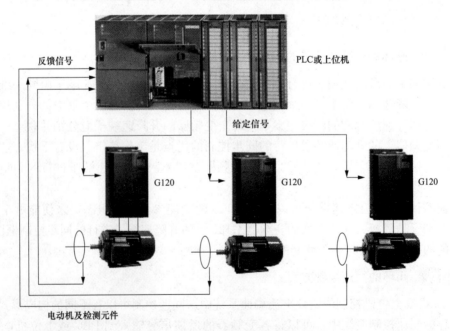

图 22-6　闭环的变频器同速控制框图

在闭环的同速控制的方法中还可以采用单机就地自闭环的方法，上位机输出相同的给定信号，这种闭环控制方式的优点是动态响应快，分布距离可以较远。复杂的控制由上位机来完成，一些系统监测信号直接反馈到上位机当中，采用单机就地自闭环的同速控制框图如图 22-7 所示。

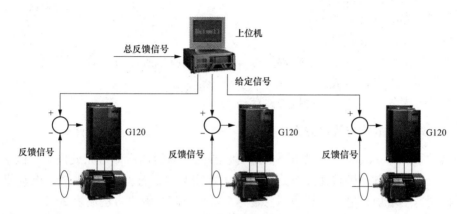

图 22-7　采用单机就地自闭环的同速控制框图

2. 变频器的故障和报警的检修

第一步　故障和报警的分类

一般来说，变频器故障或报警可以分为变频器故障或报警、变频器接口故障和电动机故障三种，也可以分为有显示故障或报警代码和没有显示故障代码两种。

第二步　通过参数设置来排除故障和报警

变频器检测到故障信号，即进入故障报警显示状态，闪烁显示故障代码。

由于变频器的很多故障或报警是源于参数设置不当或者参数需要优化，因此通过参数设置来消除故障报警是一种最简单的办法。

当选择自动重启动功能时，由于电动机会在故障停止后突然再启动，所以用户应远离设备。

操作面板上的 STOP 键仅在相应功能设置已经被设定时才有效，特殊情况应准备紧急停止开关。

如果故障复位是使用外部端子进行设定，则会发生突然启动现象。用户需要预先检查外部端子信号是否处于关断位，否则可能发生意外事故。

参数初始化后，在运行前需要再次设定参数。当参数被初始化后，参数值又重新回到出厂设置。

用户需要注意的是：如果变频器设定为高速运行，则在运行前先检查一下电动机或机械设备的容量。

使用直流制动功能时，不会产生停止力矩。当需要停止力矩时，安装单独设备。

当驱动 400V 变频器和电动机时，用绝缘整流器和采取措施抑制浪涌电压。由于在电动机接线端子配线常数问题引起的浪涌电压，有可能毁坏绝缘和损坏电动机。

第三步 通过硬件检测

变频器产生故障和报警后，在记录变频器型号、编码、运行工况、故障代码等信息之后，用户可以通过硬件检测来诊断故障的发生。

（1）变频器主电路检测。

（2）变频器控制电路检测。

（3）变频器上电检测，记录主控板参数，并根据故障代码进行参数设定。

（4）变频器整机带载测试。

（5）故障原因分析总结，填写报告并存档。

第四步 常见故障与解决方案

变频器的很多简易故障往往只需要根据变频器说明书的提示即可完成检修，包括电动机不转、电动机反转、电动机转速与给定偏差太大、变频器加速/减速不平滑、电动机电流过大、电动机转速不增加、电动机转速不稳定等。常见故障与解决方法见表22-1。

表 22-1　　　　　　　　　　　　常见故障与解决方案表

故障点	变频器及相关线路检查内容
电动机不转	（1）主电路检查：输入（线）电压正常否？（变频器的 LED 是否亮？）电动机连接是否正确？ （2）输入信号检查：有运行输入信号至变频器？是否正向和反向信号同时进入变频器？指令频率信号输入是否进入了变频器？ （3）参数设定检查：运行方式设定是否正确？指令频率是否设定正确？ （4）负载检查：负载是否过载或者电动机容量有限？ （5）其他：报警或者故障未处理
电动机反转	输出端子的 U，V，W 的相的顺序是否正确？正转/反转指令信号是否正确
转速与给定偏差太大	频率给定信号正确与否？ 下面的参数设定是否正确：低限频率、高限频率、模拟频率增益？ 输入信号线是否受外部噪声的影响（使用屏蔽电缆）
变频器加速/减速不平滑	减速/加速时间是否设定太短？ 负载是否过大？ 是否转矩补偿值过高导致电流限制功能和停转防止功能不工作
电动机电流过大	负载是否过大？是否转矩补偿值过高？
转速不增加	上限限制频率值正确与否？ 负载是否过大？ 是否转矩补偿值过高导致停转防止功能不工作
当变频器运行时转速不稳定	负载检查：负载不稳定？ 输入信号检查：是否频率参数信号不稳定？ 当变频器使用 V/F 控制时是否配线过长（大于 500m）

3. 变频器的日常和定期检查

变频器是以半导体元件为中心构成的静止装置，由于温度、湿度、尘埃、振动等使用环境的影响，以及其零部件长年累月的变化、寿命等原因而发生故障，为了防患于未然，必须进行日常检查和定期检查，变频器的日常和定期检查如表22-2所示。

表 22-2　　　　　　　　　　　　　　　　变频器的日常和定期检查

检查地点	检查项目	检查内容	周期			检查方法	标准	测量仪表
			每天	1年	2年			
全部	周围环境	是否有灰尘？是否环境温度和湿度足够	○			参数注意事项	温度：−10～+40湿度：50%以下没有露珠	温度计湿度计
	设备	是否有异常振动或者噪声	○			看，听	无异常	
	输入电压	是否主电路输入电压正常	○			测量在端子 R，S，T 之间的电压		数字万用表/测试仪
主电路	全部	高阻表检查（主电路和地之间）有固定部件活动？是否每个部件有过热的迹象？		○	○	变频器断电，将端子 R，S，T，U，V，W 短路，在这些端子和地之间测量；紧固螺钉；肉眼检查	超过 5MΩ；没有故障	直流 500V类型高阻表
	导体配线	导体生锈？配线外皮是否损坏		○		肉眼检查	没有故障	
	端子	是否有损坏		○		肉眼检查	没有故障	
	IGBT模块/二极管	检查端子间阻抗			○	松开变频器的连接和用测试仪测量 R，S，T<−>P，N 和 U，V，W<−>P，N 之间的电阻	符合阻抗特性	数字万用表/模拟测量仪
	电容	是否有液体渗出？安全针是否突出？有没有膨胀	○	○		肉眼检查/用电容测量设备测量	没有故障，超过额定容量的 85%	电容测量设备
	继电器	在运行时有没有抖动噪声？触点有无损坏		○		听检查/肉眼检查	没有故障	
	电阻	电阻的绝缘有无损坏？在电阻器中的配线有无损坏（开路）		○		肉眼检查；断开连接中的一个，用测试仪测量	没有故障；误差必须在显示电阻值的±10%以内	数字万用表/模拟测试仪
控制电路保护电路	运行检查	输出三相电压是否不平衡？在执行预设错误动作后是否有故障显示		○		测量输出端子 U，V，W 之间的电压短路和打开变频器保护电路输出	对于 200V（400V）类型来说，每相电压差不能超过 4V（6V）；根据次序，故障电路起作用	数字万用表/校正伏特计
冷却系统	冷却风扇	是否有异常振动或者噪声？是否连接区域松动	○	○		关断电源后用手旋转风扇，并紧固连接	必须平滑旋转，且没有故障	
显示	表	显示的值正确否	○	○		检查在面板外部的测量仪的读数	检查指定和管理值	伏特计/电表等
电动机	全部	是否有异常振动或者噪声？是否有异常气味	○			听/感官/肉眼检查过热或者损坏	没有故障	
	绝缘电阻	高阻表检查（在输出端子和接地端子之间）			○	松开 U，V，W 连接和紧固电机配线	超过 5MΩ	500V类型高阻表

4. 测量变频器的主电路

● **第一步** 测绝缘

首先应将接到电源盒电动机的连接线断开，然后将所有的输入端和输出端都连接起来，再用兆欧表测量绝缘电阻，测量绝缘的电路如图 22-8 所示。

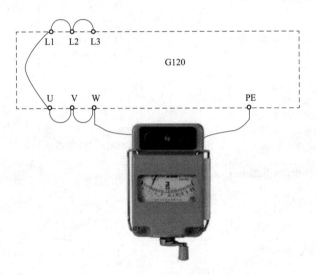

图 22-8 测量绝缘的电路图

● **第二步** 测电流

变频器的输入和输出电流都含有各种高次谐波成分，所以选用电磁式仪表，因为电磁式仪表所指示的是电流的有效值，因此建议直接采用变频器的测量值。

● **第三步** 测电压

变频器输入侧的电压是电网的正弦波电压，可以使用任意类型的仪表进行测量，输出侧的电压是方波脉冲序列，也含有许多高次谐波成分，由于电动机的转矩主要和电压的基波有关，所以测量时最好采用整流式仪表。

● **第四步** 测波形

测波形用示波器，当测量主电路电压和电流波形时，必须使用高压探头，如果使用低压探头，则必须使用互感器或其他隔离器进行隔离。

5. 测量变频器的控制电路

● **第一步** 仪表选型

由于控制电路的信号比较微弱，各部分电路的输入阻抗较高，所以必须选用高频（100kΩ 以上）仪表进行测量，如使用数字式仪表等。如果使用普通仪表进行测量，读出的数据将会偏低。

● ━━（第二步）　**示波器的选型**

测量波形时，可以使用 10MHz 的示波器，如果测量电路的过渡过程，则应该选用 200MHz 以上的示波器。

● ━━（第三步）　**公共端的位置**

控制电路有许多公共端，理论上说，这些公共端都是等电位的，但为了使测量结果更为准确，应该选用与被测点最为接近的公共端。

6. 模块测量

● ━━（第一步）　**整流模块的检测**

缺相故障是因为变频器产品中主要有单相 220V 与三相 380V 的区分，当然输入缺相检测只存在于三相的产品中。图 22-9 所示为变频器主电路，R、S、T 为三相交流输入，当其中的一相因为熔断器或断路器的故障而断开时，便认为是发生了缺相故障。

当变频器不发生缺相的正常情况下工作时，U_{dc} 电压波形如图 22-9 所示。其中，纵坐标是变频器的直流母线电压，横坐标是时间。

一个工频周期内将有 6 个波头，此时直流电压 U_{dc} 将不会低于 470V，实际上对于一个 7.5kW 的变频器而言，其 C 的值大小一般为 $900\mu F$，当满载运行时，可以计算出周期性的电压降落大致为 40V，纹波系数不会超过 7.5%。而当输入缺相发生时，一个工频周期中只有两个电压波头，且整流电压最低值为零。此时在上述条件下，可以估算出电压降落大致为 150V，纹波系数要达到 30%左右。

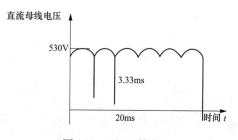

图 22-9　U_{dc} 上的电压

使用万用表检测变频器的整流模块 VD4，将红表笔与变频器的 R 端连接，黑表笔与 N 端连接，检测结果应该是接通状态，然后再将红表笔与 N 端连接，黑表笔与 R 端连接，测量结果为不接通状态，VD4 正常没有损坏时的检测过程和检测状态如图 22-10 所示。

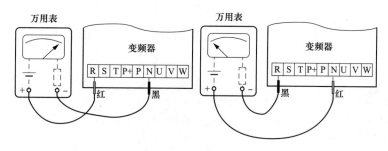

图 22-10　VD4 的测量

变频器的整流模块的检测连接和测量结果见表 22-3。

表 22-3　　　　变频器的整流模块的检测连接和整流模块正常时的测量结果

二极管符号	万用表表笔		测量结果	二极管符号	万用表表笔		测量结果
	红表笔	黑表笔			红表笔	黑表笔	
VD1	R	P+	×	VD4	R	N	○
	P+	R	○		N	R	×
VD3	S	P+	×	VD6	S	N	○
	P+	S	○		N	S	×
VD5	T	P+	×	VD2	T	N	○
	P+	T	○		N	T	×

在表 22-3 中，○表示导通，×表示不导通。

第二步　逆变模块的电路中的反并联二极管的测量

测量变频器逆变模块电路中的反并联二极管 VD12 时，使用万用表的红表笔连接变频器的＋10V 端，黑表笔连接到变频器 G120 的 N 端，VD12 正常没有损坏时的检测过程和检测状态如图 22-11 所示。

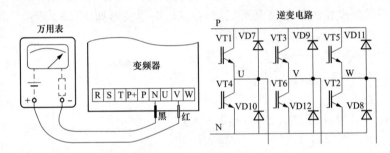

图 22-11　VD12 的测量

第三步　变频器模拟给定电源的测量

测量变频器 G120 的模拟给定电源时，将万用表选择直流电压测量挡，然后将万用表的红表笔连接＋10V 端，即 1 号端子，使用黑表笔连接 0V 端，即 2 号端子，表针指向 10V 即可，如图 22-12 所示。

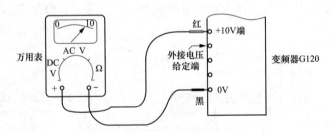

图 22-12　测量变频器的模拟给定电压

案例 23

变频器 G120 的四段速控制

一、案例说明

变频器 G120 在实际使用中，电动机经常要根据各类机械的某种状态而进行正转、反转、点动等运行，变频器的给定频率信号、电动机的启动信号等都是通过变频器控制端子给出，即变频器的外部运行操作大大提高了生产过程的自动化程度。

本案例实现的是 G120 系列变频器控制电动机 M1 进行四段速的频率运转。

二、相关知识点

1. G120 变频器的指令参数组 P0641～P0858 介绍。

p0641 [0...n] CI：可变电流极限/可变电流极限。

p0820 [0...n] BI：驱动数据组选择 DDS 位 0/选择 DDS 位 0。

p0821 [0...n] BI：驱动数据组选择 DDS 位 1/选择 DDS 位 1。

p0840 [0...n] BI：ON/OFF (OFF1)/ON/OFF (OFF1)。

p0844 [0...n] BI：无缓慢停转/缓慢停转 (OFF2) 信号源 1/OFF2 信号源 1。

p0845 [0...n] BI：无缓慢停转/缓慢停转 (OFF2) 信号源 2/OFF2 信号源 2。

p0848 [0...n] BI：无快速停止/快速停止 (OFF3) 信号源 1/OFF3 信号源 1。

p0849 [0...n] BI：无快速停止/快速停止 (OFF3) 信号源 2/OFF3 信号源 2。

p0852 [0...n] BI：使能运行/禁止运行/使能运行。

p0854 [0...n] BI：通过 PLC 控制/不通 PLC 控制/通过 PLC 控制。

p0855 [0...n] BI：强制打开抱闸/强制打开抱闸。

p0856 [0...n] BI：使能转速控制器/使能转速控制器。

p0858 [0...n] BI：强制闭合抱闸/强制闭合抱闸。

2. G120 变频器的指令参数组 P1201～P1492 介绍

p1201 [0...n] BI：捕捉再启动使能信号源/捕捉使能信号源。

p1230 [0...n] BI：直流制动激活/直流制动有效。

p1330 [0...n] CI：V/f 控制与电压设定值无关/V/f 与 U_设定无关。

p1352 [0...n] CI：电机抱闸启动频率的信号源/制动启动频率。

p1455 [0...n] CI：转速控制器 P 增益适配信号/n 控制适配信号 Kp。

p1466 [0...n] CI：转速控制器 P 增益比例系数/n 控制 Kp 比例。

p1475 [0...n] CI：转速控制器电机抱闸装置的转矩设定值/n 控制 M 设定值 MHB。

p1476［0...n］BI：转速控制器停止积分器/转速控制器停止积分。

p1477［0...n］BI：设置转速控制器积分值/设置 n_ 控制器积分值。

p1478［0...n］CI：转速控制器积分设定值/n_ 控制器积分设定值。

p1479［0...n］CI：转速控制器积分设定值比例系数/n 控制 I_ 值比例。

p1486［0...n］CI：软化补偿转矩/软化补偿转矩。

p1492［0...n］BI：软化反馈使能/软化使能。

三、　创作步骤

第一步　变频器 G120 的电气设计

变频器采用 AC380V/50Hz 三相四线制电源供电，空气开关 Q1 作为电源隔离短路保护开关，控制启停变频器的电源为 DC24V，如图 23-1 所示。

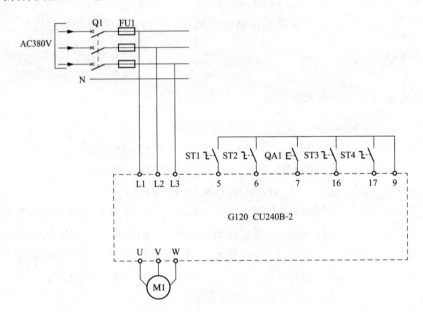

图 23-1　变频器 G120 的电气控制图

第二步　工作过程分析

本案例实现的是 G120 系列变频器控制电动机 M1 进行四段速的频率运转。其中，启停控制是通过数字量输入 DI0（5 号端子）控制的。速度调节时，转速通过数字量输入进行选择，可以设置四个固定转速，数字量输入 DI0 上连接的选择开关 ST1 接通时，采用固定转速1，数字量输入 DI1（6 号端子）上连接的选择开关 ST2 接通时采用固定转速2，数字量输入 DI4（16 号端子）上连接的选择开关 ST3 接通时采用固定转速3，数字量输入 DI5（17 号端子）上连接的选择开关 ST4 接通时采用固定转速4。多个 DI 同时接通将多个固定转速相加。P1001 参数设置固定转速1，P1002 参数设置固定转速2，P1003 参数设置固定转速3，P1004 参数设置固定转速4。当按下 QA1 时，进行故障复位，即 DI2 得电。

DI0 端子同时作为启停命令和固定转速 1 的选择命令，也就是任何时刻固定转速 1 都会被选择。

第三步　参数复位

恢复工厂设置时，在 BOP-2 面板上，恢复变频器 G120 的出厂设置时，按▲和▼键将光标移动到 "EXTRAS"，然后，按█键进入 "EXTRAS" 菜单，按▲和▼键找到 "DRVRE-SET" 功能后，再按█键激活复位出厂设置，再按█取消复位出厂设置，按█键后开始恢复参数，BOP-2 上会显示 "BUSY"，复位完成后 BOP-2 显示完成 "DONE"，最后按█或█键返回到 "EXTRAS" 菜单即可。

第四步　变频器的额定参数设置

为了使电动机与变频器相匹配，需要按照电动机铭牌的额定数据设置电动机参数。需要设定的参数为 P0304、P0305、P0307 和 P0311。

第五步　变频器 G120 的宏设置

设置 P0010＝1，然后修改 P0015，再设置 P0010＝0，本案例将 P0015 设置为宏 3，这样 G120 变频器自动设置的参数见表 23-1 所示。

表 23-1　　　　　　　　　宏 3 自动设置的参数表

参数号	参数值	说　明	参数组
P840 [0]	r722.0	数字量输入 DI0 作为启动命令	CDS0
P1020 [0]	r722.0	数字量输入 DI0 作为固定转速 1 选择	CDS0
P1021 [0]	r722.1	数字量输入 DI1 作为固定转速 2 选择	CDS0
P1022 [0]	r722.4	数字量输入 DI4 作为固定转速 3 选择	CDS0
P1023 [0]	r722.5	数字量输入 DI5 作为固定转速 4 选择	CDS0
P2103 [0]	r722.2	数字量输入 DI2 作为故障复位命令	CDS0
P1070 [0]	r1024	转速固定设定值作为主设定值	CDS0

第六步　变频器 G120 的参数设置

设置参数 P1001 的固定频率 1 的频率值为 300RPM，设置参数 P1002 的固定频率 2 的频率值为 1200RPM，设置参数 P1003 的固定频率 3 的频率值为 1800RPM，设置参数 P1004 的固定频率 4 的频率值 3000RPM。

案例 24   恒压供水设置中变频器 G120 调速应用

一、案例说明

在本案例中，酒店为客房内的洗浴及厨房提供的生活热水是由两台热水泵提供的：一台工作，一台备用。由于客人洗澡时间的不确定性，热水必须在 24h 内充分供应。

由于酒店入住率等原因，热水的需求在大多数时间都没有达到满负荷。但酒店还必须满足潜在的热水使用需求，供水泵不得不一直处于全速运转的状态，多余的热水在达到末端后流回蓄热水箱，这样就浪费了大量的能量；并且水泵和电动机如果一直保持全速运行，则机械磨损相对也会比较严重，出故障的几率也会有所增多。

因为酒店用水是由冷热水管共同向喷头提供，当两侧冷热水压力相差比较大时，水温很难调节到一个平衡点，当热水压力太大时，就会出现热水串入冷水管的现象，这样很可能烫伤客人，造成严重后果。笔者在本案例中采用了流量调节和恒压控制，稳定了系统压力，这样在洗浴时就避免了这种危害的发生。

在恒压供水设备中采用变频调速技术，在根据用水量的多少调节热水流量的同时也可以保证冷热水的压力差在合理的范围内。这样恒压供水系统在提供了稳定的供水性能的同时还起到了节约能源的作用，同时还能够使供水质量达到较高品质。

二、相关知识点

1. 电接点压力表的工作原理

电接点压力表由测量系统、指示装置、磁助电接点装置、外壳、调节装置及接线盒等组成。电接点压力表的实物图如图 24-1 所示。

图 24-1   电接点压力表的实物图

当被测压力作用于弹簧管时，其末端产生相应的弹性变形，即位移，经传动机构放大后，由指示装置在度盘上指示出来。同时指针带动电接点装置的活动触点与设定指针上的触头（上限或下限）相接触的瞬时，使控制系统接通或断开电路，以达到自动控制和发信报警的目的。

在电接点装置的电接触信号针上，有的装有可调节的永久磁钢，可以增加接点吸力，加快接触动作，从而使触点接触可靠，消除电弧，能有效地避免仪表由于工作环境振动或介质压力脉动造成触点的频繁关断。

电接点压力表的电气原理是所测量的罐或管道中的压力到达下限时自动开启，到达上限自动停机。其控制过程是：在压力到达下限时，电接点压力表的活动触点（电源公共端）与下限触头接通，接触器线圈动作并自锁，其动合触头闭合，电动机得电运转。当压力到达上限时，活动触点与上限触头接通，中间继电器得电动作，其动断触头断开，切断接触器的供电，接触器的动合触点断开，接触器的得电线圈释放，电动机停转。如此往复就达到了自动控制的目的，控制原理图如图 24-2 所示。

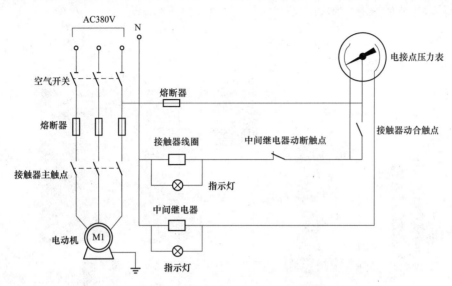

图 24-2　电接点压力表的控制原理图

2. 工艺控制器设定值 1 的参数 P2253

变频器 G120 的【工艺控制器设定值 1】的参数 P2253 是为工艺控制器的设定值 1 设置信号源而准备的，数据类型为浮点数 32 位，出厂设置值为 0。

3. 工艺控制器实际值的参数 P2264

变频器 G120 的【工艺控制器实际值】的参数 P2264 是设置工艺控制器实际值的信号源，数据类型为浮点数 32 位，出厂设置值为 0。

4. 工艺控制器升降时间 P2293

变频器 G120 的【工艺控制器升降时间】的参数是 P2293，是设置工艺控制器输出信号的升降时间的，这个时间针对所设置的最大或最小限制，最大限制参数是 P2291，最小限制参数是 P2292。数据类型为浮点数 32 位，出厂设置值为 1s。

三、 创作步骤

第一步　仪表选配

酒店客房内洗浴冷水的压力是由电节点压力表控制冷水泵 M3 的启停并配合压力灌来实现的，出水压力控制在 0.5～0.6MPa。

工频状态热水管末端回水的压力在正常时约为 0.7MPa 左右，晚上无人使用时最高达 0.8MPa。因为热水管在电动机工频时末端的最高压力可达 0.8MPa，所以选择压力变送器的量程范围为 0～1MPa，对应线性输出 4～20mA 电流信号；选择一块带输出且可设定的数字显示仪表，以便在设备上指示当前压力，供操作人员参考，并且可以更灵活地对压力信号进行设定，也就是说读者只要将热水管的末端压力控制在 0.5MPa 左右，就可以满足正常使用要求，冷热水供水管线布置图如图 24-3 所示。

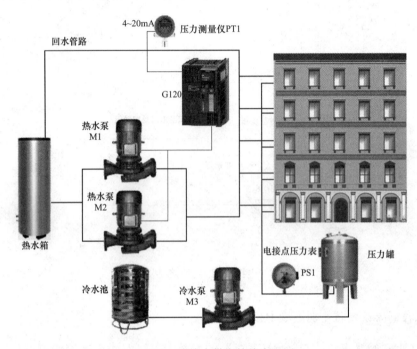

图 24-3　冷热水供水管线布置图

● 第二步　设计硬件

用一台变频器 G120 对两电动机 M1 和 M2 进行切换变频，来保证一台电动机故障后另一台仍可以进行变频工作，离心风机或水泵采用变频器控制后，都能大幅度地降低能耗，这在十几年的工程经验中已经得到体现。由于最终的能耗是与电动机的转速成立方比，所以采用变频后投资回报就更快。

在控制回路中，为了防止反馈信号出现意外情况导致设备不能正常工作，设计了自动和手动两种控制模式，自动模式是根据反馈信号自动调节，手动模式是用 BOP 操作面板手动进行水泵转速的控制，以方便在调试时或者反馈信号故障时使用。

电接点压力表 PS1 控制冷水泵 M3 的启停。工作时，按下启动按钮 QA1 后，当管道中的压力比较低，低到电接点压力表 PS1 设置的低限压力 0.5MPa 时，中间继电器 CR4 的线圈接通，CR4 的两个动合触点闭合，一个动合触点用来使 CR4 的线圈回路继续得电，另一个动合触点使接触器的 KM6 线圈得电，其主触点闭合启动冷水泵 M3，M3 启动后，管道中的冷水压力会逐步提高，PS1 的低限回路断开，当管道中冷水的压力达到高限压力值 0.6MPa 时，PS1 的高限回路接通，使中间继电器 CR3 的线圈得电，其串接在 CR4 线圈回路中的动断触点使 CR4 线圈失电，从而使冷水泵的接触器 KM6 也失电，这样就实现了在 PS1 检测到压力达到 0.6MPa 时将立即停止泵 M3。冷水泵就这样周而复始地控制管道中的压力在 0.5MPa 时启动 M3，在 0.6MPa 时停止 M3。

在"相关知识点"中，笔者对电接点压力表给出了一个控制方案，这里采用另一个控制方案，即使用两个中间继电器来控制冷水泵的自动运行，从而使读者掌握更多的控制技巧。

另外，热水供水的控制回路要设有电气互锁保护，以确保任何时候只能有工频或变频一种方式来启动同一台电动机 M1 或 M2，以避免意外操作时导致变频器损坏；还要有故障报警功能，当电网、电动机、水泵或设备出现意外情况时，能及时发出报警，避免更大故障的发生。主电路的电路图如图 24-4 所示。

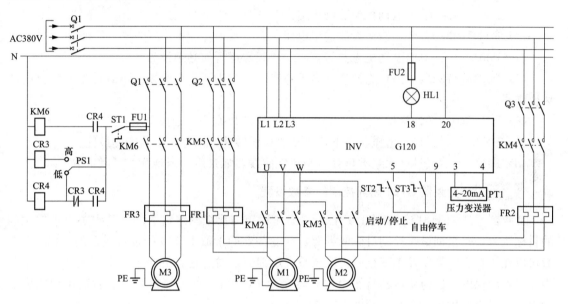

图 24-4　变频器 G120 的电气图

压力仪表接到 AIN0＋和 AI0－（端子 3，4）上，AII0 拨码拨到 ON，DI0 变频器启动，DI1 变频器自由停车，DI3 使 PID 使能，接通后按 PID 运行方式工作。

第三步　变频器 G120 的参数设置

设置 P0010＝1，然后修改 P0015＝2，再设置 P0010＝0，选择宏 2。

（1）设置宏 2 变频器自动设置的参数如表 24-1 所列。

表 24-1　宏 2 自动设置参数表

参数号	参数值	说明	参数组
P840 [0]	r722.0	数字量输入 DI0 作为启动命令	CDS0
P1020 [0]	r722.0	数字量输入 DI0 作为固定转速 1 选择	CDS0
P1021 [0]	r722.1	数字量输入 DI1 作为固定转速 2 选择	CDS0
P2103 [0]	r722.2	数字量输入 DI2 作为故障复位命令	CDS0
P1070 [0]	r1024	转速固定设定值作为主设定值	CDS0

（2）与宏 2 相关需要手动设置的参数如表 24-2 所列。

表 24-2　宏 2 手动设置参数表

参数号	缺省值	说明	单位
P1001 [0]	0.0	固定转速 1	rpm
P1002 [0]	0.0	固定转速 2	rpm

由于变频器实际输出的是脉冲信号，默认的载波频率为4kHz，因此此时电动机有尖锐的噪声。增加载波频率会降低人耳听到的噪声，但是增大变频器开关频率的同时降低了最大输出电流，并且增加了变频器损耗。因为实际所选的变频器功率比电动机功率大一挡，且设备一般工作在低于额定的状态，所以增加载波频率对设备没有太大影响，把P1800改为6kHz后，电动机噪声会明显降低。

（1）P003=3：进入全部参数组。

（2）P0010=1：进入电动机参数修正组。

（3）P0304=380：变频器最大的输出电压。

（4）P0010=0：退出电动机参数修正组。变频器运行前必须设为0。

（5）P0844=722.1：停机为按惯性自由停车，这是为了防止大惯量负载再生发电反向冲坏变频器。

（6）P0756(0)=3，量程为4~20mA，并将DIP开关AI0号拨至I上。

（7）P1080=10~15：恒压状态下，电动机最低转速，以不出水的速度最佳。

（8）P1300=2：风机/水泵类负载控制特性曲线，如果启动困难读者可以选取1。

第四步 变频器G120闭环控制的参数设置

变频器G120闭环控制中的PID控制是有主设定与反馈两路输入的，其中主设定要达到的目标压力，是根据最终控制目标的需要，在变频器的参数P2240中进行设定的，P2240参数可以在用户实际需要发生变化后再次调整；反馈值是通过远程的热水管末端安装的一个压力变送器提供的，压力变送器将压力信号转变为4~20mA的电流信号，然后输出给压力显示仪表，经设定后再输出给变频器。

为访问PI调节器参数，先设置过滤参数P0003=2（访问标准和扩展级），P0004=22（选择PI调节器控制参数群）。

PID参数的调试需要依据电动机和负载的情况逐渐修改，直到压力指示稳定下来。为了保障供水压力的充足，将末端压力定在0.55MPa，压力变送器对应的电流输出信号为12.8mA，由于变频器默认的控制信号为电压信号，所以需修改P756为3，即电流输入，同时将端子板上的DIP也设为ON。这样，其转变为电压信号后输送给变频器，14.24mA占满量程的比例为64%，将参数P2240设为64，即PID的目标值。

P2253=2250：定义压力设定口为P2240，即用P2240参数值为恒压点设定。

变频器运行过程中，反馈回来的信号与主设定值进行比较，如果反馈值小于主设定值，则变频器的频率会自动提升，以提高目标压力；如果反馈值大于主设定值，则变频器的频率会自动降低，以降低目标压力。

对于水泵系统，水量随着泵的转速变化响应很快，没有明显的滞后，这时候增加微分量，过分的提前预测反而会造成系统调节的不稳定。

P2200=722.2：使变频器为PI闭环工作方式。使用多功能输入DIN3端子控制切换，在变频器停止时，可以进行PID控制和V/f控制切换；

P2264=755.0：选择"模拟输入端子AI0"为反馈控制信号源，连接压力测量信号。

P2280=0.04：P参数，通常取0.02~0.08，以实际系统为准。

P2285=0.03：I参数，通常取0.01~0.04，以实际系统为准。

P2293＝10：PI闭环工作从0上升到50Hz时的时间，以变频器的功率为准。

对西门子变频器的参数进行设置时，如果要设定的参数是默认值，就不需要进行设定了，如西门子G120变频器PID应用框图中PID输出的上下限参数P2291和P2292，上限值的默认值为100，下限值为0。

同样，设定D值的参数P2274，也是先保持默认值。

工艺控制器PI的功能框图如图24-5所示。

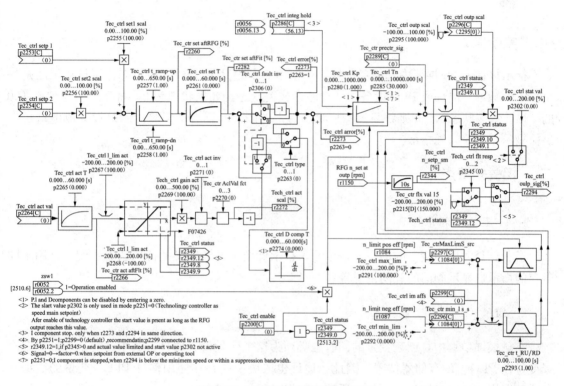

图24-5 PI闭环控制器功能框图

● ——— 第五步 调试方法

对变频器进行调试时，首先要将线路连接好，然后对变频器参数进行修改，再将R2266调出压力表反馈显示，拨动压力表指针从小到大，此时，变频显示也应该从小到大对应变化。将指针指到要求压力点时，变频则对应一个显示值X。

X值一般为0～50，对应表全量程。再将X值修改到P2240＝X。运行压力偏差用BOP面板微调。

在使用一个满量程为6kg的压力表进行测量时，如果恒压达到3kg时，读者可以将参数P2240的设置为P2240＝25。要求恒压达到2kg时，设置为P2240＝17即可，运行后再用面板进行微调。

案例 25

TIA V13 WinCC 中指示灯的制作

一、案例说明

指示灯在 HMI 屏幕中和按钮一样，是使用最多的 PLC 元件，位状态指示灯显示的是一个指定的触摸屏内部或 PLC 设备位地址的开或关状态。如果状态为 0，将显示图形状态为 0 的图形。如果状态为 1，则将显示图形状态为 1 的图形。读者可以将指示灯设置成电动机的启停显示、报警闪烁指示。

二、相关知识点

1. HMI 上的指示灯

指示灯是触摸面板上的动态显示单元，指示灯指示已经定义的位的状态。例如，用不同颜色的指示灯显示阀门的开闭情况等。

2. TIA V13 中的变量属性

在触摸屏项目中，创建变量的同时也必须为这个变量设置属性。其中，变量地址确定全局变量在 PLC 上的存储器位置。因此，地址也取决于读者在使用何种 PLC。变量的数据类型或数据格式也同样取决于项目中所选择的 PLC。

3. TIA V13 中的设置限制值

在触摸屏的项目中，在使用变量时，可以为变量组态设置一个上限值和一个下限值。这个功能很有用，如在输入域中输入一个限制值外的数值时，输入会被拒绝，也可以利用上下限值来触发报警系统等。读者可以根据项目的实际需要进行发挥，充分利用这个功能。

4. TIA V13 中的组态带有功能的变量

用户可以在触摸屏的项目中输入/输出域的变量分配功能，如跳转画面功能，只要输入/输出域的变量的值改变，就跳转到另一个画面中去。

5. TIA V13 中的设置起始值

为触摸屏的项目中变量设置了起始值后，下载项目后，变量会被分配起始值。起始值将在操作单元上显示，但不存储在 PLC 上，如用于棒图和趋势的变量。

三、 创作步骤

第一步 创建指示灯的相关变量

单击【项目树】→【PLC_1】→【PLC变量】选项，然后在工作区弹出的【变量编辑器】中创建新变量M1_Run，数据类型选择为Bool，地址为%Q2.5，如图25-1所示。

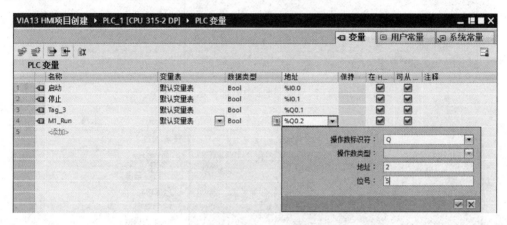

图25-1 创建PLC上的新变量

然后单击【项目树】→【HMI_基本项目】→【HMI变量】选项，连接选择【HMI_连接_1】选项，数据类型选择为Bool量，地址是PLC的输出点Q2.5，如图25-2所示。

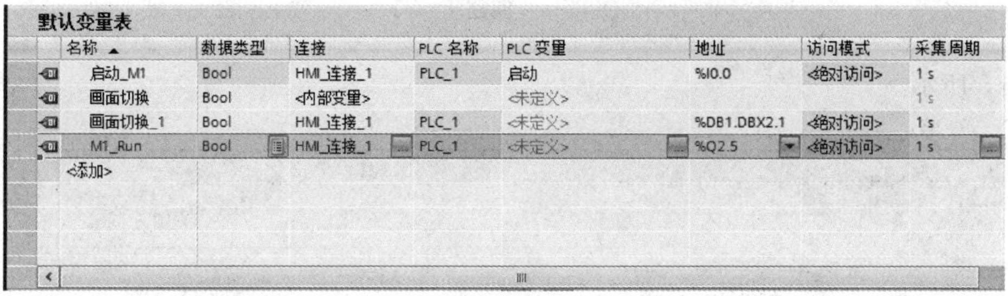

	名称 ▲	数据类型	连接	PLC名称	PLC变量	地址	访问模式	采集周期
	启动_M1	Bool	HMI_连接_1	PLC_1	启动	%I0.0	<绝对访问>	1 s
	画面切换	Bool	<内部变量>		<未定义>			1 s
	画面切换_1	Bool	HMI_连接_1	PLC_1	<未定义>	%DB1.DBX2.1	<绝对访问>	1 s
	M1_Run	Bool	HMI_连接_1	PLC_1	<未定义>	%Q2.5	<绝对访问>	1 s
	<添加>							

图25-2 设置HMI上连接的变量

第二步 在项目库中添加全局库中的指示灯

单击【库】→【全局库】→【Button_and_switches】→【主模板】→【PilotLights】选项，然后将其拖拽到【项目库】下的【主模板】当中，如图25-3所示。

第三步 添加指示灯

单击【项目库】→【主模板】→【PilotLights_Round_G】选项，然后在画面中将指示灯放置在合适的位置，如图25-4所示。

第四步 组态指示灯

双击新创建的指示灯，然后在弹出来的【属性】视图中，连接过程变量【M1_Run】，

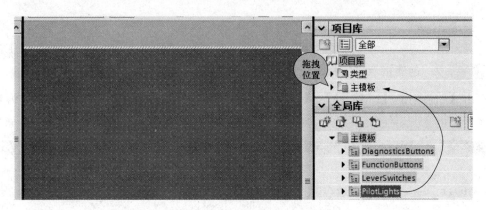

图 25-3 在项目库中添加指示灯元素

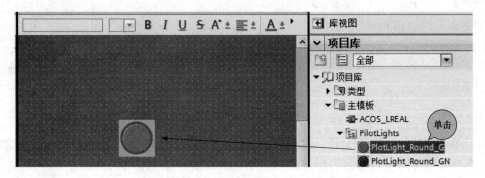

图 25-4 创建指示灯

如图 25-5 所示。

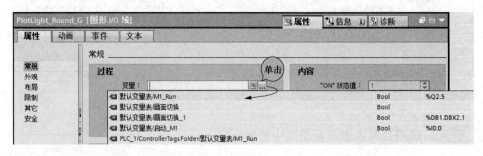

图 25-5 组态指示灯的变量

在【模式】下选择【双状态】选项，然后在【内容】栏中选择指示灯点亮时连接的指示灯为【PliotLight _ Round _ G _ ON _ 256c】，再选择指示灯熄灭时连接的指示灯为【Pliot-Light _ Round _ G _ Off _ 256c】，如图 25-6 所示。

最后给指示灯添加一个文本描述，为"电动机 M1"。

● ─ 第五步 指示灯的模拟运行

运行后，在电动机运行时，指示灯变为绿色，电动机在停止时，指示灯变为红色，如图 25-7 所示。

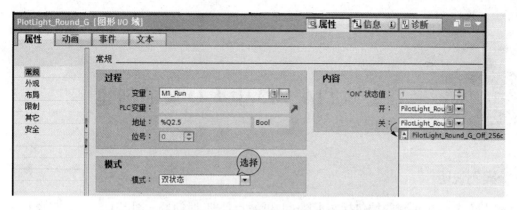

图 25-6 组态指示灯的双状态

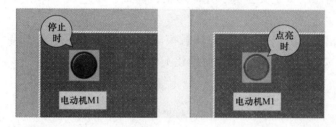

图 25-7 指示灯在电动机运行和停止时的两种状态显示

TIA V13 中 I/O 域的创建

一、案例说明

在 TIA V13 中创建的域包括文本域、I/O 域、日期/时间域、图形 I/O 域和符号 I/O 域。这些不同类型的域均可以自定义位置、几何形状、样式、颜色和字体等，它们的生成与组态方法也基本类似。

在本案例的"相关知识点"中对 HMI 触摸屏中的对象进行介绍之后，还为读者创建了一个热油出口温度的 I/O 域，来说明如何创建 I/O 域。

二、相关知识点

1. HMI 触摸屏中的对象

对象是 HMI 触摸屏用于设计项目过程图形的图形元素。在【工具箱】中包含过程画面中需要经常使用的各种类型的对象。【工具箱】包含不同的对象组，包括【基本对象】、【元素】和【控件】，【工具箱】的组成如图 26-1 所示。

图 26-1 【工具箱】的组成

其中各部分对象组介绍如下。

（1）【基本对象】是指诸如"线"或"圆"等图形对象以及诸如"文本域"等基本对象。

（2）【元素】是指工程中常用的标准元素，如按钮、棒图、开关和 I/O 域等。

（3）【控件】是指常用的各种视图，包括报警视图、趋势视图、用户视图、配方视图和系统诊断视图。

2. I/O 域

I/O 域的运行系统功能包括输出变量中的值、操作员输入数值、这些输入值保存到变量、组合的输入和输出、操作员可在此处编辑变量的输出值，以设置新值，可以为显示在 I/O 框中的变量值定义限制。

3. 图形 I/O 域

图形 I/O 域的运行系统功能包括图形列表条目的输出、组合的输入和输出、操作员可以在此处从图形列表中选择一个图形，以更改【图形 I/O 域】的内容。

4. 符号 I/O 域

符号 I/O 域的运行系统功能包括文本列表条目的输出、组合的输入和输出、操作员可在此处从文本列表中选择文本，以更改【符号 I/O 域】的内容。

三、 创作步骤

● **第一步** 创建 I/O 域连接的变量

单击【项目树】→【PLC＿1】→【PLC 变量】选项，在工作区中弹出的【变量编辑器】中，输入一个名称为"热油出口温度"的数据类型为 Int 的变量，地址为％MW10，如图 26-2 所示。

图 26-2　创建 I/O 域连接的变量

● **第二步** 添加 I/O 域

单击【工具箱】→【元素】→【I/O 域】选项，然后在画面中单击要放置 I/O 域的空白处，将其拖拽至适合大小，如图 26-3 所示。

图 26-3　创建 I/O 域

● **第三步** 组态 I/O 域

双击新创建的 I/O 域，在弹出来的 I/O 域的属性视图中，在【常规】下的【类型】模式框中选择【输入/输出】选项，在【过程】的变量选择框中选择【热油出口温度】，【格式样式】选择【99.9】，操作如图 26-4 所示。

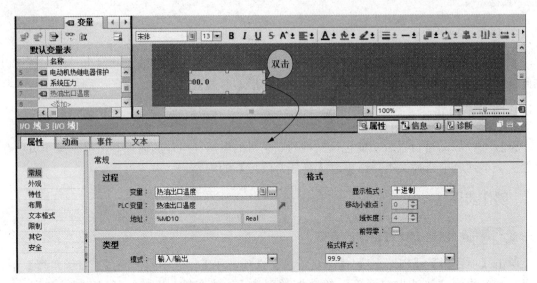

图 26-4　I/O 域的常规组态

● **第四步** **定义 I/O 域的显示名称**

单击【工具箱】→【基本对象】→【文本域】选项，然后放置在画面中所创建的 I/O 域的左侧，再双击这个文本域，在属性视图中的【文本】输入框中输入【热油出口温度:】，然后再定义 I/O 域的单位，在 IO 域的右侧添加【℃】，如图 26-5 所示。

● **第五步** **I/O 域模拟图示**

I/O 域模拟后，在 I/O 域连接的变量为 86.5℃时的模拟图如图 26-6 所示。

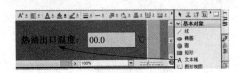

图 26-5　I/O 域的说明文档

图 26-6　I/O 域模拟图示

TIA V13 中趋势图的制作

一、 案例说明

触摸屏上的趋势图是变量在运行时所采用值的图形表示，为了显示趋势，用户可以在项目的画面中组态一个趋势视图。这样在运行 HMI 的项目时，可以以趋势的形式将变量值输出到操作员设备的画面当中。

本案例在 HMI 上创建了一个热油出口温度的趋势图，来动态的显示对象，并实现了在HMI 上持续显示实际的过程数据和记录中的过程数据。

二、 相关知识点

1. 趋势图的定义

趋势图是一种动态显示单元，在操作单元上可以连续显示过程值的变化。对于缓慢改变的过程，趋势图可以将过去的事件可视化，以便在过程中估计趋势，同时，它还可以使快速过程的数据输出，可以用简单方法计算大量数据。

在操作单元上，用户可以在一个趋势图中同时显示几种不同的趋势。可以自由分配趋势的特征，如用于显示的线、点或棒图、颜色，用于模板趋势/实时趋势的类型，用于时钟触发或位触发的触发特征，用于限制值的属性特征等。

2. 趋势图显示的值

在说明趋势的分类之前首先应该了解在趋势视图中可以显示哪些变量的值，WinCC _ flexible 中趋势视图所显示的变量的值主要来自以下两个方面。

（1）来自 PLC 的当前值。制作趋势图时，可以使用来自 PLC 的单个值（实时显示）连续显示趋势，或使用来自 PLC 的两次读取过程之间存储在缓冲区中（间隔显示）的所有值连续显示趋势。并且读取时刻可以通过设置一个位或通过周期来进行控制。

（2）记录的变量值。在运行时，趋势视图将显示来自数据记录的变量值。趋势在特定窗口中及时显示所记录的值。在运行时，操作员可以及时切换窗口，以查看所期望的信息（所记录的数据）。

3. 显示列标题

趋势视图中表格的布局取决于控制面板中的视图设置。根据设置的不同，列标题可能会被截断。该设置位于控制面板的【显示】→【外观】选项中。要正确显示列标题，需要在【窗口和按钮】中将显示设置为【Windows 经典】样式。

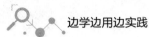
4．一致性测试

如果在进行趋势视图的一致性检查过程中输出窗口中显示有警告或错误，则需单击快捷菜单上的【跳转至出错处/变量】选项，在某些情况下，只在趋势视图中显示出错的原因。

三、 创作步骤

● ——第一步　趋势图的创建

在生成趋势视图之前应该创建一个显示趋势视图的画面，当画面创建好后，单击【工具箱】→【控件】→【趋势视图】选项，在画面中放置【趋势视图】并拖拽至适合的大小，如图27-1所示。

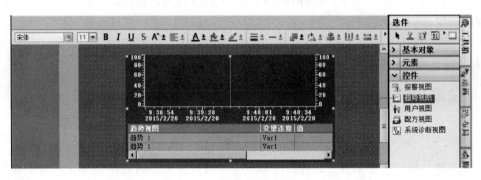

图27-1　【趋势视图】的创建

● ——第二步　【趋势】选项的设置

在属性视图的【趋势】选项卡中，单击【添加】选项，然后设置趋势图的名称"热油出口温度趋势"，这个名称是项目中对象的唯一标识，在【样式】中选择趋势图的样式，在【趋势图】下指定趋势的数目为100，在【趋势类型】指定趋势的触发类型，如果选择【数据记录】，那么趋势将显示数据记录变量的记录值，如果选择【位触发缓冲区】作为趋势类型，将启用缓冲方式的数据记录。以缓冲方式进行数据记录时，将在单个块中读出临时存储到控制器中的数据，缓冲方式的数据记录适合于显示【剖面图趋势】。另外，读者还可以选择趋势类型为【触发的实时循环】这种类型，进行时钟脉冲触发时，是以固定、可组态的时间间隔从控制器读取实时数据并将其显示在趋势视图中，而单个数值记录适合于显示趋势曲线，如图27-2所示。

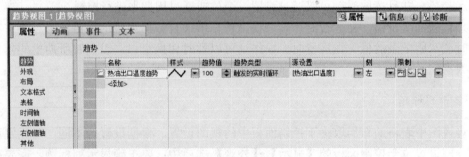

图27-2　趋势选项的设置

在【源设置】中指定趋势数据源的设置，可以从 PLC 中读出，也可以从数据记录中读出，读者还可以在【限制】中指定将为其分配趋势的轴侧。【源设置】中数据源的设置如图 27-3 所示。

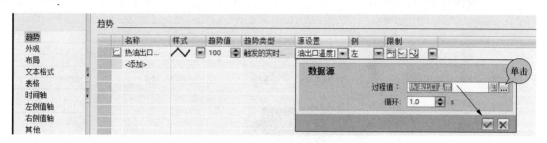

图 27-3　趋势图数据源的选择

第三步　趋势图外观设置

在【外观】栏中设置背景色和标尺，如图 27-4 所示。

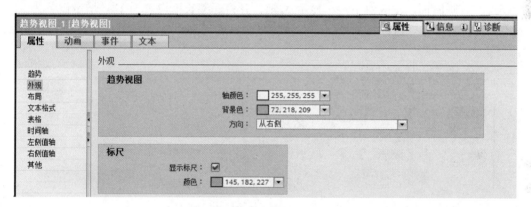

图 27-4　趋势图的外观设置

第四步　布局和文本格式的设置

在【布局】栏中设置趋势图的位置和大小，在【文本格式】栏中设置字体，如图 27-5 所示。

图 27-5　布局和文本格式的设置

第五步　趋势图轴的设置

在【时间轴】栏中设置时间轴是否显示，【轴模式】可以选择【时间】、【常量/变量】、

【点】，【标签】中的增量值本案例设置为10，时间间隔设置为200s，如图27-6所示。

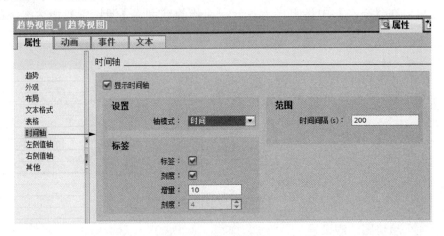

图 27-6　时间轴的设置

设置左右侧值轴，左侧值中勾选显示 Y 轴，并将标签长度设置为 12，增量设置为 5，而右侧值轴不勾选 Y 轴，这样在趋势图的右侧将不会显示 Y 轴，左侧值轴的标签设置如图 27-7 所示。

图 27-7　左侧值轴的标签设置

第六步　其他设置

单击【其他】选项，在名称中输入"热油温度出口趋势图"，如图27-8所示。

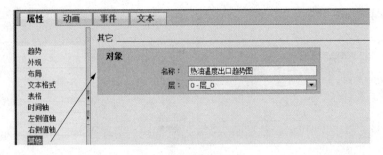

图 27-8　修改趋势图的名称

第七步　模拟后的热油出口温度的趋势图

在表格中，本例设置的可见行是 2，所以尽管本例只创建了一个热油出口温度的趋势图，但表格中还是会显示两行数值表，热油出口温度的趋势模拟图如图 27-9 所示。

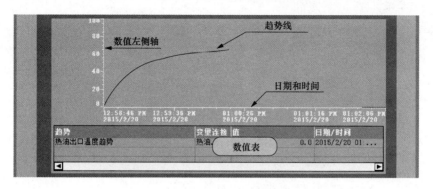

图 27-9　热油出口温度的趋势模拟图

第四篇

应 用 高 级

案例 28

PLC 控制步进电动机驱动器输出

一、 案例说明

本案例要实现的是对步进电动机的精确控制，在步进电动机转动的过程当中，要从 A 点加速到 B 点后恒速运行，恒速运行到 C 点后又从 C 点开始减速到 D 点。电动机的转动由 S7-200PLC 的 Q0.0 高速脉冲输出来控制，A 点和 D 点的脉冲频率为 2kHz，B 点和 C 点的频率为 20kHz，整个运动过程为 500000 个脉冲。步进电动机的工作过程如图 28-1 所示。

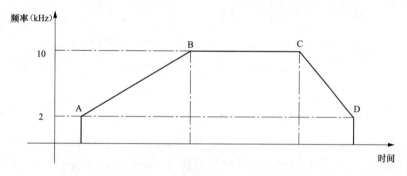

图 28-1 步进电动机的工作过程图示

从 A 到 B 的加速时间为 2s，从 C 到 D 的减速时间为 1.5s。另外，笔者还编制了一段程序来说明块传送指令的应用。

另外，在实际的工程项目中常常碰到数值转换的问题，笔者将在最后为读者展示数值转换指令的应用，并编制了有关块传送指令——BLKMOV_W 指令的程序，说明了这个指令在程序中是如何对块进行传送的。

二、 相关知识点

1. S7-200 PLC 的高速脉冲功能

S7-200 PLC 的脉冲量输出都采用晶体管输出形式，用于支持位置控制功能。位置控制功能的目的是通过速度的设定从当前位置转移物体到正确地停止在预设位置。用连接到不同的伺服驱动装置或步进电动机控制驱动装置，通过脉冲信号控制位置的高精确度，如图 28-2 所示。

S7-200 的 PLC 本体的高速脉冲输出有两个，高速脉冲输出功能可以设置成脉冲串输出 PTO 或脉冲调制输出 PWM，PTO 是占空比为 50％的输出脉冲，读者可以通过 S7-200PLC

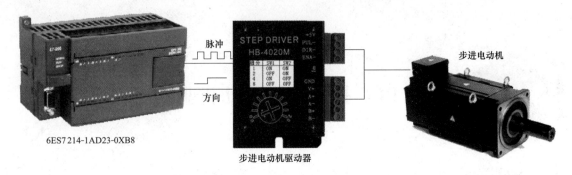

图 28-2　高速脉冲输出功能示意图

提供的 PTO 子程序来控制脉冲的周期和个数，PWM 可以输出连续的、占空比可以调制的脉冲串，读者可以通过 PWM 控制脉冲的周期和脉宽，如图 28-3 所示。

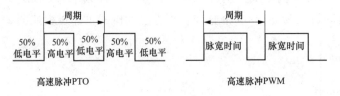

图 28-3　高速脉冲 PTO 和 PWM

2. S7-200 的高速脉冲调用指令

PT00＿CTRL 子程序（控制）启用和初始化与步进电动机或伺服电动机合用的 PTO 输出。程序中只使用一次，并且在每次扫描时得到执行，即始终使用 SM0.0 作为 EN 的输入。

I＿STOP（立即停止）输入是一开关量输入。当此输入为低电平时，PTO 功能会正常工作。当此输入为高电平时，PTO 立即终止脉冲的发出。

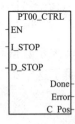

D＿STOP（减速停止）输入也是一开关量输入。当此输入为低电平时，PTO 功能会正常工作。当次输入变为高电平时，PTO 会产生将电动机减速至停止的脉冲串。

Done 输出是一开关量输出。当 Done 位被设置为高电平时，它表明上一个指令也已执行。当 Done 位为高电平时，错误字节会报告无错误或者有错误代码的正常完成。

图 28-4　高速脉冲调用指令

如果 PTO 向导的 HSC 计数器功能已启用，则 C＿POS 参数包含用脉冲数目表示的模块；否则此数值始终为零。程序如图 28-4 所示。

3. S7-200 PLC 的手动高速脉冲输出指令

PT00＿MAN 子程序（手动模式）将 PTO 输出置于手动模式。这允许电动机启动、停止和按不同的速度运行。当 PT00＿MAN 子程序已启用时，任何其他 PTO 子程序都无法运行。

启用 RUN（运行/停止）参数命令 PTO 加速至指定速度（Speed 参数）。可以在电动机运行中更改 Speed 参数的数值。停用 RUN 参数命令 PTO 减速至电动机停止。

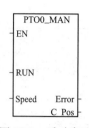

图 28-5　手动高速
脉冲输出指令

当 RUN 已启用时，Speed 参数决定了速度。速度是一个用秒脉冲数计算 DINT（双整数）值，可以在电动机运行过程中更改此参数。Error（错误）参数包含本子程序的结果。

如果 PRO 导向的 HSC 计数器功能已启用，则 C_Pos 参数包含用脉冲数目表示的模块；否则此数值始终为零。

对于 PTO 设置或者运行出错时，系统将会报警并显示相应的数值，程序如图 28-5 所示。

4. S7-200 的自动高速脉冲输出指令

PTO0_RUN 子程序（运行轮廓）命令 PLC 执行储存于配置、轮廓表的特定轮廓中的运动操作。

开启 EN 位会启用此子程序。在 Done 位发出子程序执行已经完成的信号前，确定 EN 位保持开启。开启 START 参数会发起轮廓的执行。对于在 START 参数已开启且 PTO 当前不活动时的每次扫描，此子程序会激活 PTO。为了确保仅发送一个命令，使用上升沿以脉冲方式开启 START 参数。

轮廓参数包含为此运动轮廓指定的编号或者符号名。开启 Abort（终止）参数命令，位控模块停止当前轮廓并减速至电动机停止。当模块完成本子程序时，Done（完成）参数为 ON。Error（错误）参数包含本子程序的结果。C_Profile 参数包含位控模块当前执行的轮廓。C_Step 参数包含目前正在执行的轮廓步骤，程序如图 28-6 所示。

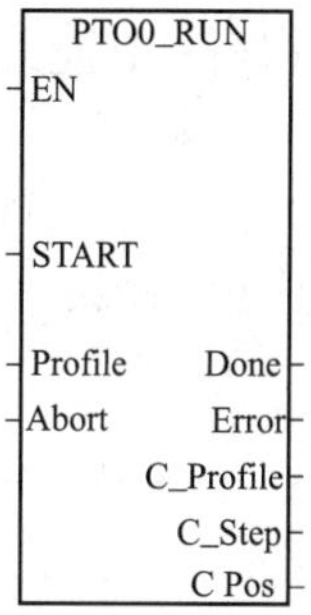

图 28-6　自动高速
脉冲输出指令

5. 步进电动机驱动器思科赛/HB-4020M

步进电动机驱动器使用思科赛/HB-4020M，速度响应频率为100kHz。HB-4020M 细分型步进电动机驱动器驱动电压为 DC12～32V，输出的最小相电流为（峰值）0.0A，最大为 2.0A，适配 4、6 或 8 出线，外径 39～57mm 型号的二相混合式步进电动机，一般运用在对细分精度有一定要求的设备上。

步进电动机驱动器 HB-4020M 的端子定义见表 28-1。

表 28-1　　　　　　　　步进电动机驱动器 HB-4020M 的端子定义

序号	标示	说　明
1	GND	电源 DC12～32V
2	+V	电源 DC12～32V，用户可根据各自需要选择。一般来说较高的电压有利于提高电动机的高速力矩，但会加大驱动器和电动机的损耗和发热
3	A+	电动机 A 相，A+、A−互调，可更改一次电动机运转方向
4	A−	电动机 A 相
5	B+	电动机 B 相，B+、B−互调，可更改一次电动机运转方向
6	B−	电动机 B 相
7	OPTO（+5V）	光电隔离电源。控制信号在+5～+24V 均可驱动，需注意限流。一般情况下，12V 串接 1kΩ 电阻。24V 串接 2kΩ 电阻。驱动器内部电阻为 330Ω

续表

序号	标示	说　　明
8	PUL	脉冲信号：上升沿有效
9	DIR	方向信号：低电平有效
10	ENA	使能信号：低电平有效

三、 创作步骤

第一步　硬件设计

本例中使用了 CPU224，CPU224 的脉冲输出可以用来产生控制步进电动机驱动器的脉冲，功率驱动器将控制脉冲按照某种模式转换成步进电动机线圈的电流，产生旋转磁场，使得转子只能按固定的步数（步数 a）来改变它的位置。连续的脉冲序列产生与其对应的同频率（同步机）步序列。如果控制频率足够高，则步进电动机的转动可以看作一个连续的转动。

本例程中的西门子 200 PLC 控制系统中，采用 CPU224（订货号为 6ES7 214-1AD23-0XB8）和 PC/PPI 电缆一根（6ES7 901-3BF00-0XA0）。电气控制原理图如图 28-7 所示。

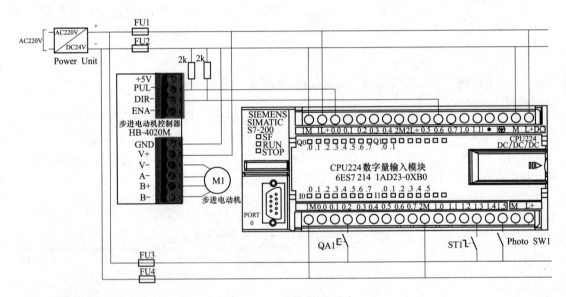

图 28-7　PLC控制原理图

S7-200 使用 Q0.0 作为脉冲输出控制步进电动机的走行位置和速度，方向由 S7-200 PLC 的 Q0.6 控制，两位选择开关 ST1，连接在输入端子 I1.3 上，关闭时是寻零模式，接通时是自动模式。光电开关连接在输入端子 I1.5 上，是寻零时的原点开关。按钮 QA1 连接到输入端子 I0.2，是步进电动机自动模式启动输入点。

第二步　定位控制向导的操作

首先在 Micro/WIN 的【工具】菜单下选择【位置控制向导】选项，如图 28-8 所示。

图 28-8 选择【位置控制向导】选项

第三步 **EM253 位控模块的操作**

使用 PLC 本体的快速输出 Q0.0 控制步进电动机，在【位置控制向导】要选择【配置 S7-200 PLC 内置 PTO/PWM 操作】，如果读者要使用 EM253 位控模块，就要点选下面的【配置 EM253 位控模块操作】，如图 28-9 所示。

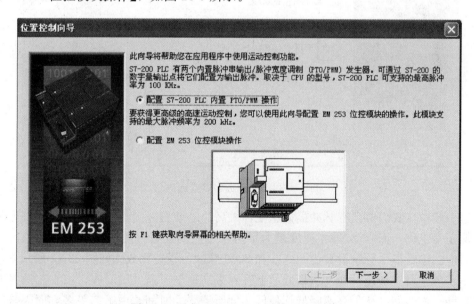

图 28-9 选择配置 PLC 内置快速脉冲输出

选择脉冲快速输入输出为 Q0.0，如图 28-10 所示。

然后设置 Q0.0 脉冲输出方式为 PTO 模式，即输出的方波脉冲的占空比为 50%，这也是接收脉冲的步进电动机驱动器能接收的脉冲方式，为了能够监控发出的脉冲，需将 HSC 选项勾选，如图 28-11 所示。

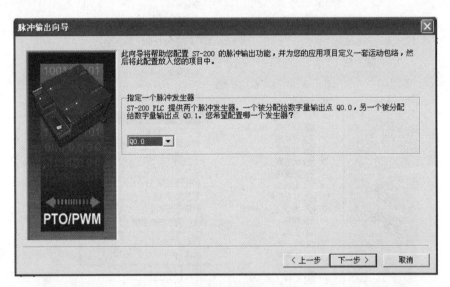

图 28-10　选择配置的快速脉冲是 Q0.0

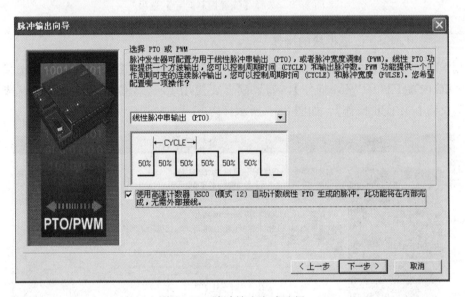

图 28-11　脉冲输出方式选择

在这一步中，我们要设置脉冲最大速度，太高的电动机速度将使步进电动机发出啸叫声并且不能正常工作，而启动/停止速度是为了防止过低的运行速度导致步进电动机运行不稳定，在对应的编辑框中分别设置为 20000 和 2000 脉冲，设置完成图如图 28-12 所示。

在本步骤中设置加速时间（从最低速上升到最高速度所需要的时间，由工艺等多方面因素决定）和减速时间（从最高速降低到最低速度所需要的时间，由工艺等多方面因素决定），西门子推荐不要将加减速时间设置得小于 0.5s，此项目的设置时间如图 28-13 所示。

下面将设置步进电动机实际需要的运行轨迹，在向导中，此运行轨迹被称为运动包络，单击【新包络】按钮添加一个新的运动包络，操作如图 28-14 所示。

在本步骤中，将设置运动包络的操作模式（在相对位置和单速连续旋转中选择），然后设置步 0 的目标速度和结束位置。设置完毕后，因为这里的运动步骤分为两步，所以要单击

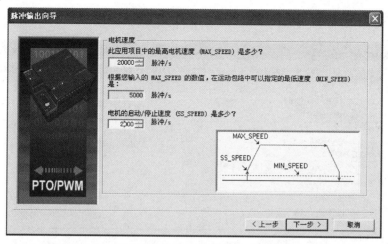

图 28-12 最高电动机速度和最低电动机速度的设置

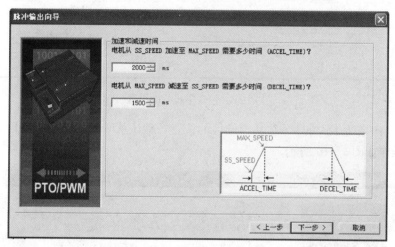

图 28-13 加减速时间的设置

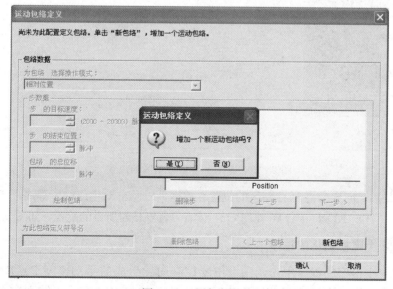

图 28-14 添加新包络

【新步】按钮，操作如图 28-15 所示。

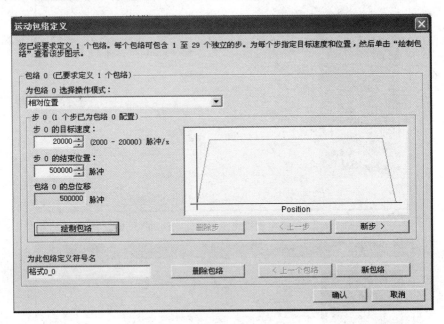

图 28-15　包络中步 0 的设置

确定 PTO 向导所生产的 90 个 V 存储区的位置，默认从 0 开始，在本项目中选择的是默认的选择，操作如图 28-16 所示。

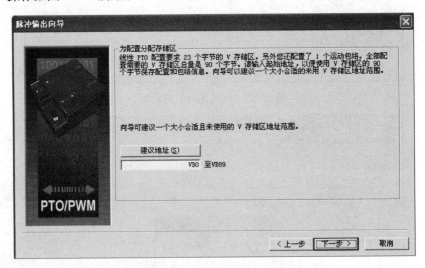

图 28-16　选择 V 配置存储区的位置

在向导的最后，向导会将 V 存储区的位置、数据页以及自动生成的子程序，PTO0 _ CTRL、PTO0 _ MAN、PTO _ RUN、PTO0 _ LDPOS，读者可仔细核对所做的配置，如图 28-17 所示。

● **第四步**　**上电初始化的程序**

本控制系统主程序的程序中先调用由位置控制向导生成的手动速度 PTO0 _ MAN 功能块完成寻零点的操作。在寻零过程中，先使用高速脉冲将电动机沿正转方向向原点开关移

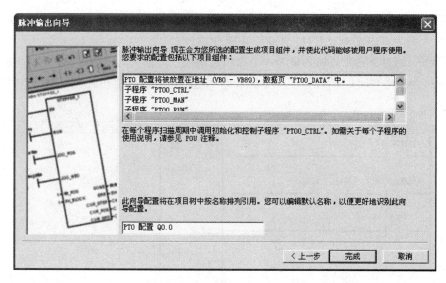

图 28-17　向导总结画面

动，碰到原点开关后（下降沿），改变电动机旋转方向，Q0.6 置 1，并将寻原点速度降为低速，反方向回来再碰到原点开关的下降沿，立即停止 PTO 的输出（将 PTO0 _ CTL 的 I _ STOP 管脚置高电平），然后使用 PTO0 _ LDPOS 将此位置置为零，在 PTO0 _ LDPOS 子程序完成位复位 PTO_ CTL 的 I _ STOP 管脚，然后再完成 PTO0 _ RUN 功能块完成在向导中设置的运动路线（包络线）。

在西门子 200 PLC 的程序中，SM0.0 是一个特殊继电器，该位总是打开，在网络 1 中，在上电的第一周期将 Q0.0 脉冲输出复位为零，并将找到原点 V200.0 复位为零，同时将旋转方向设置为正转，为上电后的找原点过程作准备，程序如图 28-18 所示。

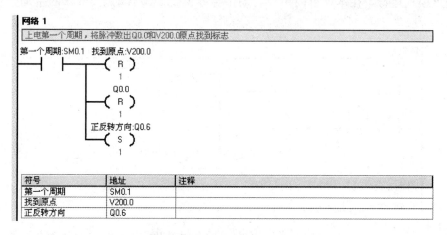

图 28-18　上电初始化的程序

第五步　调用 PTO _ CTRL 功能块

在网络 2 中调用 PTO0 _ CTRL 功能块，必须使用 SM0.0 在 EN 管脚处调用此功能块，这个功能块 POS0 _ CTRL 指令在 S7-200 每次转换为 RUN 模式时装载组态/包络表，从而实现对位控模块的使能和初始化，是调用其他 PTO 脉冲功能块的基础，在项目中只能调用一次。

I_STOP（立即 STOP）输入量为一个布尔量输入。当输入为低电平时，PTO 功能正常操作。当输入变为高电平时，PTO 立即终止脉冲输出。

D_STOP（减速 STOP）输入量为一个布尔量输入。当输入为低电平时，PTO 功能正常操作。当输入变为高电平时，PTO 产生一个脉冲串将电动机减速到停止。程序如图 28-19 所示。

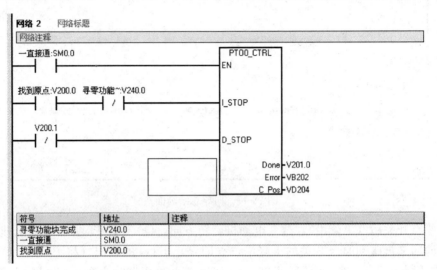

图 28-19　调用 PTO_CTRL 功能块

第六步　调用脉冲手动控制子程序

在网络 3 中，开始调用手动移动功能块开始寻原点，PTO0MAN 子程序使将 PTO 输出置为手动模式。这样可以在向导中指定的范围（从启动/停止速度到最大速度）内使步进电动机以速度模式运行，在本项目内用户启动了寻零模式，即启动了 PTO 的手动模式，程序如图 28-20 所示。

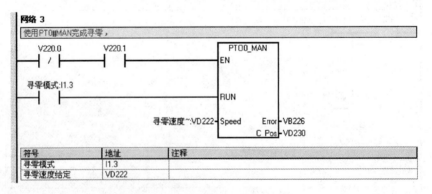

图 28-20　调用脉冲手动控制子程序

特殊继电 SM0.1 的作用是当 PLC 由 STOP 转为 RUN 时，SM0.1 只在第一个扫描周期为 ON 状态，从第二个扫描周期开始 SM0.1 就始终处在 OFF 状态。

第七步　方向和速度控制程序

设置寻原点速度为高速，当逻辑输出 Q0.6 置位为 1 时，旋转方向为正转旋转方向，即为正转。程序如图 28-21 所示。

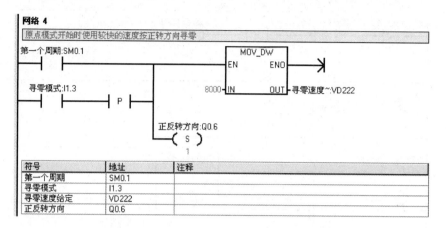

图 28-21 寻原点第一阶段方向和速度控制程序

碰到原点开关后,改变寻原点方向,并将寻原点速度降低为低速,这样可以提高寻原点的位置精度,程序如图 28-22 所示。

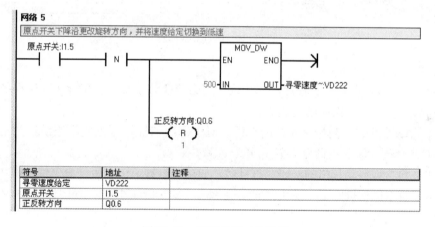

图 28-22 寻原点第二阶段图

● 第八步 执行在向导中设置的曲线

第二次找到原点的下降沿后,立即停止 PTO 输出,然后使用 PTO0 _ LDPOS 找到原点后,使用此功能块的完成位恢复 PTO 输出,PTO0 _ LDPOS 指令(装载位置)改变 PTO 脉冲计数器的当前位置值为一个新值。用户可以使用该指令为任何一个运动命令建立一个新的零位置。

接通 EN 位后此子程序可以使用。读者应确保 EN 位始终保持接通,直到 Done 位指示指令完成为止。每一循环周期,只要 START 参数接通且 PTO 当前不忙,则该指令装载一个新的位置给 PTO 脉冲计数器。

在程序中使用边沿检测指令以脉冲触发 START 参数接通,保证了在一个扫描周期只执行一次。New _ Pos 参数提供一个新的值替代报告的当前位置值。具体的程序编写如图 28-23 所示。

原点完成后,使用 PTO0 _ RUN 完成在位置向导设置的运动曲线。PTO0 _ RUN 子程序(运行包络)完成在指定的包络中规定的运动轨迹,在本项目中此包络由向导生产并存储

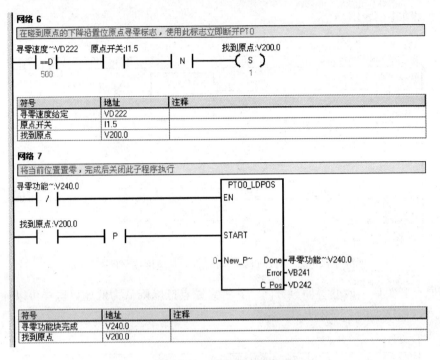

网络 6

在碰到原点的下降沿置位原点寻零标志，使用此标志立即断开PTO

寻零速度~:VD222　原点开关:I1.5　　　　　　　　　找到原点:V200.0
　　==D　　　　　　│　　　│　　N　　　　　　　（ S ）
　　500　　　　　　　　　　　　　　　　　　　　　　　1

符号	地址	注释
寻零速度给定	VD222	
原点开关	I1.5	
找到原点	V200.0	

网络 7

将当前位置置零，完成后关闭此子程序执行

寻零功能~:V240.0
　　│/│　　　　　　　　　　　PTO0_LDPOS
　　　　　　　　　　　　　　　EN

找到原点:V200.0
　　│ │　　P　　　　　　　　START

　　　　　　　　　　0 - New_P~　　　Done - 寻零功能~:V240.0
　　　　　　　　　　　　　　　　　　Error - VB241
　　　　　　　　　　　　　　　　　　C_Pos - VD242

符号	地址	注释
寻零功能块完成	V240.0	
找到原点	V200.0	

图 28-23　原点完成阶段

在组态/包络表中。

如果接通 PTO0_RUN 子程序的 EN 位，则会使能该子程序。确保 EN 位保持接通，直至完成 Done 位指示该子程序已完成为止。

接通 START 参数以初始化包络的执行。对于每次扫描，这里使用边沿检测指令以脉冲触发 START 参数，保证该命令只发一次。

包络参数包含该移动包络的号码或符号名，如接通参数 Abort 后，命令位控模块停止当前的包络并减速直至电动机停下，模块完成该指令时，参数 Done 接通。程序如图 28-24 所示。

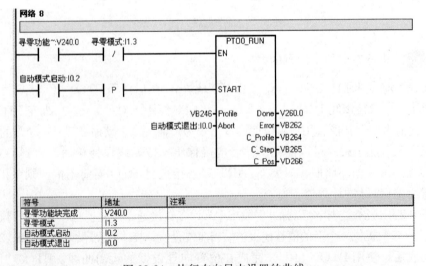

网络 8

寻零功能~:V240.0　寻零模式:I1.3
　　│ │　　　　│/│　　　　　　　PTO0_RUN
　　　　　　　　　　　　　　　　　EN

自动模式启动:I0.2
　　│ │　　P　　　　　　　　　　START

　　　　　　　VB246 - Profile　　　Done - V260.0
　　自动模式退出:I0.0 - Abort　　　Error - VB262
　　　　　　　　　　　　　　　　C_Profile - VB264
　　　　　　　　　　　　　　　　C_Step - VB265
　　　　　　　　　　　　　　　　C_Pos - VD266

符号	地址	注释
寻零功能块完成	V240.0	
寻零模式	I1.3	
自动模式启动	I0.2	
自动模式退出	I0.0	

图 28-24　执行在向导中设置的曲线

案例 29

PLC 控制伺服驱动器

一、 案例说明

　　在本案例中将使用脉冲频率达 100kHz 的 CPU 224XP 的本体输出控制两台施耐德 23D 系列伺服驱动器，实现标签的定位功能，两个轴的定位功能是使用绝对定位控制功能来实现的。

二、 相关知识点

　　1. 伺服放大器的三种控制方式

　　（1）转矩控制。通过外部模拟量的输入或直接的地址的赋值来设定电动机轴对外的输出转矩的大小，主要应用于需要严格控制转矩的场合，属于电流环控制。
　　（2）速度控制。通过模拟量的输入或脉冲的频率对转动速度的控制，属于速度环控制。
　　（3）位置控制。伺服中最常用的控制，位置控制模式一般是通过外部输入的脉冲的频率来确定转动速度的大小，通过脉冲的个数来确定转动的角度，所以它一般应用于定位装置。

　　2. 伺服的作用

　　伺服能够按照定位指令装置输出的脉冲串，对工件进行定位控制。同时，它还具有对伺服电动机锁定的功能，当偏差计数器的输出为零时，如果有外力使伺服电动机转动，则编码器将反馈脉冲输入偏差计数器，偏差计数器发出速度指令，旋转修正电动机，使之停止在滞留脉冲为零的位置上，该停留于固定位置的功能，称为伺服锁定。另外，伺服还能够进行适合机械负荷的位置环路增益和速度环路增益调整。
　　伺服控制回路如图 29-1 所示。

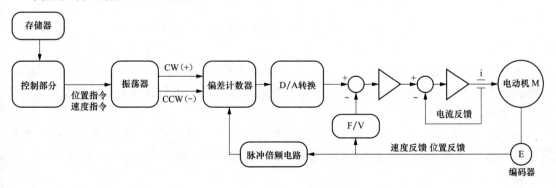

图 29-1　伺服控制回路图

例如，额定转速为 3000r/min 的电动机，在进行速度控制时，模拟量信号的速度指令进入速度运算器，使电动机 M 开始运行，电动机 M 运行后使编码器 E 旋转，发出脉冲反馈，脉冲反馈经过 FV 转化为相应的模拟量进入伺服驱动器，再将反馈值与给定值相比较，当偏差为 0 时，电动机是以 3000r/min 的速度进行运行的。偏差为 0 时的运行示意图如图 29-2 所示。

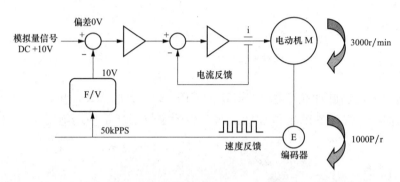

图 29-2　偏差为 0 时的运行示意图

当反馈值与给定值相比较后，偏差为 2V 时，说明电动机是以 2400r/min 的速度运行的，此时系统将通过电流环输出控制电流，使其差值改为零。偏差为 2V 时的运行示意图如图 29-3 所示。

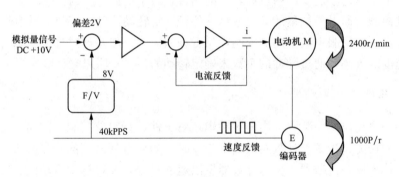

图 29-3　偏差为 2V 时的运行示意图

3. 脉冲当量与电子齿轮比设置

（1）脉冲当量。相对于每一脉冲信号的机床运动部件的位移量称为脉冲当量，又称作最小设定单位。

脉冲增量插补是行程标量插补，每次插补结束产生一个行程增量，以脉冲的方式输出。这种插补算法主要应用在开环数控系统中，在插补计算过程中不断向各坐标轴发出互相协调的进给脉冲，驱动电动机运动。

一个脉冲所产生的坐标轴移动量叫作脉冲当量。脉冲当量是脉冲分配的基本单位，按机床设计的加工精度选定，普通精度的机床一般取脉冲当量为 0.01mm，较精密的机床取 0.001mm 或 0.005mm。

采用脉冲增量插补算法的数控系统，其坐标轴进给速度主要受插补程序运行时间的限制，一般为 1～3m/min。脉冲增量插补主要有逐点比较法、数据积分法、直线函数法等方法。脉冲当量影响数控机床的加工精度，它的值取得越小，加工精度越高。

（2）机械减速比（m/n）。机械减速比是减速器输入转速与输出转速的比值，也等于从动轮齿数与主动轮齿数的比值，机械减速比在数控机床上为电动机轴转速与丝杠转速之比。

（3）电子齿轮与电子齿轮比。电子齿轮比是对伺服接受到上位机的脉冲频率进行放大或者缩小，其中一个参数为分子，一个为分母。若分子大于分母就是放大，若分子小于分母就是缩小。

例如，输入频率为 100Hz，电子齿轮比分子设为 1，分母设为 2，那么伺服实际运行速度按照 50Hz 的脉冲来进行。而如果输入频率为 100Hz，电子齿轮比分子设为 2，分母设为 1，那么伺服实际运行速度按照 200Hz 的脉冲来进行。

（4）电子齿轮比的应用和设置。电子齿轮比可以任意地设置每单位指令脉冲对应的电动机的速度和位移量（脉冲当量），当上位控制器的脉冲发生能力（最高输出频率）不足以获得所需速度时，可以通过电子齿轮功能（指令脉冲倍频）来对指令脉冲进行 N 倍频。

编码器分辨率（F）代表伺服电动机轴旋转一圈所需脉冲数。看伺服电动机的铭牌，在对驱动器说明书即可确定编码器的分辨率。

每转脉冲数（f）代表丝杠转动一圈所需脉冲数。

脉冲当量（p）代表数控系统（上位机）发出一个脉冲时，丝杠移动的直线距离或旋转轴转动的度数，也是数控系统所能控制的最小距离。这个值越小，经各种补偿后越容易到更高的加工精度和表面质量。

脉冲当量的设定值决定机床的最大进给速度，在进给速度速度满足要求的情况下，可以设定较小的脉冲当量。

螺距（d）代表螺纹上相邻两牙对应点之间的轴向距离。电子齿轮比计算公式为

$$电子齿轮比 = \frac{编码器分辨率 \times 脉冲当量}{螺距} \times 机械减速比$$

4. 行程开关的相关知识

行程开关是为了检测物体的有无而使用的代表性开关。行程开关又称为限位开关，当装有生产的机械部件上的模块撞击行程开关时，行程开关的触点动作，实现电路的切换。

行程开关多数用来检测工作装置的位置、操作杆的位置。行程开关的另一个常见的用法是作为位置指示，如现场安装的阀门位置指示，起升机构电缆的长度等，并能够进行逻辑顺序的控制。例如，当物体到达某处后进行下一步操作。对生产机械的某一运动部件的行程或位置变化进行控制通常用行程开关来实现。行程开关的电气符号与单滚轮式实物图如图 29-4 所示。行程开关结构示意图如图 29-5 所示。

行程开关主要是根据动作要求和触头的数量来进行选择的。

三、创作步骤

第一步 硬件设计

本项目是在某贴标机的应用，使用的 I/O 点包括一个正限位开关和一个负限位开关，以及一个用于寻找原点的寻原点开关，具有系统启动，系统停止、伺服使能、工作模式选择

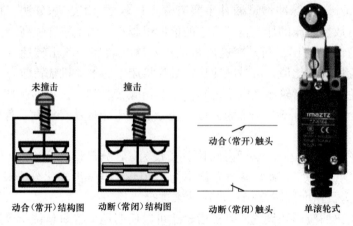

图 29-4 电气符号与单滚轮式实物图

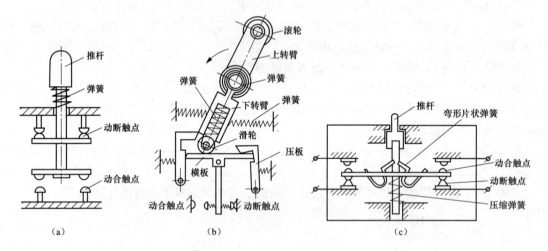

图 29-5 行程开关结构示意图

(a) 直动式行程开关；(b) 滚轮式行程开关；(c) 微动式行程开关

功能。

脉冲输出 Q0.0、Q0.2 必须串接一个 1kΩ 电阻才能接到 1 号伺服的脉冲输入上，同样道理脉冲输出 Q0.1、Q0.3 必须串接一个 1kΩ 电阻才能接到 2 号伺服的脉冲输入上，PLC 和两个伺服接线如图 29-6 所示。

第二步 库的操作

在本项目中，使用程序是在由西门子提供的 MAP 功能库上编制完成的。下载链接为：

http://support. automation. siemens. com/CN/llisapi. dll? func = cslib. csinfo&ehbid = 26485059 & nodeid0=10805397 & lang=zh & siteid=csius & aktprim=0 & extranet=standard & viewreg= CN & objid=10805397 & treeLang=zh

在此页面中选择文档类型为常问问题，搜索关键字手动填写为 2613850，然后单击【确定】按钮，就会显示【常问问题如何使用 S7-200 本体脉冲输出实现伺服驱动轴的定位功能】，单击绿色字体进入此问题，如图 29-7 所示。

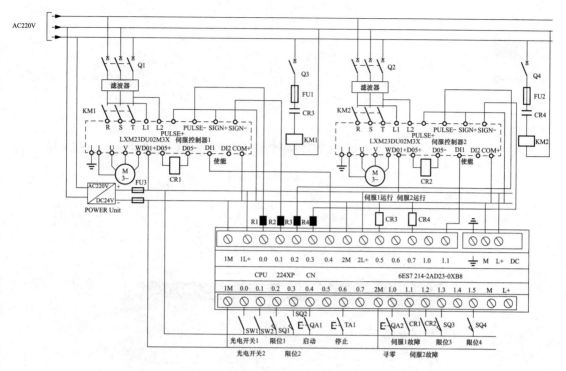

图 29-6　电气原理图

图 29-7　库的查找方式

　　进入此常问问题网络页面后，找到网页下方的【MAP SERV. zip】后，右键单击【MAP SERV. zip】，选择【另存为】选项进行下载，如图 29-8 所示。

　　将【MAP SERV. zip】解压缩后，在解压缩的文件中包含 S7-200 PLC 本体脉冲应用库【MAP SERV Q0.0】和【MAP SERV Q0.1】，这两个库分别对应 Q0.0 和 Q0.1 脉冲输出。

　　读者可在打开的 Mircro/WIN 中的【文件】菜单下找到菜单项【添加/删除库】，单击此菜单项，操作如图 29-9 所示。

　　在弹出的对话框中选择【MAP SERVQ0.0】和【MAP SERVQ0.1】库文件所在的位置，选择后单击【保存】按钮，此过程要操作两次，如图 29-10 所示。

　　选择好后，单击【确认】按钮添加库，如图 29-11 所示。

　　添加库后的完成图如图 29-12 所示。

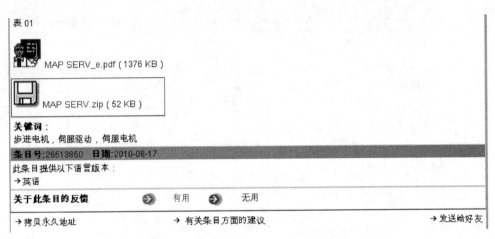

图 29-8 【MAP SERV.zip】的位置

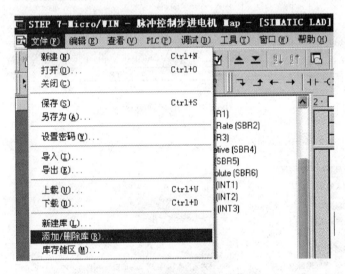

图 29-9 【添加/删除库】的位置

图 29-10 选择要添加的 MAP SERVQ0.0 和 MAP SERVQ0.1 库

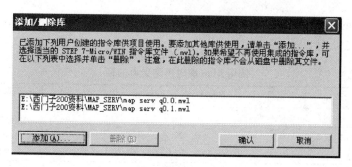

图 29-11 单击【确认】按钮完成添加库的操作

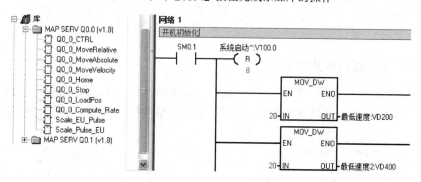

图 29-12 库文件添加完成图

为使用 MAP 库文件完成定位的任务，必须使用三个限位开关，一个正限位开关和一个负限位开关，以及一个用于寻找原点的寻原点开关。下面将使用 MAP 功能块完成此项目。在程序块下面右击后选择【库存储区】选项，如图 29-13 所示。

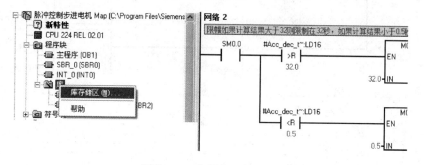

图 29-13 库保存区的图示

然后接受默认地址分配，从 VB0～VB67 共 68 个全局变量，如图 29-14 所示。

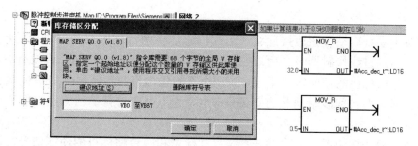

图 29-14 库存储区分配图示

使用 Map 块时，PLC 的输入输出点与采用定位控制向导的方法时所用的 I/O 点是不同的，被预定义的点见表 29-1。

表 29-1　　　　　　　　　　　　　使用 Map 块时预定义点的表

库名称	MAP SERV Q0.0	MAP SERV Q0.1
脉冲输出	Q0.0	Q0.1
方向输出	Q0.2	Q0.3
参考点输入	I0.0	I0.1
所用的高速计数器	HC0	HC3
高速计数器预置值	SMD42	SMD142
手动速度	SMD172	SMD182

● ▌第三步▌ 伺服运行参数的初始化

在网络 1 中，在开机的第一周期进行初始化，使用系统位 SM0.1 作为程序的执行条件，对 1 号伺服和 2 号伺服的最低和最高的运行频率进行设置，单位是脉冲每秒，程序如图 29-15 所示。

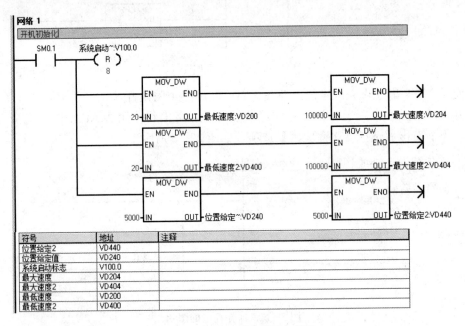

图 29-15　伺服运行参数的初始化

● ▌第四步▌ 系统启动

当用户按下系统启动按钮后接通系统启动标志，将两台伺服驱动器供电的接触器吸合，两台伺服驱动器的进线接触器吸合后，如果这时 1 号贴标机和 2 号贴标机没有故障，则将 1 号贴标机和 2 号贴标机的使能输出接通，则两个逻辑输出将两台施耐德 23D 伺服驱动器加上使能信号，也就是两台伺服驱动器功率部分得电，为下面要进行的回原点操作和绝对位置移动功能做好准备。

当用户按下停止按钮后，程序断开系统启动标志和两台贴标机的使能信号，设备进入停机状态，程序如图 29-16 所示。

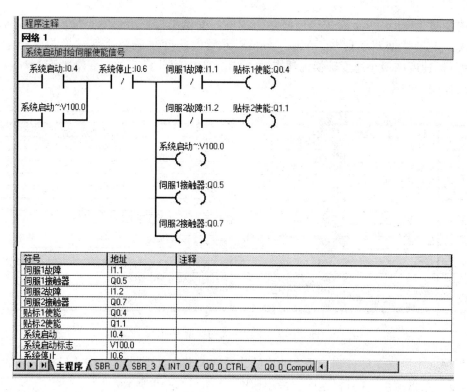

图 29-16　系统启动

● 第五步　调用子程序 3

计算从最低频率到最大频率需要的加减速时间，程序如图 29-17 所示。

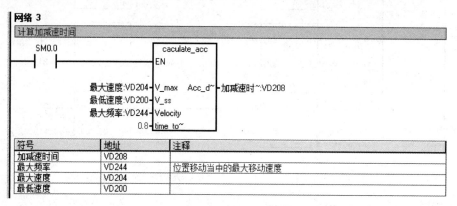

图 29-17　调用子程序 3 计算加速时间

● 第六步　子程序 3 的程序编制

　　在子程序 3 中首先声明逻辑输入、输出和临时变量，输入变量包括最大速度 V＿max，单位脉冲每秒；变量类型双整形，最小速度 V＿ss，单位脉冲每秒；当前速度 Velocity，单位脉冲每秒；输入变量到达目标速度的时间 time＿toVelcity，单位为秒，变量类型浮点数。

　　输出变量 Acc＿dec＿time 为到达最大速度的时间，单位为秒，变量类型为浮点数。

临时变量为 max＿min 最大速度减最新速度，变量类型双整形数；V＿min 目标速度减最小速度，变量类型双整形数；Max＿minR 为最大速度减最新速度转换为浮点数；V＿minR 为目标速度减最小速度转换为浮点数；fator 为中间计算系数，变量类型为浮点数。声明完成后如图 29-18 所示。

	符号	变量类型	数据类型	注释
	EN	IN	BOOL	
LD0	V_max	IN	DINT	最大速度，脉冲每秒
LD4	V_ss	IN	DINT	最小速度，脉冲每秒
LD8	Velocity	IN	DINT	目标速度，脉冲每秒
LD12	time_toVelocity	IN	REAL	到达目标速度的时间
		IN		
		IN_OUT		
LD16	Acc_dec_time	OUT	REAL	到达最大速度的时间,大于0.5小于32s
		OUT		
LD20	max_min	TEMP	DINT	最大速度减最新速度
LD24	V_min	TEMP	DINT	目标速度减最小速度
LD28	Max_minR	TEMP	REAL	最大速度减最新速度转换为浮点数
LD32	V_minR	TEMP	REAL	目标速度减最小速度转换为浮点数
LD36	factor	TEMP	REAL	中间计算系数
		TEMP		

图 29-18 子程序 3 的变量声明区

子程序 3 中网络 1 计算到达最大速度的加减速时间，此时间等于到达目标速度的时间×(最高速度－最低速度)/(目标速度－最小速度)，如图 29-19 所示。

图 29-19 子程序 3 的网络 1 计算最大频率的加速时间

● **第七步** 计算结果的限幅的程序编制

在子程序 2 的网络 2 中完成计算结果的限幅，限幅时，如果计算结果大于 32 则限制在 32s，如果计算结果小于 0.5s 则限制在 0.5s，保证计算结果在 0.5s 和 32s。程序如图 29-20 所示。

● **第八步** 1号伺服驱动器的全部程序

在主程序的网络 4 中直接使用 SM0.0 调用 Q0.0 CTRL 功能块，此功能块用于传递全局参数，因此必须每周期都调用。

Velocity＿SS 是最小输出脉冲频率，是加速过程的起点和减速过程的结束点，此输入管

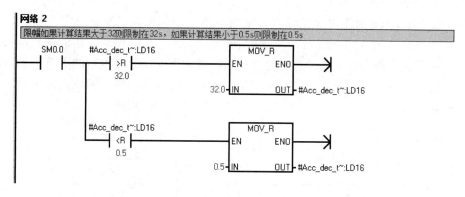

图 29-20　子程序 3 的网络 2 计算结果的限幅

脚的变量类型是双整型，单位为脉冲每秒。

　　Velocity_Max 是最大输出脉冲频率，此数值的设定必须小于步进电动机的最高速度对应的给定频率和 PLC 的最大输出频率 PTO，单位为脉冲每秒。因为在本项目中使用的是 CPU 224XP，PLC 的最大输出频率是 100kHz，如果读者使用的是其他的 200PLC，此处的最大的设置只能小于等于 20000，因为出 224XP 外的 PLC 的最大输出频率都是 20kHz。

　　Accel_dec_time 是由最小频率加速到最大频率的时间，变量类型浮点数。此时间建议设置大于 0.5s，另外要注意的是使用此功能块时，加速时间和减速时间相同，调用 Q0.0CTRL 功能块的程序如图 29-21 所示。

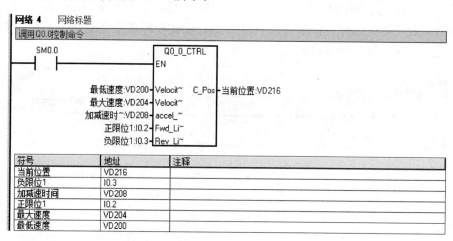

图 29-21　调用 Q0.0CTRL 功能块的程序

　　在 Q0.0 CTRL 功能块后的网络 5 中修改 MAP 功能块相关的默认值，这里修改回原点高速速度为 60000 脉冲每秒，程序如图 29-22 所示。

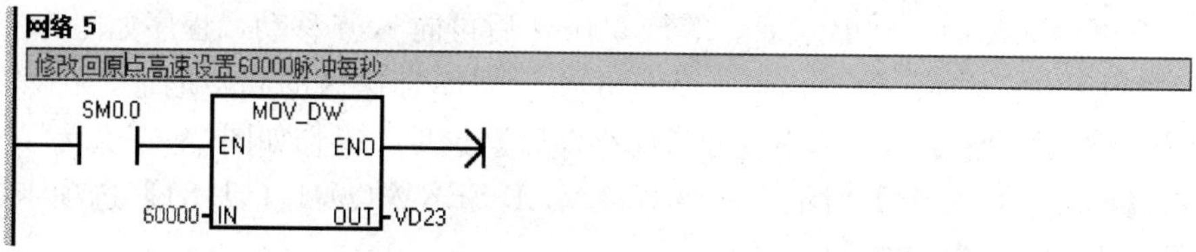

图 29-22　主程序网络 6 修改默认的寻原点高速速度

调用 Q0.0 _ Home 功能块寻找原点（也叫参考点）程序，当按下寻零按钮后，电动机先以 Start _ Dir 规定的方向，以回零高速 Homing _ Fast _ Spd 移动，如果碰到正限位或负限位后，减速停止，然后以相反的方向的寻找；当碰到原点（参考点）的上升沿时，减速到寻零低速，如果此时的方向与 Final _ Dir 变量规定的方向相同，则碰到原点开关的下降沿后停止，同时将计数器 HC0 的值设为 Position 中定义的值，程序如图 29-23 所示。

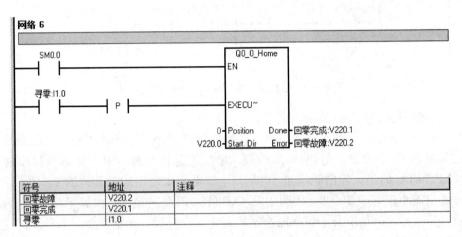

图 29-23 寻原点程序

当寻原点结束后，程序自动移动到 A 点，在到 A 点后，程序延时 200ms，再移动到 B 点，到达 B 点后，程序延时 500ms 再移动到 A 点，如此循环往复完成可按下 I1.0 按钮，则开始绝对定位，程序如图 29-24 所示。

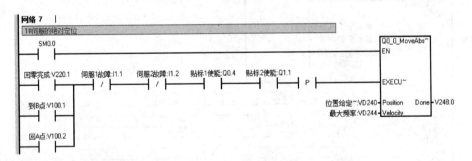

图 29-24 绝对移动位置程序

回零完成后，1 号伺服驱动器先移动到 A 点，到达 A 点后（程序中使用的是大于 4990 并小于 5010 来判断已经到达），先将 B 点的位置给定设置为 12000，然后延时 200ms，时间到后设置 V100.1，在网络 7 中执行到 B 点的动作，程序如图 29-25 所示。

网络 9 与网络 8 类似，到 B 点后，等待 500ms 后再向 A 点移动，程序如图 29-25 所示。

与 Q0.0 脉冲输出相同，添加 Q0.1 库时也要设置库存储区的起始地址，在程序块下的【库】单击鼠标右键，在快捷菜单中选择【库存储区】选项，操作如图 29-27 所示。

然后在【库存储区分配】对话框中选择【MAP SERV Q0.1（v1.8）】选项卡，然后选择起始地址为 VB300，操作如图 29-28 所示。

2 号伺服驱动器的编程与 1♯伺服驱动器的程序类似，限于篇幅，这里就不再赘述了。

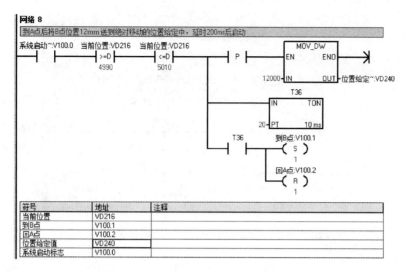

图 29-25　到 A 点后 200ms 后向 B 点移动

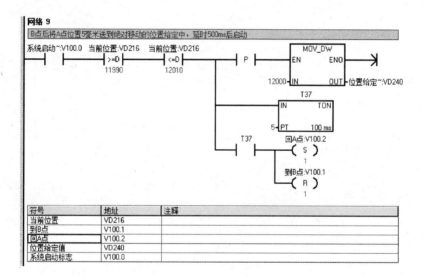

图 29-26　到 B 点后延时 500ms

图 29-27　选择【库存储区】选项

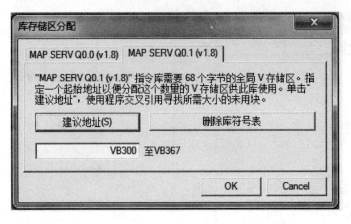

图 29-28　选择 Q0.1 的库存储区起始地址 VB300

案例 30　　PLC 的变量强制、监控和下载

一、案例说明

利用三种程序编辑器都可以在 PLC 运行时监视各元件的执行结果，并且可以监视操作数的数值。利用梯形图编辑器还可以监视在线程序的运行状态。梯形图中被点亮的元件表示处于接触状态，未被点亮的元件表示处于非接触状态。

本案例介绍对变量进行强制、监控并对编辑好的程序进行下载操作。

二、相关知识点

1. 打开监视梯形图的方法

第一种方法是打开【工具】菜单中的【选项】对话框，选择【LAD 状态】选项，然后选择一种梯形图的样式。梯形图可选择的样式包括指令内部显示地址和指令外部显示地址和值。

第二种方法是直接打开梯形图窗口，在工具条中单击【程序状态】按钮。调试工具条如图 30-1 所示。

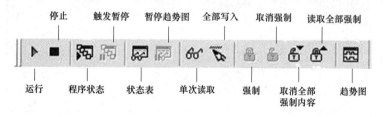

图 30-1　调试工具条

2. 程序的编译

完成程序的编辑后，要进行程序的传送，首先要对程序进行编译，检查程序有无错误。使用菜单命令【PLC】→【编译】进行离线编译，编译结束后在 STEP7-Micro/WIN 编程软件的输出窗口中，会显示程序的语法错误的数量、各条错误的原因，以及这些错误在程序中的位置。另一种编译的方法是单击工具栏中的图标来实现编译，如图 30-2 所示。

编译后如果输出窗口中有错误提示，读者可以使用鼠标左键双击输出窗口中的某一条错误，程序编辑器中的矩形光标将会移到程序中该错误所在的位置。此时，编程人员必须改正程序中的所有错误，并且重新编译成功后才能进行下载。

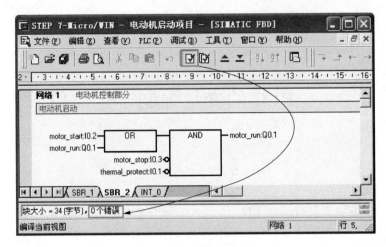

图 30-2 程序的编译图示

3. 清除密码设置

如果设置的 CPU 密码丢失，则读者必须清除 CPU 内存，才能重新下载重装程序。执行清除 CPU 指令并不会改变 CPU 原有的网络地址、波特率和实时时钟；如果有外插程序存储卡，其内容也不会改变。清除密码后，CPU 中原有的程序将不会存在。

清除密码有以下三种方法。

第一种是在 Micro/WIN 编程软件当中，选择菜单【PLC】→【清除】，然后选择程序块、系统块和数据块三种块后，并单击【确定】按钮进行确认即可，如图 30-3 所示。

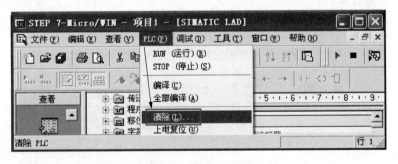

图 30-3 清除的图示

第二种方法是通过程序 wipeout. exe 来恢复 CPU 的缺省设置。这个程序可在 STEP7-Micro/WIN 安装光盘中便可以找到。

第三种清除密码的方法是在 CPU 上插入一个含有未加密程序的外插存储卡，上电后此程序会自动装入 CPU，并且覆盖原有的带密码的程序，这样读者就可以对 CPU 进行自由访问了。

三、 创作步骤

●———第一步 仿真的操作

打开 Micro/WIN SP9 后再打开项目，在【文件】主菜单下选择【导出】选项将项目导

出成 .awl 格式的文件，如图 30-4 所示。

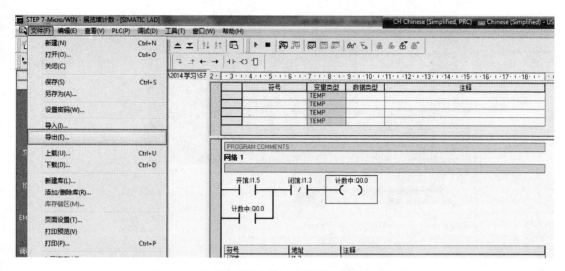

图 30-4　在【文件】菜单下选择【导出】选项的图示

在弹出的对话框中，填写导出的文件 .awl 格式的文件名，如图 30-5 所示。

双击桌面的图标 ，打开 S7-200 的仿真软件，然后输入访问密码，即输入 6596，单击【确定】按钮，如图 30-6 所示。

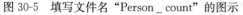

图 30-5　填写文件名 "Person_count" 的图示

图 30-6　要求输入访问密码 6596

在西门子 200PLC 的仿真软件的主菜单下，单击【程序】→【载入程序】选项，装载刚才从 Micro/WIN 导出的 .awl 格式的文件，如图 30-7 所示。

在弹出的【装入 CPU】文本框中勾选【所有】项，并在【导入的文件版本】区域中点选软件版本为【Micro/WIN V3.2，V4.0】后，单击【确定】按钮确认所做选择，如图 30-8 所示。

在西门子 200PLC 的仿真软件中，单击工具条上的运行图标 ，使仿真软件运行，如图 30-9 所示。

在随后弹出的【RUN】消息框中询问是否进入运行模式，单击按钮【Yes】即可，如图 30-10 所示。

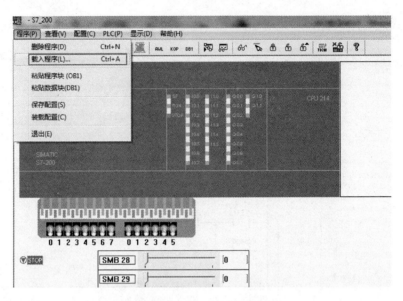

图 30-7　载入 .awl 文件的图示

图 30-8　选择载入文件的范围和版本的图示

图 30-9　运行仿真软件的图示

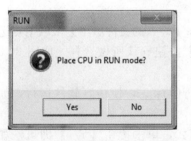

图 30-10　【RUN】消息框的图示

仿真软件运行后，大家可以看到中间绿色的开关为仿真开关，最左侧对应仿真 PLC 的运行状态（SF——故障，RUN——运行，STOP——停止），左侧一排 8 个开关对应逻辑输入点 I0.0～I0.7，中间 6 个开关对应 6 个逻辑 I1.0～I1.5。

值得注意的是右侧的逻辑输出点 Q0.0～0.7 只有指示灯的显示，如图 30-11 所示。

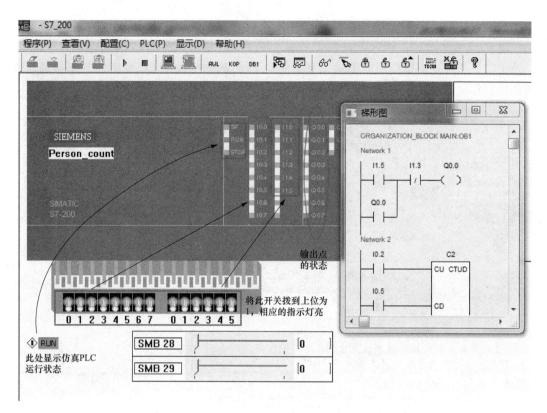

图 30-11　仿真界面图示

● 第二步　程序监控

在西门子 200 PLC 的仿真软件中，单击【程序状态】按钮后还可以对梯形图进行在线监控，如图 30-12 所示。

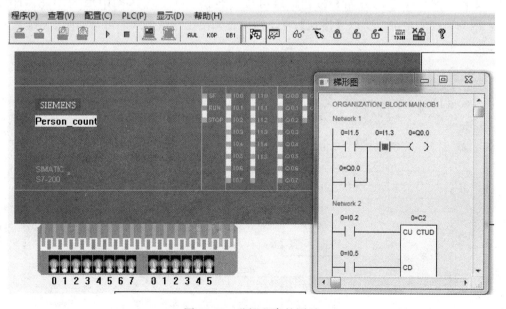

图 30-12　监视程序的图示

仿真时，使用鼠标左键单击逻辑输入开关就强制了所选的输入点，这里单击的是I1.5开关，将I1.5置为"1"，相对应的I1.5灯将会变亮，在梯形图中I1.5的动合触点呈现为蓝色，处于接通状态，根据程序的逻辑关系，此时PLC的输出线圈Q0.0应该处于接通状态，变为蓝色，程序的变化如图30-13所示。

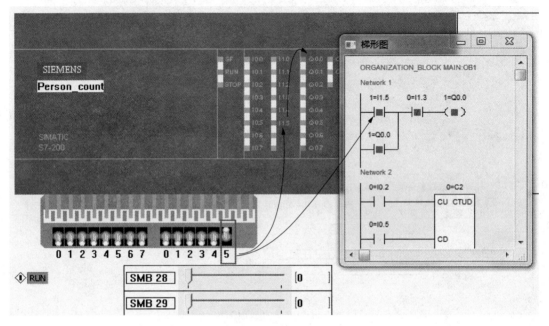

图30-13 使用仿真程序模拟启动点的接通

西门子S7-200 PLC的仿真软件使用【状态表】进行仿真，其效果和操作与真实的PLC设备在线调试是一样的，单击【状态表】按钮后，在【状态表】的【地址】输入栏中输入要监控的变量，然后单击【开始】按钮，就可以进行仿真了。在本例中填入I1.5、I1.3和Q0.0，因为监控的是位，所以【格式】栏不需设置，使用默认格式即可，如图30-14所示。

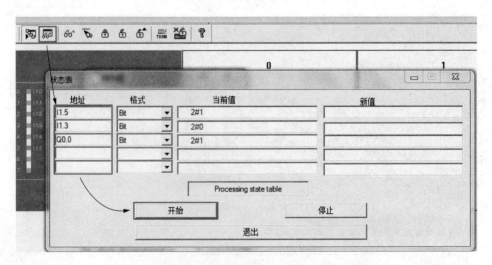

图30-14 使用仿真软件的状态表

第三步　装载逻辑输入指令 LD 的仿真操作

笔者在这里通过一个仿真的程序来解读逻辑输入指令 LD 装置的应用，在这段程序中读者可以看到 I0.0 接通，以及 I0.0 与 I0.1 都接通后的不同运行状态，如图 30-15 所示。

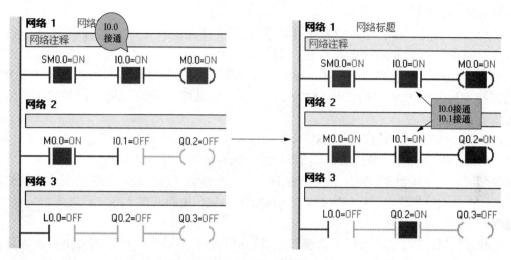

图 30-15　逻辑取（装载）及线圈驱动指令仿真图示

第四步　断电延时定时器 TOF 的程序仿真

接通延时定时器 TON 和断电延时定时器 TOF 应用的仿真如图 30-16 所示。

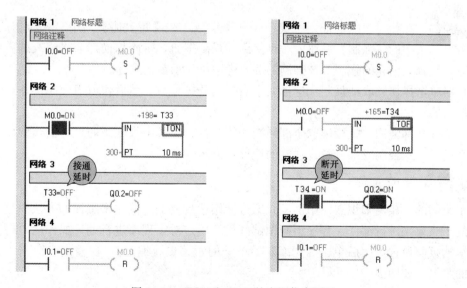

图 30-16　TON 和 TOF 的应用仿真图示

在图 30-16 左侧的程序中，T33 使用 TON 接通延时定时器时，在网络 3 中动合触点 T33 是断开的，直到定时器设定的时间 3s 到达才接通。在图右侧的程序中，T34 使用 TOF 断开延时定时器时，在网络 3 中动合触点 T34 是吸合的，直到定时器设定的时间 3s 到达才会断开。

● ━━ 第五步 用状态表监控程序

STEP 7-Micro/WIN 编程软件可以使用状态表监视用户程序，在程序运行时，可以用状态表来读、写、监视和强制 PLC 的内部变量。并可以用强制操作修改用户程序，给程序的调试带来很大的方便。

使用状态表时，在引导条中单击【状态图】或【视图】菜单中的【状态图】命令。当程序运行时，可以使用状态表来读、写、监视和强制其中的变量。未启动状态表时，可在状态表中输入要监视变量的地址和数据，定时器和计数器可按位或按字监视。如果按位监视，则显示的是它们输出位的 0/1 状态；如果按字监视，则显示的是它们的当前值。

用状态表强制改变数值时，在 RUN 方式且对控制过程影响较小的情况下，可以对程序中的某些变量强制性的赋值。在输入读取阶段，强制值被当作输入读入；在程序执行阶段，强制数据用于立即读和立即写指令指定的 I/O 点；在通信处理阶段，强制值用于通信的读/写请求；在修改输出阶段，强制数据被当作输出写入输出电路。进入 STOP 方式时，输出将为强制值，而不是系统块中设置的值。

强制 V、M、T 或 C，可以用来模拟逻辑条件；强制 I/O 点，可以用来模拟物理条件，这些功能对调试程序非常方便。但同时强制可能导致程序出现无法预料的情况，甚至引起事故，所以进行强制操作时要特别注意。

(1) 全部写入：完成对状态表中变量的改变后，可用全部写入功能将所有的改动传送到 PLC。执行程序时，修改的数值可能被改写成新数值。物理输入点不能用此功能改动。

(2) 强制：在状态表的地址列中选中一个操作数，在【新数值】列中写入希望的数据，然后单击工具条中的【强制】按钮。一旦使用了强制按钮，每次扫描都会将修改的数值用于该操作数，直到取消它的强制。被强制的数值旁边将显示锁定图标。

(3) 对单个操作数取消强制：选择一个被强制的操作数，然后作取消强制操作，锁定图标将会消失。

(4) 读取全部强制：执行读取全部强制功能时，状态表中被强制的地址的当前值列将在被显示强制、隐式强制或部分隐式强制的地址处显示一个图标。

● ━━ 第六步 编译

在本案例的"相关知识点"中已经介绍过使用工具栏上的按钮来编译的方法，这里使用菜单中的子菜单来进行编译，程序编制调试好后，用户对主程序进行编译操作时，应该在主程序的编辑页面设置，然后单击【PLC】菜单下的子菜单【编译】，在输出窗口下将会显示出编译的结果，如图 30-17 所示。

● ━━ 第七步 S7-200 CPU 中的出错处理

西门子 S7-200 CPU 将错误分为致命错误和非致命错误。可以通过选择【PLC】→【信息】菜单命令，来弹出【PLC 信息对话框】，从而查看因错误而产生的错误代码。

【Last Fatal 区】显示 S7-200 发生的前一致命错误代码。如果 RAM 区是掉电保持的，则

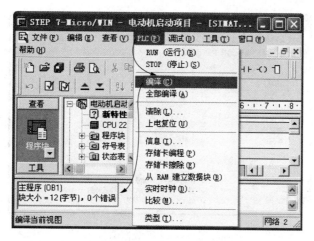

图 30-17　PLC 菜单的子菜单与主程序的编译图示

这个数据也会保持。当 S7-200 全清或者 RAM 区掉电保持失败时，该区也被清除。

【Total Fatal 区】是前一次 CPU 清除所有存储区后产生致命错误的次数。如果 RAM 区是掉电保持的，则这个次数也会保持。当 S7-200 全清除或者 RAM 区掉电保持失败时，该区也被清除。

第八步　下载前的设置

下载项目的作用是将当前项目从 STEP7-Micro/WIN 编程软件中复制到控制器 PLC 的存储器当中，下载前将 PLC 设置在 STOP 模式。

设置 STOP 状态的方法是使用工具条中的【停止】按钮，或选择【PLC】菜单中的【STOP（停止）】项，就可以进入 STOP 状态了，如图 30-18 所示。

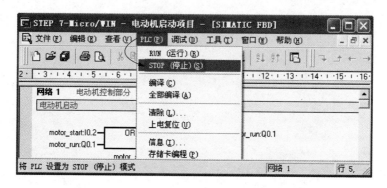

图 30-18　设置 PLC 进入 STOP 状态的图示

第九步　下载

从 STEP7-Micro/WIN 编程软件中下载程序到 PLC 当中，首先要单击工具条中的下载按钮，或选择【文件】→【下载】选项，将会出现下载对话框，用户可以选择下载程序块、数据块和系统块。单击【确认】按钮后，开始下载信息。下载成功后，确认框将会显示【下载成功】，下载框如图 30-19 所示。

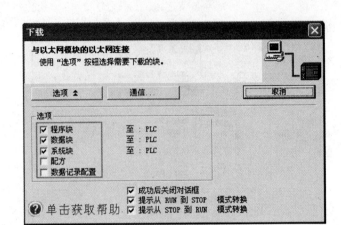

图 30-19　下载框图

案例 31　变频器 G120 的 PROFINET 通信

一、　案例说明

PROFINET 是用于自动化的开放式工业以太网标准，是基于工业以太网采用 TCP/IP 和 IT 标准的一种实时以太网，PROFINET 能够实现现场总线系统的无缝集成。

在本例中，首先在"相关知识点"中介绍了 PROFINET 网络的内容，在熟悉了 PROFINET 协议报文格式之后，详细介绍了 S7-300 PLC 和变频器 G120 的 PROFINET 通信的硬件组态，然后通过调用 300 PLC 中的发送和接收功能块来实现 PROFINET 协议报文的发送和接收，使读者熟悉 G120 变频器的参数设置。

二、　相关知识点

1. PROFINET 协议架构

传统的以太网使用 CSMA/CD（带有冲突监测的载波监听多路访问）协议实现介质访问控制，虽然工业以太网可使用标准的通信协议（如 TCP/IP 或 UDP/IP）来提高其实时性，但数据包的传输时延很大程度上依赖网络负载而不能预先确定，因此标准协议通信过程中会产生帧过载现象，这将加大传输时延及处理器计算时间，从而延长发送周期，严重影响网络的实时性。为此 PROFINET 通过对发送器和接收器的通信栈进行实时性优化，可保证同一网络中不同站点可以在一个确定时段内完成时间要求严苛的数据传输。

PROFINET 通过软实时和硬实时方案对 ISO/OSI 参考模型的第 2 层进行了优化，此层内所改进的实时协议对数据包的寻址不是通过 IP 地址实现的，而使用接收设备的 MAC 地址，同时保证与其他标准协议在同一网络中的兼容性。PROFINET 的通信协议架构如图 31-1 所示。

另外，PROFINET 有模组化的结构，用户可以依其需求选择层叠的机能。各机能的差异在于为了满足高速通信的需求对应资料交换种类的不同。

PROFINET 可分为 PROFINET CBA 及 PROFINET IO 两种，其中 PROFINET CBA 适合于经由 TCP/IP，以元件为基础的通信，而 PROFINET IO 则使用在需要实时通信的系统。PROFINET CBA 和 PROFINET IO 可以在一个网络中同时出现。

PROFINET IO 是为分散式周边的实时（RT）及等时实时（IRT）通信所设计的。其名称 RT 及 IRT 只是在说明配合 PROFINET IO 通信时的实时特性。

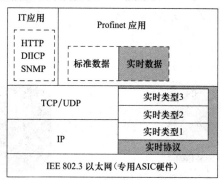

图 31-1　PROFINET 的通信协议架构

2. PROFINET 网络安装

PROFINET 支持星形、总线形和环形拓扑结构。为了减少布线费用，并保证高度的可用性和灵活性，PROFINET 提供了大量的工具帮助用户方便地实现 PROFINET 的安装。特别设计的工业电缆和耐用连接器满足 EMC 和温度要求，并且在 PROFINET 框架内形成标准化，保证了不同制造商设备之间的兼容性。

3. PLC 与变频器连接的常用方法

PLC 与变频器一般有三种连接方法：第一种是利用 PLC 的模拟量输出模块控制变频器；第二种是利用 PLC 的开关量输出控制变频器；第三种 PLC 与 485 通信接口的连接。

（1）利用 PLC 的模拟量输出模块控制变频器。PLC 的模拟量输出模块输出 0～5V 电压信号或 4～20mA 电流信号，作为变频器的模拟量输入信号。控制变频器的输出频率如图 3-1 所示。这种控制方式接线简单，但需要选择与变频器输入阻抗匹配的 PLC 输出模块，且 PLC 的模拟量输出模块价格较为昂贵，此外还需采取分压措施使变频器适应 PLC 的电压信号范围，在连接时还需注意将布线分开，保证主电路一侧的噪声不传至控制电路。

（2）利用 PLC 的开关量输出控制变频器。PLC 的开关输出量一般可以与变频器的开关量输入端直接相连，如图 3-2 所示。这种控制方式的接线简单，抗干扰能力强。利用 PLC 的开关量输出可以控制变频器的启动/停止、正/反转、点动、转速和加/减时间等，能实现较为复杂的控制要求，但只能有级调速。

使用继电器触点进行连接时，有时存在因接触不良而误操作的现象；使用晶体管进行连接时，则需要考虑晶体管自身的电压、电流容量等因素，保证系统的可靠性。另外，在设计变频器的输入信号电路时还应该注意到，输入信号电路连接不当，有时也会引起变频器的误动作。例如，当输入信号电路采用继电器等感性负载，继电器开闭时，产生的浪涌电流带来的噪声有可能引起变频器的误动作，应尽量避免。

（3）PLC 与变频器 485 通信接口的连接。所有的标准西门子变频器都有一个 85485 串行接口（有的也提供 RS-232 接口），采用双线连接，其设计标准适用于工业环境的应用对象。单一的 85485 链路最多可以连接 30 台变频器，而且根据各变频器的地址或采用广播信息，都可以找到需要通信的变频器。链路中需要有一个主控制器（主站），而各个变频器则是从属的控制对象（从站）。

三、 创作步骤

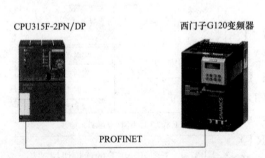

图 31-2　G120 的系列变频器与 CPU315F-2PN/DP 的通信示意图

第一步　**通信连接图**

G120 的系列变频器与装有 Memory Card 512KByte 的 CPU315F-2PN/DP 的通信示意图如图 31-2 所示。

第二步　**创建项目并进行硬件组态**

首先打开 TIA V13，单击【启动】→【创建新项目】选项，输入项目名称为"G120 的

PROFIMET 通讯"，然后单击【创建】按钮，如图 31-3 所示。

图 31-3 创建新项目

单击【添加新设备】→【控制器】选项，然后选择【CPU315F-2PN/DP】选项，然后单击【添加】按钮，如图 31-4 所示。

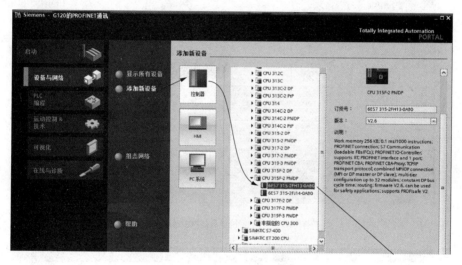

图 31-4 添加 PLC 的操作

添加一个电源模块 PS307 5A 时，单击【硬件目录】→【PS】选项，然后选择电源模块双击即可，如图 31-5 所示。

在【设备视图】下，单击添加好的 CPU，在【属性】选项卡中单击【PROFINET 接口】下的【以太网地址】选项，然后在【以太网地址】的【接口连接到】选项下，单击【添加新子网】按钮，添加后在子网中会显示【PN/1E＿1】，IP 地址设置为 192.168.0.1，如图 31-6 所示。

●——— 第三步 添加 G120 变频器

在【硬件目录】下，选择【其他现场设备】→【Drives】→【Siemens/AG】→【SINAMICS】→【SINAMICS G120 CU240E-2 PN（-F）V4.5】选项，然后单击 PROFINET 网络放置 G120，如图 31-7 所示。

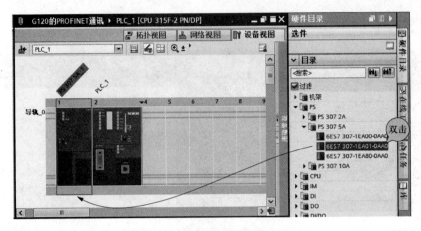

图 31-5　添加电源模块的图示

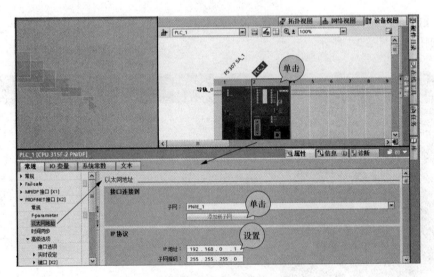

图 31-6　PROFINET 网络添加

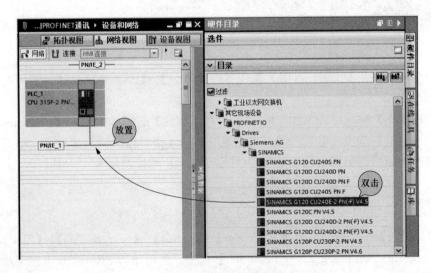

图 31-7　网络添加变频器

在 PROFINET 网络中添加完的 G120 会显示在网络视图中，但会显示"未分配"，用户需要使用鼠标左键单击 G120 的接口，然后再单击 PLC＿1 的 PROFINET 接口就可以完成将 G120 连接到 PLC 的操作了，连接完成后，用户可以看到 PROFINET IO System 网络，G120 变频器上的"未分配"也变成了"PLC＿1"了，如图 31-8 所示。

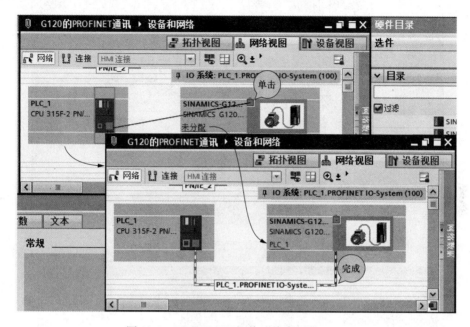

图 31-8　PROFINET 网络连接变频器 G120

● 第四步　设置 G120 的网络属性

单击【网络】视图中的 G120 的接口，在【属性】页面中，单击【常规】选项卡下的【以太网地址】选项，勾选【使用 IP 协议】后，再点选【在项目中设置 IP 地址】，并设置 IP 地址为 192.168.0.2，如图 31-9 所示。

添加变频器 G120 与 PLC＿1 通信的报文结构。添加变频器 G120 与 PLC＿1 通信的报文结构时，在【设备视图】中选择 G120 的视图，然后在【硬件目录】中双击【子模块】下的【SIEMENS telegram 352，PZD 6/6】选项，那么在【属性】页中的【Drive＿1】中就会添加这个与 PLC＿1 通信的报文结构了，如图 31-10 所示。

● 第五步　添加 PLC 系统中的输入输出模块

在 PLC 系统中添加输入输出模块，方法是在【设备视图】中，单击【设备选项】按钮，在下拉列表中选择【PLC＿1】，此时，设备视图就会显示 PLC 系统，单击 PLC 系统后，在【硬件目录】中找到要添加的【DI/DO】下的【6ES7 323-IBL00-0AA0】，单击后拖拽到要添加的插槽中即可，如图 31-11 所示。

用同样的方法添加 AI/AO 模块，添加完成后如图 31-12 所示。

● 第六步　变频器 G120 的参数设置

首先，修改 G120 变频器控制的电动机参数，将 P10 参数改为"1"。

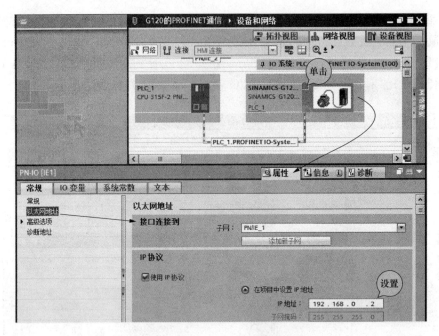

图 31-9　设置 G120 变频器的 IP 地址

图 31-10　添加变频器 G120 与 PLC_1 通信的报文结构

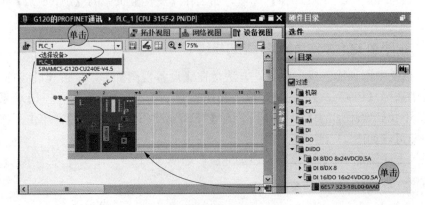

图 31-11　插入 DI/DO 模块

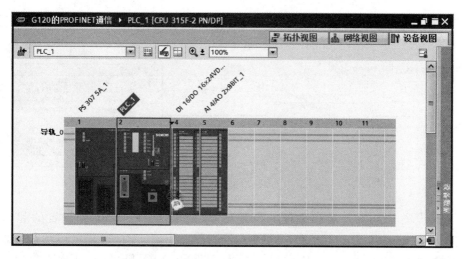

图 31-12 添加完 AI/AO 模块的 PLC 系统设备视图

然后按照电动机的铭牌上的标示来设置电动机的相关参数，如电动机额定电流、功率、转速，参数号为从 P300 至 P311。

修改 G120 变频器和 PLC 通信报文格式，即 P922 设置为西门子标准报文"SIEMENS Telegram 352，PZD-6/6"。使报文格式与 TIA V13 的硬件组态中的报文格式一致。

状态字设置报文结构，其内容如下：r2089 为变频器 16 位的状态字；r63 为变频器频率反馈；r68 为变频器实际电流反馈；r80 为实际转矩反馈；r2132 为报警状态值反馈；r2131 为故障状态值反馈。

工程项目通过变频调速后，能够设置相应的转矩极限来保护机械不致损坏，从而保证工艺过程的连续性和产品的可靠性。目前的变频技术不仅使得转矩极限可调，甚至转矩的控制精度都能达到 3%～5%。在工频状态下，电动机只能通过检测电流值或热保护来进行控制，而无法像在变频控制一样设置精确的转矩值来动作。

第七步 调用读写通信参数功能块

变频器 G120 使用 SIEMENS telegram 352，PZD6/6 格式使用的地址，输入 I256～I267，输出 Q256～Q267，如图 31-13 所示。

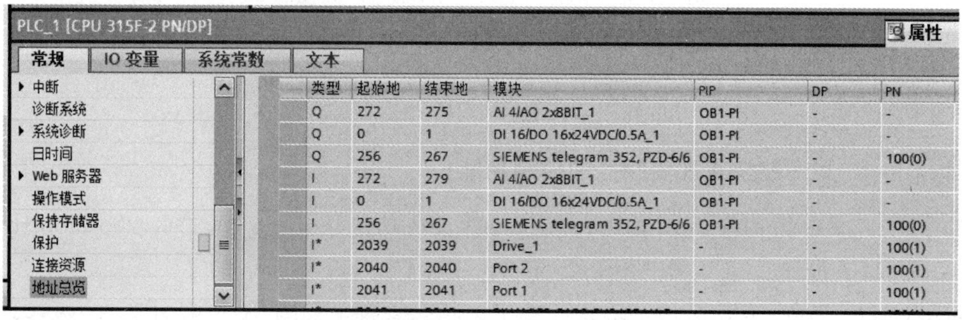

	类型	起始地	结束地	模块	PIP	DP	PN
中断	Q	272	275	AI 4/AO 2x8BIT_1	OB1-PI	-	-
诊断系统	Q	0	1	DI 16/DO 16x24VDC/0.5A_1	OB1-PI	-	-
系统诊断	Q	256	267	SIEMENS telegram 352, PZD-6/6	OB1-PI	-	100(0)
日时间	I	272	279	AI 4/AO 2x8BIT_1	OB1-PI	-	-
Web 服务器	I	0	1	DI 16/DO 16x24VDC/0.5A_1	OB1-PI	-	-
操作模式	I	256	267	SIEMENS telegram 352, PZD-6/6	OB1-PI	-	100(0)
保持存储器	I*	2039	2039	Drive_1	-	-	100(1)
保护	I*	2040	2040	Port 2	-	-	100(1)
连接资源	I*	2041	2041	Port 1	-	-	100(1)
地址总览							

图 31-13 G120 输入输出地址

在程序 OB1 中调用 DPRD_DAT 及 DPWR_DAT，DPRD_DAT 为从变频器侧周期性读取其状态字，DPWR_DAT 为 PLC 周期性地发出报文控制变频器，目的是建立 PLC 与变频器的通信，添加程序段 1 后，在扩展指令中单击指令 DPPD＿DAT 后，拖放至程序段 1 上，如图 31-14 所示。

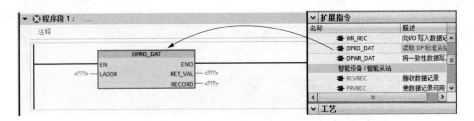

图 31-14　指令 DPPD＿DAT 的调用

LADDR 设置 PLC 输入输出地址的首地址，由于之前硬件组态中设置的起始地址为 256，因此这里设为 W＃16＃100（256 的十六进制数）；RECORD 定义为 PLC 与变频器交换数据的空间，这里 DPRD＿DAT 中设为 P＃DB4.DBX0.0 BYTE 12，DPWR＿DAT 中设为 P＃DB3.DBX0.0 BYTE 12，意为 12 个字节发送与接收；在此之前必须先新建 DB3 和 DB4 两个数据块，并至少分别分配 12 个字节数据块。RET＿VEL 存放通信状态信息，这里需要用 Word 的格式，本例中分别设为 MW100 和 MW102。如图 31-15 所示。

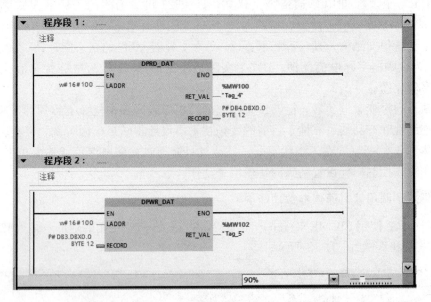

图 31-15　DPRD＿DAT 及 DPWR＿DAT 的管脚输入

● ▬▬ 第八步 写功能块实现变频器的控制功能

在 TIA V13 中的程序编辑器中，新建一个 FB 功能块，名称为 "G120＿control 功能块"，如图 31-16 所示。

创建 G120＿control 功能块的输入、输出、状态管脚，如图 31-17 所示。

然后定义变频器初始化语句，在功能块的一开始把 W＃047E 赋值给控制字的临时变量。

程序首先判断运行标志 ＃run＿flag 是否为 "1"，如果不是 "1" 则将 W＃047E 赋值给控制字的临时变量，然后将 ＃run＿flag 置位为 "1"，如果此变量运行标志 ＃run＿flag 为

图 31-16 创建一个新的 FB 块

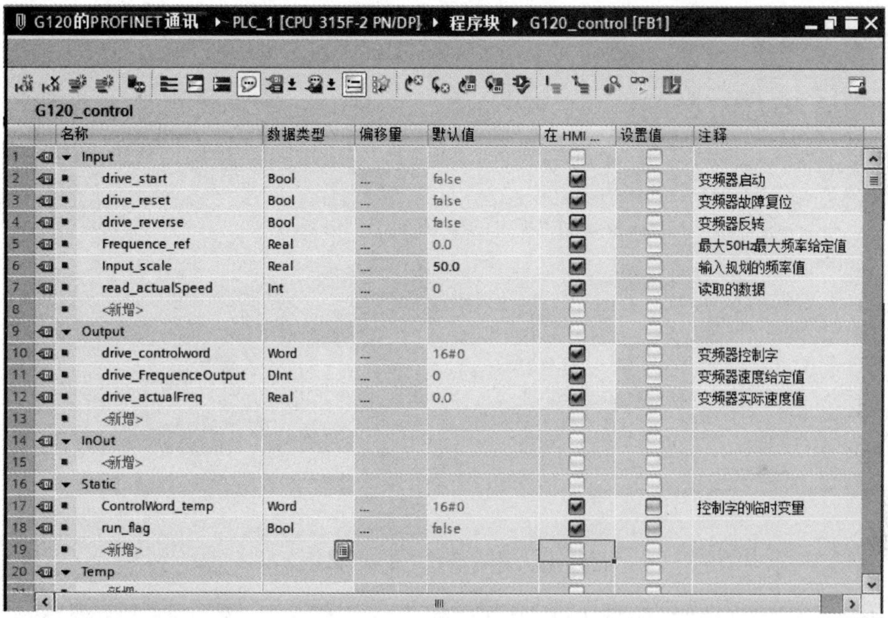

图 31-17 G120 _ control 功能块的输入、输出、状态管脚

"1"，则直接跳转到 G120C 处，G120 _ control 功能块的程序段 1 如图 31-18 所示。

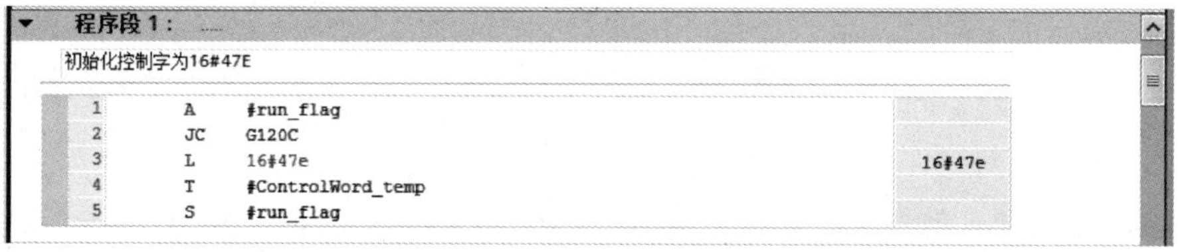

图 31-18 G120 _ control 功能块的程序段 1

在程序中定义变频器基本控制字，变频器的常用控制字一共有 16 位，第 1、第 8 和第 11 位分别代表启停、复位和反转功能，在程序中判断相应的位是否为"1"，如为"1"则将控制字的临时变量 ♯Controlword _ temp 分别与 16♯1、16♯8、16♯400 进行按字或的运算，达到将控制字的第 1、第 8 和第 11 位设置为"1"的目的，如果第 1、第 8 和第 11 位分别代表启停、复位和反转的位为"0"，则分别将控制字的临时变量 ♯Controlword _ temp，分别

与16#FFFE、16#FF7E 以及16#FBFF 相与实现程序中将控制字的第1、第8和第11位设置为"0"的目的，如图31-19 所示。

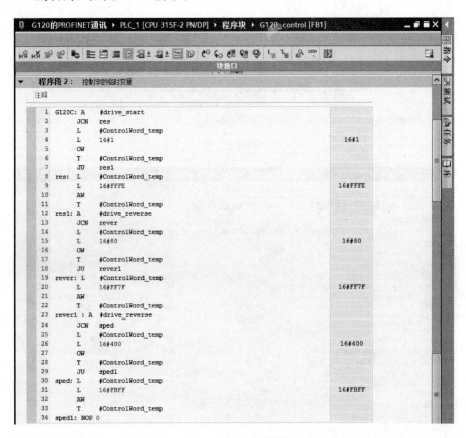

图31-19　程序段2中的逻辑运算

在程序段3中，将控制字的临时变量#Controlword _ temp 输出到变频器控制字中，程序如图31-20 所示。

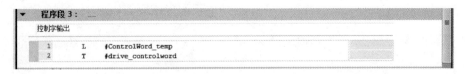

图31-20　变频器的控制字

将0～50Hz 的浮点数数据给定值转换为0～16384 的整型数据，使用 Trunc 指令将频率给定值转换为整型数据，程序如图31-21 所示。

在程序段5中，将读取的实际变频器运行速度转换为0～Inputscale 的频率值，计算实际运行频率的程序如图31-22 所示。

此功能块编写完成后，需要在 OB1 组织块中调用，因为已经编写成了功能块，因此在OB1 中调用时需注意变频器的控制字、实速度给定以及实际运行速度等需要与 OB1 中调用的 DPRD _ DAT、DPWR _ DAT 功能块读回的 DB3 和 DB4 中的数据相对应，TIA 软件自动生成背景数据块，启动按钮％I0.0，复位按钮％I0.4，反转按钮％I0.2，读取的变频器速度程序段 4：

输出频率给定值

```
1        L      #Frequence_ref
2        L      #Input_scale
3        /R
4        L      16384.0                        16384.0
5        *R
6        TRUNC
7        T      #drive_FrequenceOutput
```

图 31-21 计算变频器频率给定值

程序段 5：

计算实际运行频率

```
1        L      #read_actualSpeed
2        ITD
3        DTR
4        L      #Input_scale
5        *R
6        L      16384.0                        16384.0
7        /R
8        T      #drive_actualFreq
9
```

图 31-22 计算实际运行频率

DB4.DBW2，写控制字 DB3.DBW0，速度给定值 DB3.DBW2。变频器速度给定值由 MD20 中的值进行设置，实际变频器运行速度值放置在 MD24 中，完成的程序如图 31-23 所示。

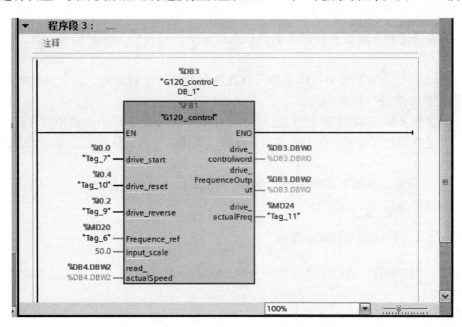

图 31-23 在 OB1 中调用 G120_control

至此，整个变频器的编程结束。

变频器 G120 的自由功能块在自动喷漆设备上的应用

一、案例说明

变频器 G120 的 BiCo 功能是西门子变频器特有的功能，能够灵活地把变频器的输入和输出功能联系在一起，方便客户根据实际工艺需求来灵活定义变频器的端口。

在本例中，通过一个自动喷漆设备的案例来说明如何使用变频器 G120 的 BiCo 功能。

二、相关知识点

1. 西门子的 BiCo 功能

在西门子变频器的参数表中，在一些参数名称的前面被冠有"BI:"，"BO:"，"CI:"，"CO:"，"CO/BO"，它们的含义如下。

（1）BI 是二进制互联输入，即参数可以选择和定义输入的二进制信号，通常与"P 参数"相对应。

（2）BO 是二进制互联输出，即参数可以选择输出的二进制功能，或作为用户定义的二进制，通常与"r 参数"相对应。

（3）BI 参数可以与 BO 参数相连接，只要将 BO 参数值添写到 BI 参数中即可。

（4）CI 是内部互联输入，即参数可以选择和定义输入量的信号源，通常与"P 参数"相对应。

（5）CO 是内部互联输出，即参数可以选择输出量的功能，或作为用户定义的信号输出。通常与"r 参数"相对应。

2. 控制单元 CU240E-2 的端子介绍

控制单元 CU240E-2 使用内部电源，开关闭合后，数字量输入变为高电平时的接线如图 32-1 所示。

控制单元 CU240E-2 使用外部电源时，开关闭合后，数字量输入变为高电平。接线如图 32-2 所示。

控制单元 CU240E-2 使用内部电源，开关闭合后，数字量输入变为低电平时的接线如图 32-3 所示。

控制单元 CU240E-2 使用外部电源，开关闭合后，数字量输入变为低电平时的接线如图 32-4 所示。

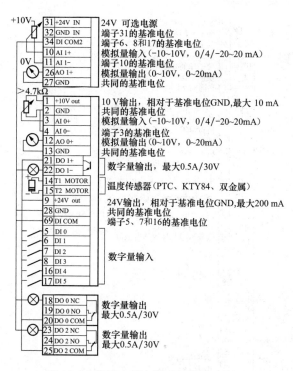

图 32-1 使用内部电源时的接线 1 图示

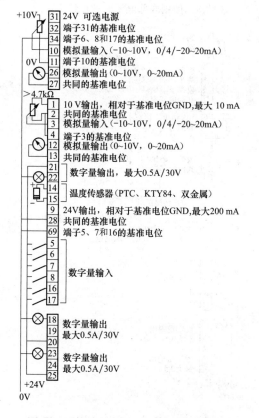

图 32-2 使用外部电源时的接线 1 图示

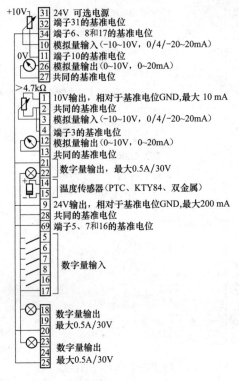

图 32-3　使用内部电源时的接线 2 图示

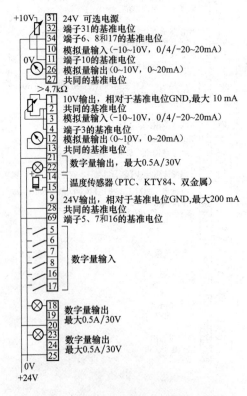

图 32-4　使用外部电源时的接线 2 图示

三、 创作步骤

第一步 自动喷漆设备介绍

自动喷漆设备示意图如图 32-5 所示。

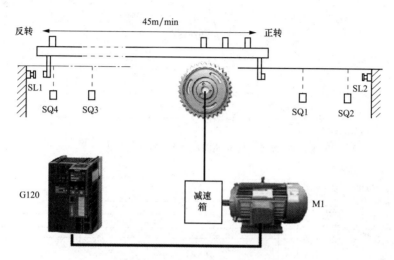

图 32-5 自动喷漆设备示意图

第二步 自动喷漆的工作循环

在本例中，QA1 是自锁按钮开关，即第一次按下 QA1 时，QA1 接通并保持，即自锁，在 QA1 第二次被按下时，QA1 断开，同时，QA1 按钮开关会弹起来。

自动喷漆设备的工作过程是按下启动按钮 QA1 后，工作台以 45m/min 的速度快速右移，此时，变频器正转，频率是 45Hz，在触碰位置开关 SQ1 后，移动速度降至 5m/min，变频器此时以正转 5Hz 的速度进行移动，当触碰到位置开关 SQ2 时，变频器停止运行，工作台在 SQ2 的位置上停止 3min，用来卸下已喷好漆的工件，装上待喷漆的工件。

然后工作台以 45m/min 快速左移，此时变频器反转，频率是 45Hz，当碰到 SQ3 位置开关时，移动速度降至 5m/min，此时变频器输出 5Hz，当工作台移动触碰到位置开关 SQ4 时，工作台停止移动，停止时间是 35min，用来进行喷漆操作。当时间到达后，工作台自动右移，这就是一个工作循环过程，如图 32-6 所示。

第三步 变频器 G120 的电气设计

在本例中，工作台的移动是通过西门子变频器 G120 对电动机进行控制的，因为本项目需要 6 个逻辑输入，所以本项目的控制单元采用 CU240E-2 系列，变频器的电气原理图如图 32-7 所示。

另外，当碰到限位开关 SQ1 或 SQ2 时，如果工作台没有停止，那么继续移动就会碰到极限开关 SL1 或 SL2，此时，就会强制变频器进行停止，起到终端保护的作用。

第四步 变频器的宏参数设定

修改 P0015 参数，设置 P0010＝1，修改 P0015＝3，设置 P0010＝0。这样，宏参数就设

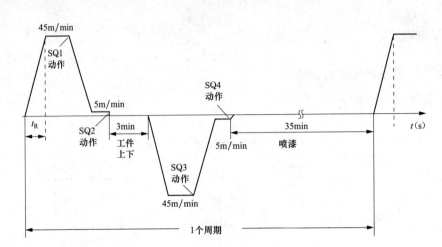

图 32-6 自动喷漆的工作循环示意图

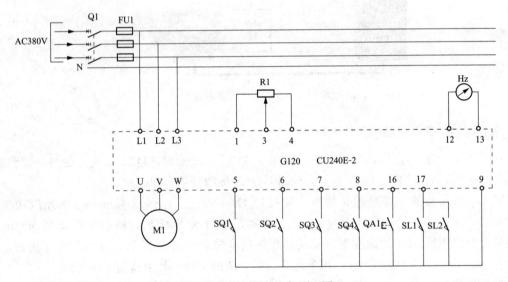

图 32-7 变频器的电气原理图

置为宏程序 3，单方向四个固定转速。

启停控制：电动机的启停通过数字量输入 DI0 控制。

速度调节：转速通过数字量输入选择，可以设置四个固定转速，数字量输入 DI0 接通时采用固定转速 1，数字量输入 DI1 接通时采用固定转速 2，数字量输入 DI4 接通时采用固定转速 3，数字量输入 DI5 接通时采用固定转速 4。多个 DI 同时接通时将多个固定转速相加。P1001 参数设置固定转速 1，P1002 参数设置固定转速 2，P1003 参数设置固定转速 3，P1004 参数设置固定转速 4。默认情况下：DI0 同时作为启停命令和固定转速 1 选择命令，也就是任何时刻固定转速 1 都被选择。宏参数 3 的参数设置如图 32-8 所示。

G120 的数字量端子的对应关系是：端子 5 对应数字量输入 DIN0，端子 6 对应数字量输入 DIN1，端子 7 对应数字量输入 DIN2，端子 8 对应数字量输入 DIN3，端子 16 对应数字量输入 DIN4，端子 17 对应数字量输入 DIN5；使用 DIN5 启动/停止运行周期。

参数号	参数值	说明	参数组
P840 [0]	r722.0	数字量输入 DI0 作为启动命令	CDS0
P1020 [0]	r722.0	数字量输入 DI0 作为固定转速 1 选择	CDS0
P1021 [0]	r722.1	数字量输入 DI1 作为固定转速 2 选择	CDS0
P1022 [0]	r722.4	数字量输入 DI4 作为固定转速 3 选择	CDS0
P1023 [0]	r722.5	数字量输入 DI5 作为固定转速 4 选择	CDS0
P2103 [0]	r722.2	数字量输入 DI2 作为故障复位命令	CDS0
P1070 [0]	r1024	转速固定设定值作为主设定值	CDS0

图 32-8　宏参数 3 的参数设置

P003＝3：选择参数访问等级为专家级别。

P1000.0＝3：选择固定频率为频率给定源。

● ━━ 第五步　固定频率的设定

参数 P1001、P1002 和 P1003 是用来设定固定频率的参数。本例中设定的频率如下：

(1) P1001.0＝45，设定第一段频率为 45Hz。

(2) P1002.0＝5，设定第二段频率为 5Hz。

(3) P1003.0＝5，设定第三段频率为 5Hz。

(4) P1016＝1，在此模式中通过转速固定设定值 P1001…P1004 给定设定值。

● ━━ 第六步　运行命令的自由功能块编程

本案例中的启动命令使用 D 触发器 DFR0 来完成正向 ON/OFF1 的启动信号，RFR0 来完成反向 ON/OFF1 的启动信号。

在 D 触发器 DFR0 中，将运行命令 DIN5 与反向停止脉冲延时 35min 时间到的运算结果作为 D 触发器 DFR0 置位输入，也就是说，当 DIN5 为高电平、并且反向延时到时输出正向运行信号；正向停止限位复位功能块输入，工作台碰到正向停止限位给出正向运行停止信号；将正向停止限位取反作为 D 输入，将 DIN5 接到存储位输入，这样在没有碰到正向停止限位时，DIN5 的上升沿将启动变频器的正向运行。

(1) 使用接通定时器 PDE0 功能块进行定时，碰到正向限位 SQ2 后 180s 输出 r20160。

P20158＝722.1 当碰到正向限位 SQ2 开始计时。

P20159＝180000 定时时间 3min，180s 即 180000ms，延时 180s 后输出 r20160。

P20161＝3，执行周期 3，执行周期设置值为 32ms。

P20162＝4，功能块执行顺序第一个。

使用与功能块 AND0，将 DIN5 信号和正向限位定时器 1 时间到达信号相与。

P20030.0＝722.4 运行命令。

P20030.1＝20165 与运算结果放到 r20031 中，用于变频器反向 ON/OFF 信号处理。

P20032＝3，执行周期 3，执行周期设置值为 32ms。

P20033＝5，功能块执行顺序第二个。

使用 NOT1 功能块运算将正向限位 DIN2 结果取反。

P20082＝722.1 取反运算结果放到 r20083 中。

P20084＝3 执行周期 3，执行周期设置值为 32ms。

P20085＝6，执行执行顺序为第三个。

使用复位功能主导的 DFR0 功能块，完成正转命令的运行和处理。

P20198.0＝722.4//运行命令 DI5 上升沿输出运行命令。

P20198.1＝20083//NOT1 功能块运算将正向限位 DIN2 结果取反用于 D 输入。

P20198.2＝20160//DIN5 和定时器 1 时间到达信号相与用于置位正向运行输出命令。

P20198.3＝722.1//碰到正向限位复位正向运行输出命令，功能块输出到 r20199 中。

P20201＝3，执行周期 3，执行周期设置值为 32ms。

P20202＝7，功能块执行顺序第四个。

DFR0 以 R 为主导的 D 触发器，当置位输入为 1 时，功能块输出为 1，当复位输入功能块输出为 0，当 D 输入为真、存储位上升沿时置位功能块输出，当 D 输入为假、存储位上升沿时复位功能块输出。正转功能块原理图的参数输入输出如图 32-9 所示。

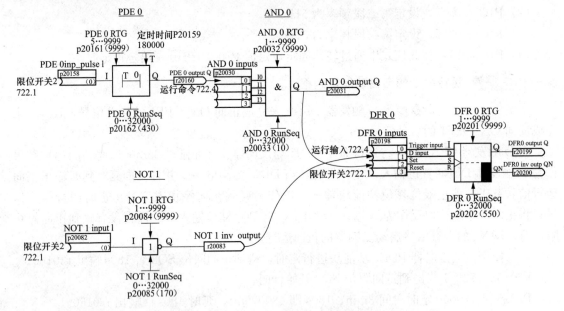

图 32-9 正转功能块原理图的参数输入输出图

（2）使用接通定时定时器 PDE1 功能块进行定时，当碰到反向限位 SQ4 后 2100s 输出 r20165。

P20163＝722.3 当碰到正向限位 SQ4 开始计时。

P20164＝2100 000 定时时间 35min，延时 2100s 后输出 r20165。

P20166＝3，执行周期 3，执行周期设置值为 32ms。

P20167＝10，功能块执行顺序第五个。

使用与功能块 AND1，将 DIN5 和定时器 1 时间到达信号相与：

P20034.0＝722.4 运行命令。

P20034.1＝20165 与运算结果放到 r20031 中，用于变频器正向 ON/OFF 信号处理。

P20036＝3，执行周期3，执行周期设置值为32ms。

P20037＝12，功能块执行顺序第六个。

使用复位优先的RSR，将运行命令DIN5与和正向限位定时器1时间到达信号相与，作为反向运行命令的置位信号，将反向限位作为反向运行命令的复位信号，当置位信号和复位信号输入同时为"1"时，复位功能起主导作用，此功能块参数设置如下。

P20188.0＝20031//置位反向运行命令。

P20188.1＝722.33//碰到反向限位复位反向运行输出命令，输出到r20189中。

P200191＝3，执行周期3，执行周期设置值为32ms。

P20192＝14，功能块执行顺序第七个。

RSR功能块参数如图32-10所示。

● 第七步 运行频率的切换

在本例中变频器G120的运行频率是通过输入端子来切换的，根据对工艺过程的分析可知，当正转运行没有碰到SQ1时速度给定频率为45Hz，在SQ1的上升沿切换为5Hz，当反转运行没有碰到SQ3时速度给定频率为45Hz，在SQ3的上升沿切换为5Hz。

下面的自由功能块的编程首先计算正转运行与上SQ1的结果，然后检测此运算结果的上升沿，上升沿到达后置位5Hz的运行速度，碰到SQ2后延时到达后切换成45Hz，然后计算当反转运行没有碰到SQ3时速度给定频率为45Hz，在SQ3的上升沿切换为5Hz，碰到SQ4后延时到达切换成45Hz，详细的参数设置如下。

使用AND2功能块运算正转与上SQ1DIN0的结果。

P20038.0＝722.0：DIN1为AND2的输入1。

P20038.1＝20199：//DFR0功能块输出控制正向运行命令，运算结果放到r20039中与功能块AND2的输入输出管脚如图32-11所示。

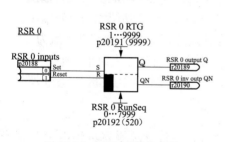

图32-10 RSR功能块参数

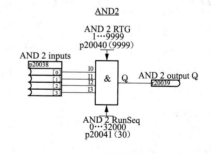

图32-11 AND2功能块的输入输出图

P20040＝3，执行周期3，执行周期32ms。

P20041＝20，执行顺序为第八个。

使用RSR1功能块，r20039的结果的为真则置位r20194，正转延时到则复位r20194，RSR12功能块的输入输出参数如图32-12所示。

P20193.0＝20039//正转运行命令与上SQ1运算结果。

P20193.1＝碰到正向限位SQ2后180秒输出r20160。

P20196＝3执行周期3，执行周期设置值为32ms。

P20197＝22，执行执行顺序为第九个。

使用 AND3 功能块运算反转与上 SQ3 逻辑输入 DIN2 的结果：

P20042.0＝722.2：DIN3 为 AND3 的输入 1。

P20042.1＝20199：20189//RSR0 功能块输出控制反向运行命令，结果输出到 r20043。

P20044＝3，执行周期 3，执行周期 32ms。

P20045＝26，执行顺序为第十个。

使用 RSR2 功能块，r20043 的结果的为真则置位 r20325，正转延时到则复位 r20325，RSR2 功能块的输入输出参数如图 32-13 所示。

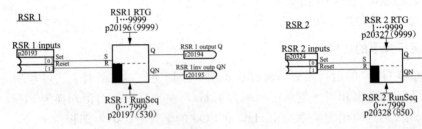

图 32-12　RSR1 功能块的输入输出图　　　　图 32-13　RSR2 的功能块图

P20324.0＝20043//反转运行命令与上 SQ3 运算结果。

P200324.1＝20165//碰到反向限位 SQ4 后 2100 秒输出 r20165。

P20196＝3 执行周期 3，执行周期设置值为 32ms。

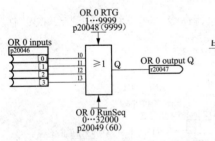

图 32-14　或功能块 0 的输入输出管脚图

P20197＝28，执行执行顺序为第十一个。

使用 OR0 功能块，实现 RSR1 和 RSR2 的 QN 输出相与，将输出结果放到 r20047 中，实现 45Hz 的频率给定。

P20046.0＝20195//RSR1 功能块的反转输出。

P20046.1＝20326//RSR2 功能块的反转输出。

P20048＝3 执行周期 3，执行周期设置值为 32ms。

P20049＝30，执行执行顺序为第十二个。

或功能块 OR0 的输入输出参数如图 32-14 所示。

第八步　设置固定频率选择位

P1020.0＝20047：当正转运行时没碰到 SQ1 或当反转运行没碰到 SQ3 输出 45Hz，作为固定频率选择位 0。

P1021.0＝20194：RSR1 功能块输出作为固定频率选择位 1。

P1022.0＝20325：RSR2 功能块输出作为固定频率选择位 2。

第九步　设定正反转运行信号和急停信号

P840.0＝20199//DFR0 功能块输出控制正向运行命令。

P841.0＝20189//RSR0 功能块输出控制反向运行命令。

P848.0＝722.5//DIN6 用于紧急停车限位和急停按钮。

案例 33 变频器 G120 在石油抽油机上的应用

一、案例说明

在采油时需要靠注水来压油入井的油条，还配备有抽油机把油从地层中提升上来，本案例中的石油抽油机采用西门子 G120/PM250 变频器对电动机 M1 进行节能控制，因为变频器 G120 在全功率段能够实现换相整流，再生能量回馈，并且不会产生任何系统干扰，所需线电流较小，与常规变频器相比，采用 G120 变频器控制电动机可以有效地将能耗降低到 80%。

二、相关知识点

1. 抽油机的结构

抽油机，即磕头机是石油开采中的必备设备。一般每个原油生产井都至少使用一台抽油机，将深藏在地下的石油通过抽油管抽出。

游梁式抽油机是油田目前主要使用的抽油机类型之一，它主要由驴头—游梁—连杆—曲柄机构、减速箱、动力设备和辅助装备等四大部分组成。

工作时，电动机 M1 的传动经变速箱、曲柄连杆机构变成驴头的上下运动，驴头经光杆、抽油杆带动井下抽油泵的柱塞作上下运动，从而不断地把井中的原油抽出井筒。游梁式抽油机的结构图如图 33-1 所示。

游梁式抽油机是一种变形的四连杆机构，其整机结构特点像一架天平，一端是抽油载荷，另一端是平衡配重载荷。对于支架来说，如果抽油载荷和平衡载荷形成的扭矩相等或变化一致，那么用很小的动力就可以使抽油机连续不间断地工作。抽油机的转矩变化曲线如图 33-2 所示。

图 33-1 游梁式抽油机

抽油机工作时承受带冲击性的周期交变负荷，这一负荷特性要求驱动电动机在选择容量时留有足够的裕度，来保证带载启动时能够克服抽油机较大的惯性力矩，从而满足启动要求，同时，抽油机在运行时还要有足够的过载能力，以克服交变载荷的最大扭矩。这样，电动机的容量选择就会过大，负荷匹配不合理，大多数情况下电动机 M1 处于轻载状态，负荷率一般为 1%～25%。同时，电动机 M1 在一个冲次中还存在两段发电状态，一个冲次内电动机电流如图 33-3 所示。

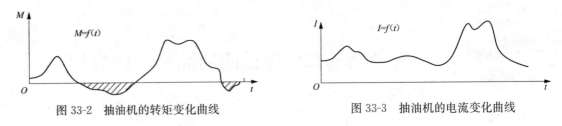

图 33-2　抽油机的转矩变化曲线　　　　　　图 33-3　抽油机的电流变化曲线

2. 设定值通道转速极限的参数 P1063

变频器 G120 的"设定值通道转速极限"的参数是 P1063，它是用来设置在设定值通道中有效的转速极限（速度极限）的。其出厂设置值为 210000.000rpm，数据类型是 32 位浮点数。

三、 创作步骤

● 第一步　**变频器控制设计**

根据抽油机载荷的特殊性和野外工作特点，变频器柜需要按照电磁兼容 EMC 的规则进行设计和制造，将防雷击装置、高速熔断器等保护措施集成到柜体中，变频器采用 G120 的 PM250 功率单元，是四象限再生回馈型变频器，用来调节抽油机的冲程频次和进行上、下行程动态速度的控制。变频器 G120 内置式滤波器能够防止电网谐波干扰。同时，为了增强抽油机工作的连续性，电路中还设计有工频切换回路，从而在变频出现故障时切换到工频工作，变频器控制原理图如图 33-4 所示。

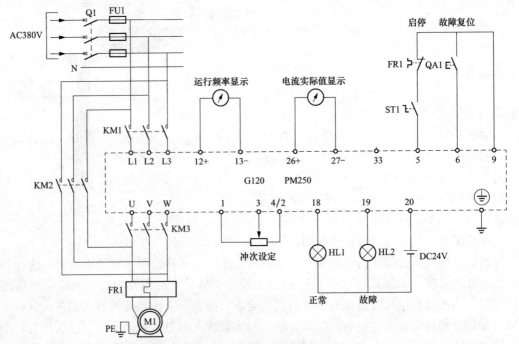

图 33-4　变频器控制原理图

变频器 G120 端子 5 用来启停变频器的运行，串接在启动回路的热继电器 FR1 的动断触点用来防止电动机热保护时启动变频器。变频器端子 6 连接的是按钮 QA1，是故障复位端子。变频器的速度由电位器进行控制，来实现无级调节抽油机的冲次。两个模拟量输出口连接频率计和电流表两个智能化仪表，用来显示变频器的实际速度和显示当前电动机电流。

第二步　变频器访问等级设定

设定变频器的访问等级，即 P0003＝3，变频器为用户访问等级。

第三步　电动机额定参数的设定

首先要进入快速调试设定模式，即设定参数 P0010＝1。然后查看电动机 M1 铭牌上的参数，设置电动机的额定电压、额定电流和电机额定转速，参数设置如下。

P0304＝380　　　电动机电压。
P0305＝63.4　　　电动机电流。
P0311＝720　　　电动机转速。
P0340＝3　　　计算电动机参数和调速器控制参数。
P3900＝2　　　建立电动机数学模型。

设置完成后将 P340 设置为 2，计算电动机参数、调速器参数和调速器限幅。

第四步　变频器数字量输入端子的参数设置

由于变频器的启动是由端子 5 上连接的选择开关 ST1 置位接通位置来启动的，所以要设置变频器的启动方式为端子，设置参数 P0700＝2，如果设置为 1，则为面板启动。

端子 5 为变频器启动，参数设定为 P0701＝1。
端子 6 为变频器故障复位端子，参数设定为 P0702＝9。

第五步　变频器数字量输出端子的参数设置

变频器 G120 端子 18、19、20 连接的是两个指示灯，为变频器数字量输出信号，参数设定为 P0731＝52.2。

第六步　变频器的速度设定

变频器的速度由电位器进行调速，电位计连接在端子 3 和 4 上，输入的是 0～10V 的电压信号，参数设定为 P0756＝0，选择单极电压输入。设置转速设定值的来源，设定 P1000＝2，选择为模拟设定值，即定义变频器由端子 3＋和 4－的 0～10V 信号的输入是有效的。

第七步　变频器频率和电流显示

变频器 G120 的端子 12＋和 13－连接智能化频率表，连接频率计，参数设定为 P0771(0)＝21。
变频器 G120 的端子 26＋和 27－连接智能化电流表，参数设置为 P0771(1)＝27。

第八步　加减速时间设定

设定加速时间为 10s，参数设置为 P1120＝10。
设定减速时间为 12s，参数设置为 P1121＝12。

●—— 第九步　变频器最高输出频率

在初期油井中，由于油井刚开采，储油量大，因此为提高采油功效，可以提高抽油机的冲程频次，让变频器运行至 65Hz，频率提高 1/3，相应地电动机转速也提高了 30%，其采油量也相应提高。参数设置如下。

P1063＝936，变频器转速限制 65Hz 对应 936rpm。

P0760＝2，定义变频器模拟量输入对应 130%。

在中、后期油井采集中，由于井中原液储量减少，供液不足，电动机如果仍然采用工频运行，势必浪费电能，造成不必要的损耗。因而我们采用调整抽油机的冲程频次和选用上快下慢的控制方式，一般将变频器的频率控制在 35～45Hz，这样电动机平均转速下降 20%，加之采油设备一般负荷较轻，其节电率可达 30%。

工频运行一个冲程周期电动机电流变化范围为 13.5～20.3A，在电动机电压为 410V 时 24h 工频耗电约 127.36kW·h，电动机消耗功率 5.3kW·h。

变频运行时抽油机运行一个周期电动机电流变化范围为 19.77～25.8A，电动机电压为 255～280V，这样，24h 控制柜前端计量耗电约 88.77kW·h，电动机消耗功率 3.7kW·h。

案例 34　TIA V13 中的 WinCC 的报警系统的制作

一、案例说明

西门子触摸屏有方便、灵活、可靠、易于扩展的报警系统,能够报告系统活动及系统潜在的问题,保障工程系统的安全运行。

报警的用途有很多,如可以在超出限制值时通过 HMI 设备输出警告。再比如,可以通过附加信息对报警内容进行补充,从而可以更容易地定位系统中的故障。触摸屏的报警和事件还可以用在启动操作或指定相似事件时,对位进行接通,从而执行警示的功能。

在本案例中介绍了报警类型及报警属性等报警的相关知识,并演示了如何设置警报关联的地址和报警属性,通过组态报警可以在运行状态下监控反映设备实际状态的变量的变化,并及时提示现场设备的故障信息。

二、相关知识点

1. TIA V13 中的 WinCC 报警系统

使用 WinCC 创建的报警系统可以处理多种报警类型,报警过程可以分为系统定义的报警和用户定义的报警。其中,用户定义的报警用于监视工厂过程,而系统定义的报警用于监视 HMI 设备。

项目在运行时,检测到的报警事件将显示在 HMI 设备上,这样在产生报警信息时,能够快速地访问报警并能迅速定位和清除故障,这样可以减少停机,甚至完全避免停机。

2. 报警类型

(1) 自定义报警。自定义报警是根据 HMI 设备上显示的过程状态或从 PLC 接收到的过程数据进行组态报警。自定义报警的类型有两种。

1) 离散量报警:是数字量报警,用于监视状态,由 PLC 中特定的"位"置位,引发 HMI 设备触发报警。

2) 模拟量报警:模拟量报警用于监视是否超出限制值,如果某一个"变量"超出了"限制值",则 HMI 设备就触发报警。

(2) 系统报警事件。系统事件属于 HMI 设备,并导入到项目中,系统事件用于监视 HMI 设备。

3. 在 HMI 设备上确认报警

在运行系统中,用户根据组态情况通过不同的方式来确认报警,如使用 HMI 设备上的确认按钮、或使用报警视图中的按钮、或使用组态的功能键或画面中的按钮。

4．报警组

在项目运行的现场会发生来自不同区域和过程的许多报警，用户可以将相关报警编译到报警组中。

用户可以使用报警组监视现场的各个部分，并根据需要一起确认相关报警。

报警组可以包含来自不同报警类别的报警，用户只将需要确认的报警分配到报警组当中即可。

5．报警编号

通过唯一报警编号标识报警，报警编号由系统分配，必要时，可以将报警编号更改为连续的报警编号，以标识项目中相关联的报警。在同一报警类型内，系统将分配唯一的报警编号。

6．用户自定义报警与系统报警之间的基本区别

用户自定义报警用于监视机器过程，而系统报警会被导入到项目中并且包含所用 HMI 设备的状态信息。

三、 创作步骤

第一步 报警组的创建

在 TIA V13 软件平台中的【设备】中，单击【HMI 报警】选项，就会弹出来 HMI 报警页面，选择【报警组】选项卡，然后在【常规】属性中输入报警组 1 的名称为"电动机报警"，报警值 1 的设置如图 34-1 所示。

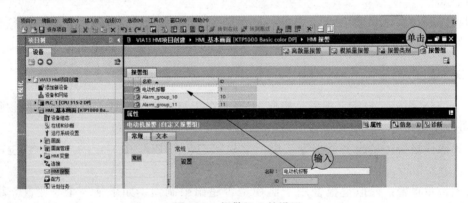

图 34-1　报警组 1 的设置

用同样的方法创建报警组 2，名称为"系统报警"。

第二步 设置报警类别

选择【报警类别】选项卡，在【常规】属性中设置报警类别的状态和常规属性，在显示名称中设置为"报警信息"，名称为"Errors"，并设置颜色属性，如图 34-2 所示。

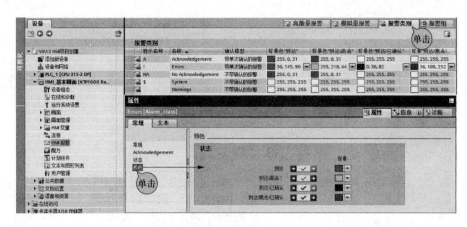

图 34-2　报警类别的颜色属性的设置

第三步　**离散量报警的制作**

选择【离散量报警】选项卡，然后单击【添加】按钮后添加新的报警，报警文本输入"电动机 M1 热过载"，如图 34-3 所示。

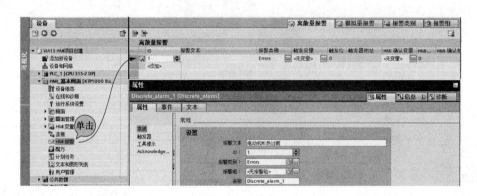

图 34-3　添加新报警

单击报警组边上的图标⬚，在弹出来的页面中选择报警组 1，即【电动机报警】，然后单击☑图标进行设置，如图 34-4 所示。

图 34-4　设置报警连接的报警组

在【报警文本】的输入框中输入"电动机 M1 热过载"，报警类别选择【Errors】，名称设置为"Fault＿alarm＿1"，常规属性的设置如图 34-5 所示。

图 34-5 新的报警的常规设置图示

单击【触发器】按钮,再单击图标,选择触发的变量,这里选择【电动机热继电器保护】,数据类型为 Word,地址为％MW2,然后单击图标进行确认,如图 34-6 所示。

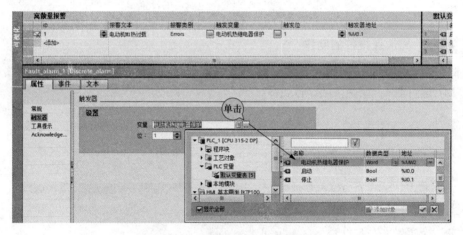

图 34-6 报警变量的连接图示

● 第四步 模拟量报警的制作

模拟量报警的制作与离散量报警的制作步骤相同,首先在 VIA V13 软件平台中的【设备】中,单击【HMI 报警】选项,就会弹出来 HMI 报警页面,单击【模拟量报警】选项,然后在【模拟量报警】的编辑器中,添加一个文本为"压力系统压力值超过极限值"的新的模拟量报警信息,触发变量连接【系统压力】,限制选择【常量】,值为 100,即系统压力超过 100 时报警,限制模式选择【越上限值】,如图 34-7 所示。

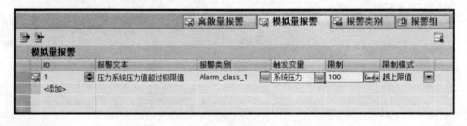

图 34-7 【模拟量报警】的报警信息

● 第五步 报警画面

新创建一个报警画面,在报警画面中,单击【工具箱】→【控件】→【报警视图】选项,然后在报警画面中添加报警视图，可以拖拽报警视图在报警画面中的大小和位置，如图 34-8 所示。

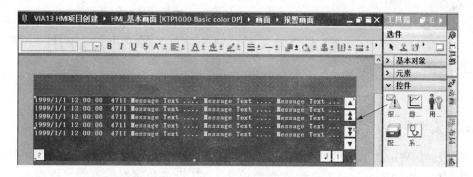

图 34-8　报警视图的添加过程

然后单击【文本域】，在报警视图上方进行放置，并为报警视图中显示的报警信息输入列的名称，即日期、时间、报警类别和报警文本，用户还可以使用【基本对象】中的【线】来分隔报警视图中的报警信息。文本域的添加如图 34-9 所示。

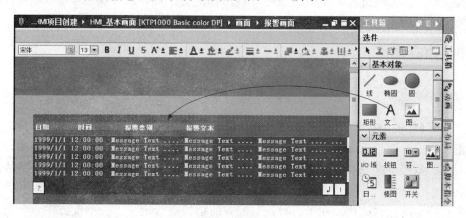

图 34-9　文本域的添加图示

● ── 第六步　报警窗口的模拟操作

模拟运行后，当电动机 M1 的热继电器的动合触点闭合后，将激活报警信息，并且当系统压力超过预制的 100 后，报警视图也会显示【事故信息】为【压力系统压力值超过极限值】的报警文本，如图 34-10 所示。

图 34-10　报警画面的模拟显示

TIA V13 中 WinCC 的配方应用

一、 案例说明

TIA V13 中 WinCC 的配方是相关数据的集合，如集合设备组态或生产数据，使用户在工作时只进行一个操作步骤就可以将这些数据从 HMI 设备传送至控制器，进而改变生产变量。如果用户直接在机械设备上进行编程，工作时便可以将数据传送到 HMI 设备并将它们写入到配方当中。

本案例在"相关知识点"中详细地介绍了配方之后，在【配方编辑器】中创建了带有相关联数据的配方，并在过程画面中组态配方视图和配方画面，从而实现了在 HMI 设备上显示和编辑配方的功能。

二、 相关知识点

1. 配方的定义

配方是 HMI 的编程软件中特定的一种功能，常常用于制造业和机械工程的批量生产。配方的相关数据可以是机械设备参数分配或生产数据，这些数据都包含在配方当中。用户可以按照不同的生产工艺选择不同的配方，进行相关的生产，节省大量的编程和参数配置的时间。

配方有固定的数据结构。在组态时，对配方的结构进行定义。一个配方中包含有多个配方数据记录，这些数据记录仅在数值方面有所不同，而非结构。

配方是在 HMI 设备上进行保存的，配方数据记录通常完全以单步的方式在 HMI 设备和PLC 之间传送。

2. 使用配方

配方可以在手动生产、自动生产和 Teach-in 模式下进行使用。其中各种模式介绍如下。

（1）手动生产时，可以选择所需的配方数据并将其显示在 HMI 设备上，还可以根据需要修改配方数据并将其保存在 HMI 设备上，生产时再将配方数据传送到 PLC 中。

（2）自动生产时，控制程序能够启动 PLC 和 HMI 设备之间的配方数据传送，也可以从HMI 设备上启动传送。随后生产过程将自动进行，不再需要显示或修改这些数据。

（3）在 Teach-in 模式下，可以优化系统中已手动优化过的生产数据，如坐标位置或填充量，从而将确定值传送给 HMI 设备，并保存在一个配方数据记录中，以后可以将已保存的配方数据回传到 PLC 当中。

3. 配方视图

简单配方视图是现成的显示元素和操作员控件，可以用于管理配方数据记录。配方视图以表格的形式显示配方数据记录。

在配方视图中可以调整该列所显示的按钮和信息。

简单配方视图由配方列表、数据记录列表和元素列表三个区域组成。

在配方视图中显示和输入的值将保存在配方数据记录中，还可以通过按钮将显示的配方数据记录写入 PLC 当中，或者从 PLC 中读入值。

4. 创建新的配方数据记录

创建新配方数据记录时，首先在要创建新的配方数据记录的 HMI 设备上选择配方，然后从配方列表的快捷菜单中选择【添加】命令，来创建具有下一个可用编号的新数据记录，然后在随即打开该新配方数据记录的元素列表中，输入配方数据记录各元素的值，再组态数据可能已经包含了配方数据记录的默认值。此时，需要从元素列表的快捷菜单中选择【保存】命令，将打开【另存为】对话框，输入配方数据记录的名称和编号，单击【确定】按钮。

这样，新的配方数据记录将保存在所选的配方当中。如果配方数据记录已经存在，那么一个系统事件将输出到画面上。

三、 创作步骤

第一步　配方画面

参照前面案例的方法添加新画面，并修改画面名称为"配方画面"，然后在画面的属性页中修改画面颜色为白色，再单击【工具箱】，使用【基本对象】中的线和文本域在画面中添加一个两列的表，文本域的内容为序号和明细，如图 35-1 所示。

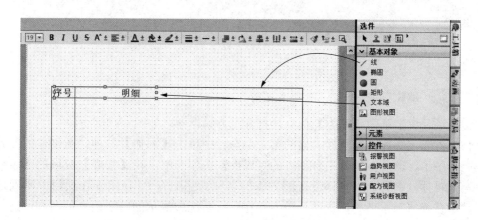

图 35-1　配方画面的操作

线∕是图形对象，图形对象是所有可用于 HMI 中项目可视化的元素。这些对象包括用于可视化机器部件的文本、按钮、图表或图形。

● 第二步 配方视图的添加

打开西门子 TIA V13 的控制平台，创建一个新画面【配方画面】，然后打开【工具箱】，单击【控件】→【配方视图】选项，然后在画面中放置并拖拽至适合大小，如图 35-2 所示。

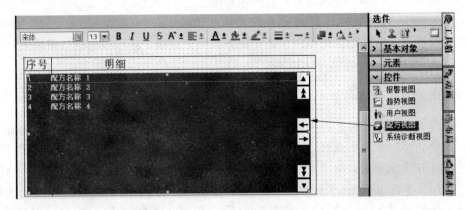

图 35-2 配方视图的添加

● 第三步 配方视图的组态

双击新创建的配方视图，在【属性】选项卡的【外观】栏中设置前景色和背景色，如图 35-3 所示。

图 35-3 属性设置

● 第四步 编辑配方

单击【项目树】下的【配方】选项，打开配方编辑器，如图 35-4 所示。

制作配方时，在配方编辑器表格的第一个空行中单击【添加】选项，新创建的配方就显示在第一行中了，然后在软件平台下方的【属性】选项卡中，在【常规】区域的【名称】下为配方输入描述性名称，本案例设置配方 1 的名称为"配方 A"，用于在项目中明确地标识配方。然后选择【显示名称】选项，输入要在运行系统中显示的特定语言的名称，这里输入"开启一条生产线"，在【编号】中选择配方号，这里选择为 1，用于在 HMI 设备中清楚标识这个配方 A。另外，系统会为该配方自动分配一个版本，用以指示最后更改日期和时间。配方 A 的设置过程如图 35-5 所示。

然后单击【通信】选项，设置【通信类型】为变量，如图 35-6 所示。

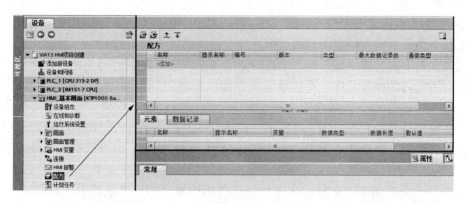

图 35-4 打开配方编辑器的操作

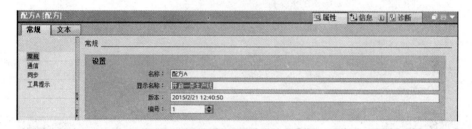

图 35-5 配方 A 的设置

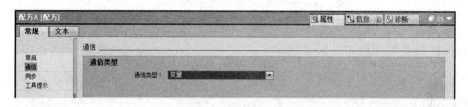

图 35-6 配方 A 的通信类型设置

用同样的方法，创建配方 B，显示名称设置为"开启两条生产线"，通信类型设置为变量。创建完成后的配方如图 35-7 所示。

图 35-7 配方 B 图示

第五步 创建配方元素

创建配方元素时，首先单击要添加配方元素的配方，如单击【配方 A】，然后再单击【元素】选项卡，在表格编辑器的第一个空行中单击【添加】选项，在新添加的配方元素的

【名称】栏中为元素输入一个描述性的名称"主风机"，用于在配方中标识唯一元素，在【显示名称】栏下为元素输入特定语言的显示名称"主风机频率"。

在【变量】下选择要链接到配方元素的变量【主风机运行速度1】，配方数据元素的值将保存在运行系统内的该变量中，而该变量则存储在配方数据记录中，连接的变量是PLC中的变量，这个变量是经过PLC内部处理过的一个5～50Hz的工程量。在【工具提示】下输入在运行系统中呈现给操作员的工具提示。在【默认值】下，输入创建新配方数据记录时要用作默认条目的值，这里输入为15Hz。因为数据类型是Word，所以最小值和最大值分别是0和65535，是系统自动分配的，不能修改。另外，变量值必须在文本列表的取值范围之内。存储在文本列表中的文本，会显示在运行系统的相应域（如输出域）中。配方A的元素如图35-8所示。

	名称		显示名称	变量		数据类型	数据长度	默认值	最小值	最大值
元素	数据记录									
	主风机	1	主风机频率	主风机运行速度1		Word	2	15	0	65535
	炉头1投入	2	炉头1点火	炉头1点火		Bool	1	1		
	风门1	3	风门1开度百分比	风门1开度控制	...	Int	2	50	-32768	32767
	<添加>									

图35-8 配方A的元素表

根据需要为配方创建多个配方条目，最大配方条目数目取决于所选配的HMI设备。本案例创建的配方B的元素如图35-9所示。

	名称		显示名称	变量		数据类型	数据长度	默认值	最小值	最大值
元素	数据记录									
	主风机	1	主风机频率	主风机运行速度2	...	Word	2	35	0	65535
	炉头2投入	2	炉头2点火	炉头2点火		Bool	1	1		
	炉头1投入	3	炉头1点火	炉头1点火		Bool	1	0		
	风门2	4	风门2开度百分比	风门2开度控制		Int	2	50	-32768	32767
	风门1	5	风门1开度百分比	风门1开度控制		Int	2	0	-32768	32767
	<添加>									

图35-9 配方B的元素表

第六步 功能键的设置

为F2功能键添加【配方画面】，将【配方画面】拖拽到F2功能键上，设置完成后F2键的右下角显示一个黄色的小三角标志，如图35-10所示。

图35-10 为F2分配配方画面的功能图示

第七步 模拟操作

单击 保存项目 对项目进行保存，然后单击 图标进行仿真操作，进入仿真画面后，单击 F2 功能键，在弹出来的【配方画面】中单击【开启两条生产线】的配方，然后单击前进按钮 ，在弹出来的选项中单击【新建】选项，如图 35-11 所示。

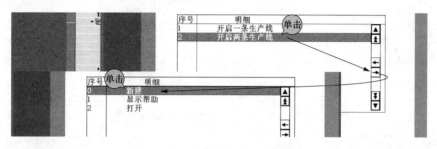

图 35-11 模拟第二个配方的操作

在启动了配方【开启两条生产线】后，会显示出配方 B 中的元素明细，用户可以修改这个配方，如修改默认值为 50％的【风门 2 开度百分比】为 75％，单击后在弹出来的键盘上键入 7 和 5，然后单击键盘上的回车键 进行确认即可，如图 35-12 所示。

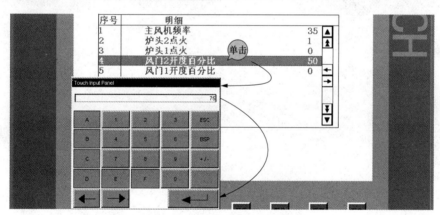

图 35-12 配方 B 的元素修改操作图示

修改完成后，单击前进按钮 ，在弹出来的页面中选择要进行操作的选项，可以选择将配方传输到 PLC 当中，如图 35-13 所示。

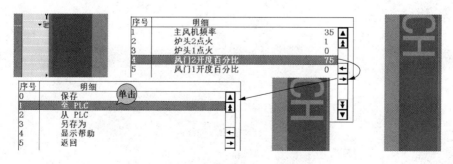

图 35-13 传输配方的操作

用户也可以单击【保存】选项来保存修改后的配方，在弹出来的消息框中输入编号和名称后，单击【确定】按钮即可，如图 35-14 所示。

图 35-14　保存配方的操作

在配方的任何画面都可以单击返回按钮 ← 来返回上一级操作，如图 35-15 所示。

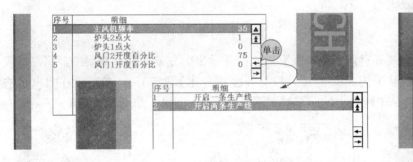

图 35-15　返回上级配方菜单的操作

案例 36   HMI、PLC 和变频器 G120 的综合应用

一、案例说明

MPI（Multi Point Interface，多点接口）是当通信速率要求不高，通信数据量不大时，可以采用的一种简单经济的通信方式。通过 MPI 网络可以组成小型 PLC 通信网络，实现 PLC 之间的少量数据交换，它不需要额外的硬件和软件就可以实现网络化。

PROFIBUS DP 网络是用于车间级监控和现场层的通信系统，它是一种高速低成本通信，具有开放性。PROFIBUS-DP 有分布式 I/O，最多可以与 127 个网络上的节点进行数据交换。网络中最多可以串接 10 个中继器来延长通信距离。它使用光纤作为通信介质，通信距离可达 90km。

在本例中，使用 HMI 触摸屏和 PLC 通过通信的方式来控制 G120 变频器的运行和监控。其中，HMI 与 PLC 的通信使用 MPI 网络，PLC 与 G120 的通信使用的是 Profibus 网络。

二、相关知识点

1. MPI 网络

MPI 子网的设计是面向单元层中的任务。MPI 是用于 S7-300 和 S7-400 与 S7-200 之间的通信的网络，当网络中配置了 S7-300/400 时，则要使用 XGET 和 XPUT 指令来实现与 S7-200 CPU 的通信。

另外，S7-300 是不能与作为主站的 S7-200 进行通信的。

如果波特率超过 19.2Kbps，STEP 7-Micro/WIN 必须使用通信网卡（CP）来连接。

MPI 协议的端口使用的是 CPU 通信口 0/1，接口类型是 DB-9 针，传输介质是 RS-485，MPI 协议也可以使用 EM277 模块，接口类型是 DB-9 针的，传输介质是 RS-485，通信速率是 19.2Kbps、187.5Kbps 和 12Mbps。

MPI 协议是主—主和主—从协议，如果网络中没有 S7-200，则是主—主网络，如果有 S7-200，是主—从网络，因为 S7-200 只能作 MPI 的从站，MPI 组网示意图，如图 36-1 所示。

2. MPI 地址的编址规则

（1）MPI 网络号的缺省设置为 0，在一个分支网络中，各节点要设置相同的分支网络号。

（2）必须为 MPI 网络上每一节点分配一个 MPI 地址和最高 MPI 地址，同一 MPI 分支网络上各节点地址号必须是不同的，但各节最高地址号均是相同的。

（3）节点 MPI 地址号不能大于给出的最高 MPI 地址号，最高地址号可以是 126。为提高 MPI 网络节点通信速度，最高 MPI 地址应设置得较小。

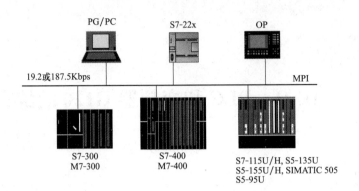

图 36-1　MPI 组网示意图

（4）如果机架上安装有功能模块（FM）和通信模块，则它们的 MPI 地址是由 CPU 的 MPI 地址顺序加 1 构成的，如图 36-2 所示。

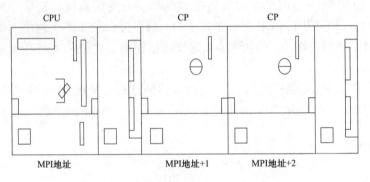

图 36-2　MPI 地址

3. Profibus DP 网络的主站

PROFIBUS 的主站管理总线上的数据流动，主站无需被请求即可发送消息，只要它拥有具有访问总线权限的令牌即可。

另外，主站在 PROFIBUS 协议中也被指定为主动节点。

可作为 DP 主站的设备包括具有 DP 主站接口的 S7-CPU、分配给一个 M7-CPU/M7-FM 的接口模块和与 CPU 相连接的 CP 接口模块。

在 PLC 系统中，将 S7-300（和 S7-400）PLC 连接到 PROFIBUS 作为主站有两种方法，一种是可以通过集成了 PROFIBUS-DP 接口的 CPU，另一种是通过导轨上配置的 CP 通信模块。

集成了 PROFIBUS-DP 接口的 CPU 能以高达 12Mbaud 的传输速度来组态分布式自动化系统。

另外，模块化从站包括一个接口模块和来自 S7-300 系列（ET 200M）及 S5 系列（ET 200U）的模块。

4. 仿真

TIA V13 的 HMI 项目的仿真，是使用运行系统仿真器仿真独立于程序的已连接 PLC 变量的过程值。

仿真时可以使用运行系统仿真器表选择 PLC 变量并修改它们的值。尽管变量是由运行系统中的 PLC 程序进行设置的，但 HMI 画面中的变量对象仍会作出响应。

通过菜单栏启动运行系统仿真，启动仿真前，HMI 窗口必须处于活动状态。如果菜单未激活，则仿真的子选项只有一个【启动】子选项，并且呈现的是灰色不可用状态，如图 36-3 所示。

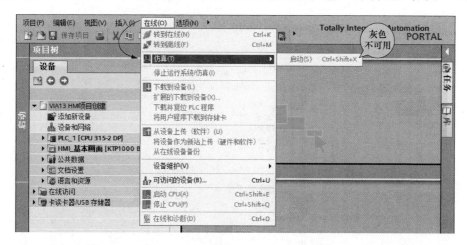

图 36-3　未激活 HMI 窗口时的仿真情况

此时，要单击【HMI 基本画面】下的【画面】选项，然后双击要打开的画面，单击 HMI 画面中的空闲区域，再单击【在线】→【仿真】→【启动】选项，启动 TIA V13 的仿真操作如图 36-4 所示。

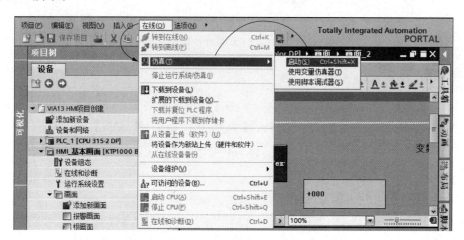

图 36-4　启动 TIA V13 的仿真操作

如果运行系统仿真由于项目中的错误而无法启动，则相应的错误消息会显示在巡视窗口中的【信息＞编译】下。双击错误消息时，会自动导航到未正确组态的 HMI 对象。

三、　创作步骤

● 第一步　添加西门子 300 并组网

在西门子 TIA V13 博途编程平台中，单击【添加新设备】选项，在弹出来的【添加新设备】窗口中，添加西门子 S7-300 CPU，方法是单击【添加新设备】→【控制器】→【6ES7315-AG10-0AB0】选项，然后单击【确定】按钮即可，如图 36-5 所示。

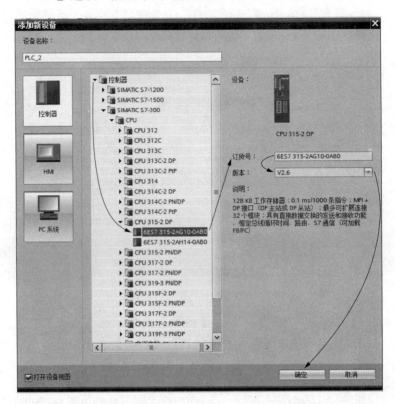

图 36-5　添加西门子 S7-300 CPU 的过程

第二步　添加 HMI 设备

在西门子 TIA V13 博途编程平台中，单击【添加新设备】选项，在弹出来的【添加新设备】窗口中，添加 HMI，方法是单击【添加新设备】→【HMI】→【6AV6 647-0AE11-3AX0】选项，然后单击【确定】按钮即可，如图 36-6 所示。

第三步　HMI 与 PLC 的网络连接

每个 S7-300 CPU 都集成了 MPI 通信协议，MPI 的物理层是 RS-485。通过 MPI 网络 PLC 可以同时与多个设备建立通信连接，这些设备包括编程器 PG 或运行 STEP7 的计算机 PC、人机界面（HMI）及其他 SIMATIC S7、M7 和 C7。同时，连接的通信对象的个数与 CPU 的型号有关。

设备网络组态 PLC 时，HMI 使用 MPI 与 PLC 315 进行连接，如图 36-7 所示。

第四步　添加 G120 变频器设备

在项目中添加变频器进行 PROFIBUS DP 通信时，单击【设备】→【设备和网络】选项，再单击【网络视图】选项卡，然后单击【硬件目录】→【过滤】→【其他现场设备】→【PROFI-BUS DP】→【驱动器】→【SINAMICS】选项，再按照硬件设计中选配的两台变频器进行添加，添加第二台变频器的过程如图 36-8 所示。

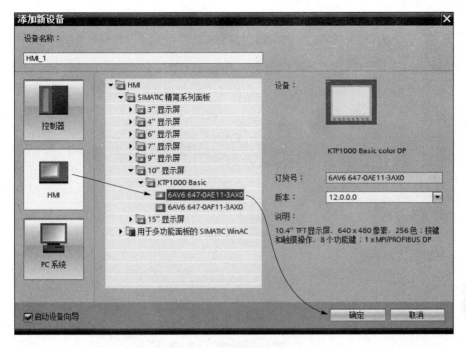

图 36-6　添加 HMI 设备

图 36-7　HMI 与 PLC315 的网络连接

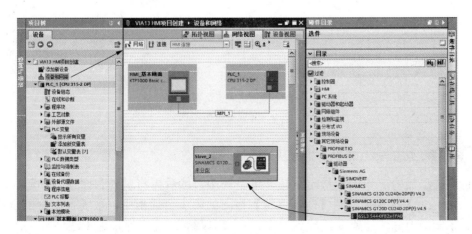

图 36-8　添加变频器的图示

第五步　组态 G120 变频器的 PROFIBUS DP 通信

单击变频器的 PROFIBUS DP 网络，使用鼠标左键单击 CPU315 的 DP 接口，然后再单击变频器 G120 的 DP 接口进行连接，连接完成后，单击 G120 上的【未分配】说明项目，选择【PLC_1.DP 接口_1】，如图 36-9 所示。

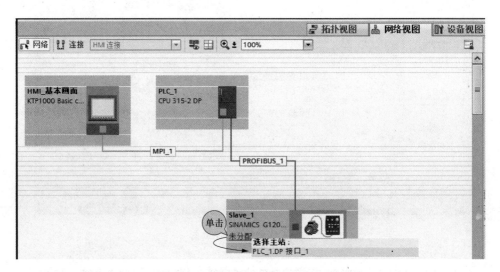

图 36-9　PROFIBUS DP 的网络连接示意图

完成后的网络视图如图 36-10 所示。

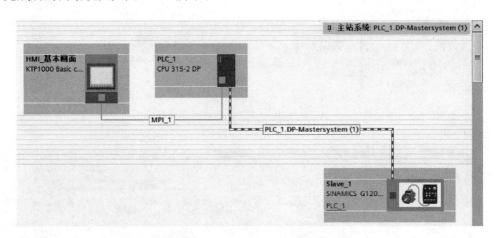

图 36-10　完成后的网络视图

第六步　组态与 G120 Profibus 从站通信报文

鼠标双击添加的 Profibus 从站，打开设备视图，然后再将硬件目录中【Standard telegram1，PZD-2/2】模块拖拽到【设备概览】视图的第 1 个插槽中，系统自动分配了输入输出地址，本案例中分配的输入地址为 PIW256、PIW258，输出地址为 PQW256、PQW258，设置的变量如图 36-11 所示。

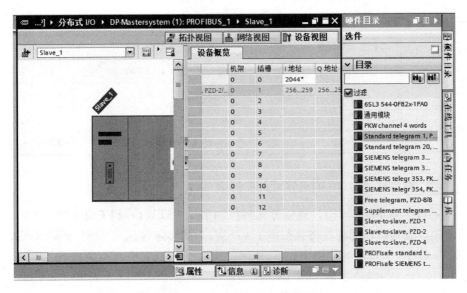

图 36-11　组态从站的通信报文

第七步　程序调用 DP 读写模块

调用 DPRD＿DAT 读取 PIW256 和 PIW258 的值，将读取的内容放到 MW20 和 MW22 中，同时调用 DPWR＿DAT 功能块将 MW30 和 MW32 的值写入，程序如图 36-12 所示。

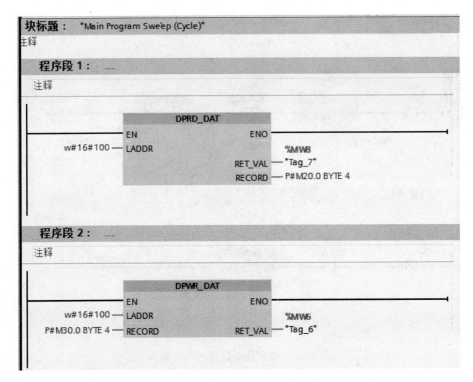

图 36-12　调用功能块读取和写入变频器的 PZD 值

程序变量与变频器控制变量的关系见表 36-1。

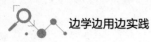

表 36-1　　　　　　　　　　　　　程序变量与变频器控制变量的关系表

数据方向	PLC I/O 地址	变频器过程数据	数据类型
PLC→变频器	MW30	PZD1——控制字 1（STW1）	十六进制（16bit）
	MW32	PZD2——主设定值（NSOLL_A）	有符号整数（16bit）
变频器→PLC	MW20	PZD1——状态字 1（ZSW1）	十六进制（16bit）
	IW22	PZD2——实际转速（NIST_A_GLATT）	有符号整数（16bit）

第八步　将变频器 G120 的启停写入控制字

S7-300 通过 PROFIBUS PZD 通信方式将控制字 1（STW1）和主设定值（NSOLL_A）周期性地发送至变频器，变频器将状态字 1（ZSW1）和实际转速（NIST_A_GLATT）发送到 S7-300。G120 中规定的控制字如下。

（1）047E（十六进制）——OFF1 停车。

（2）047F（十六进制）——正转启动。

（3）0C7F（十六进制）——反转启动。

（4）04FE（十六进制）——故障复位。

程序使用置复位完成变频器运行的逻辑输出，变频器运行后写变频器控制字 16#047F，停止则写控制字的值是 16#047E，程序如图 36-13 所示。

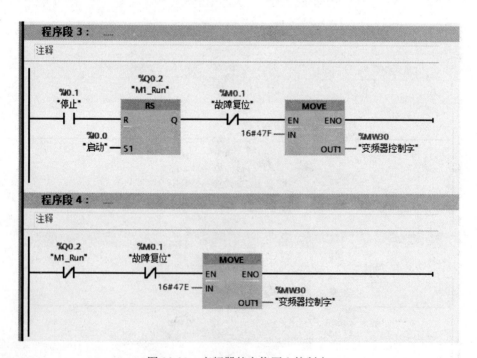

图 36-13　变频器的启停写入控制字

第九步　故障复位的程序编制

在 HMI 上按下故障复位按钮时，对控制字写入 16#04FE，程序如图 36-14 所示。

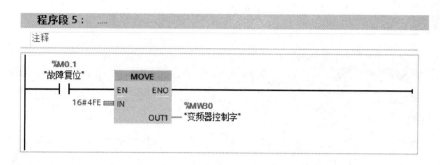

图 36-14　故障复位的程序编制

第十步　变频器的运行频率设定

变频器的运行频率设定，即设定主设定值。

变频器的速度设定值要经过标准化，变频器接收十进制有符号整数 16384（十六进制 4000H）对应于 100% 的速度，接收的最大速度为 32767（200%）。

参数 P2000 中设置 100% 对应的参考转速。将 HMI 设置的双整型变量 0～100 的值，先乘 16384，再除以 100 得到输出到变频器频率给定的值，然后取计算结果的低字送入 MW32 中，程序如图 36-15 所示。

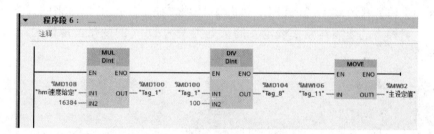

图 36-15　变频器的运行频率设定

第十一步　变频器 G120 反馈实际转速

反馈实际转速同样需要经过标准化，0～16384 对应 0～100%，程序首先将单字转换为双字类型，乘以 100 后再除 16384 得到 HMI 显示的实际速度，这样做的目的是为了保证运算精度，读者也可以使用浮点运算方法，这样计算结果更精确，程序如图 36-16 所示。

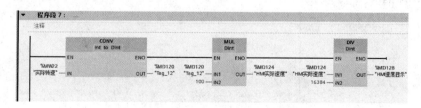

图 36-16　变频器 G120 反馈实际转速

第十二步　HMI 的连接

双击【连接】选项，在弹出来设置连接的工作站和通信驱动程序，并设置有效的波特率，本案例选配 HMI 的接口的通信方式为【MPI/DP（X2）】，HMI 的连接如图 36-17 所示。

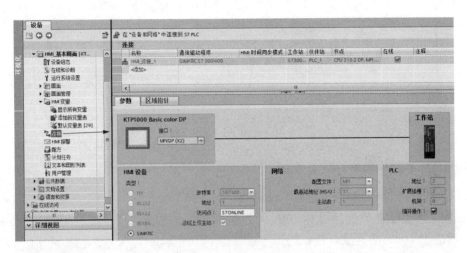

图 36-17　HMI 的连接图示

第十三步　创建变频器的变量表

单击【项目树】→【PLC_1】→【PLC 变量】选项，在工作区中弹出来的【变量编辑器】中，输入一个名称为"变频器频率设定"的数据类型为 DInt 的变量，地址为％MD108，如图 36-18 所示。

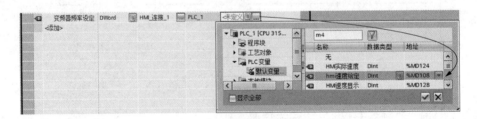

图 36-18　创建 I/O 域连接的变量

完成后的 HMI 变量表如图 36-19 所示。

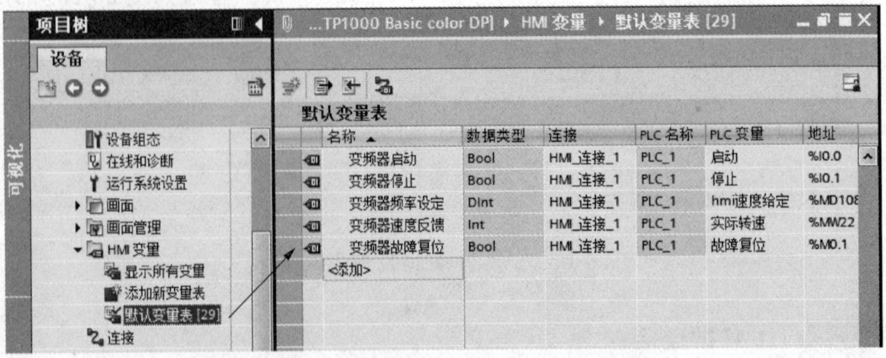

图 36-19　完成后的 HMI 变量表

第十四步 添加变频器运行频率设定的 I/O 域

单击【工具箱】→【元素】→【I/O 域】选项，然后在画面中单击要放置 I/O 域的空白处，拖拽至适合大小，如图 36-20 所示。

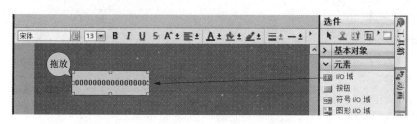

图 36-20　创建 I/O 域

双击新创建的 I/O 域，在弹出来的 I/O 域的属性视图中，在【常规】下的【类型】模式框中选择【输出】选项，在【过程】的【变量】选择框中选择【变频器速度给定】选项，【格式样式】选择【s999】，操作如图 36-21 所示。

图 36-21　变频器速度给定 I/O 域的常规组态

单击【工具箱】→【基本对象】→【文本域】选项，然后放置在画面中所创建的 I/O 域的左侧，再双击这个文本域，在属性视图中的【文本】输入框中输入【频率设定:】，然后在定义 I/O 域的单位，在 I/O 域的右侧添加【%】。

然后为这个输出域给出一个组的文本域，即【变频器速度设定】，添加适合大小的矩形，如图 36-22 所示。

图 36-22　I/O 域的说明文档

第十五步 变频器实际速度反馈值的显示 I/O 域

用同样的方法在 HMI 上添加变频器实际运行速度的反馈值的 I/O 域，双击新创建的 I/O 域，在弹出来的 I/O 域的属性视图中，在【常规】下的【类型】模式框中选择【输出】选项，在【过程】的【变量】选择框中选择【变频器速度反馈】，【格式样式】选择【s999】，如图 36-23 所示。

图 36-23 组态 I/O 域

完成后的变频器实际运行速度的反馈值的 I/O 域如图 36-24 所示。

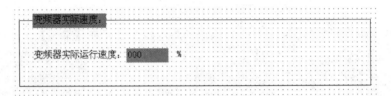

图 36-24 变频器实际速度反馈值的显示 I/O 域

第十六步 变频器控制按钮的创建

本案例要创建三个控制按钮，即变频器启动按钮、停止按钮和复位按钮，创建时，单击【工具窗口】→【简单对象】选项，在简单对象下单击 **OK 按钮** 并按住拖拽到画面当中，如图 36-25所示。

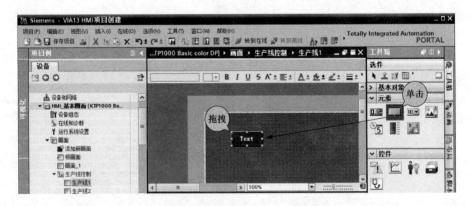

图 36-25 在画面中添加按钮

新添加的按钮上的文本显示为"Text"，双击这个新添加的按钮后，在工作区的下方会弹出按钮的属性框，在【属性】窗口的【常规】设置框中，可以设置按钮的模式、标签、图形和热键，点选【模式】下的【文本】，然后设置三个按钮的文本为"INV 启动"、"INV 停止"和"INV 故障复位"，变频器启动按钮的设置如图 36-26 所示。

双击创建好的按钮，修改按钮的名称【INV 启动】后，选择【事件】组，然后单击【单击】选项，双击【添加函数】选项，然后单击▣，再选择【系统全部参数】下的【编辑位】选项，单击【置位位】选项，操作如图 36-27 所示。

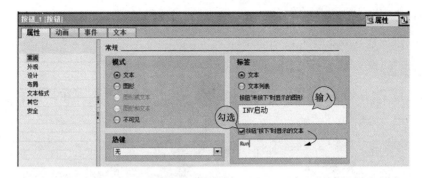

图 36-26　使用按钮模式为文本的形式的设置

图 36-27　选择启动按钮单击后的位操作

　　然后单击按钮的系统函数的下拉框图标▢，选择变量【变频器启动】，然后单击图标☑ 进行链接，如图 36-28 所示。

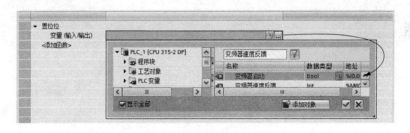

图 36-28　为按钮连接变量

　　用同样的方法为另外两个按钮链接变量，为【INV 停止】连接变量【变频器停止】，地址为％I0.1，然后为【INV 故障复位】连接变量【变频器故障复位】，地址为％M0.1，完成后的 HMI 上的控制按钮如图 36-29 所示。

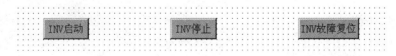

图 36-29　完成后的 HMI 上的控制按钮

　　创建完成后单击🖫保存项目来保存项目，运行后，设置变频器的给定频率的百分数，范围是1％～100％，当单击 HMI 上的【INV 启动】按钮后，变频器将会启动，并按照 G120 中设置的变频器的启动参数和加减速进行启动，运行频率将会显示在 HMI 的实际频率的反馈的 I/O 域中。读者还可以根据上面所述的方法在 HMI 上设置变频器的加减速时间等变频器的各种参数，以方便现场工作人员的操作。

第十七步 备份和恢复 HMI 设备上的数据

用户在备份 HMI 设备数据时，单击【在线】→【设备维护】选项在菜单中选择【备份】命令，操作如图 36-30 所示。

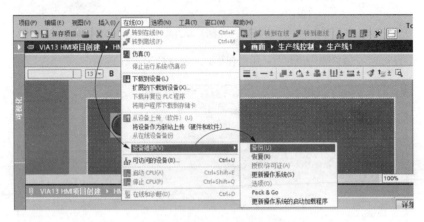

图 36-30　备份 HMI 的操作图示

在随后打开的【创建备份】对话框中，选择要备份的 HMI 设备数据进行备份创建，输入备份文件名称即可，如图 36-31 所示。

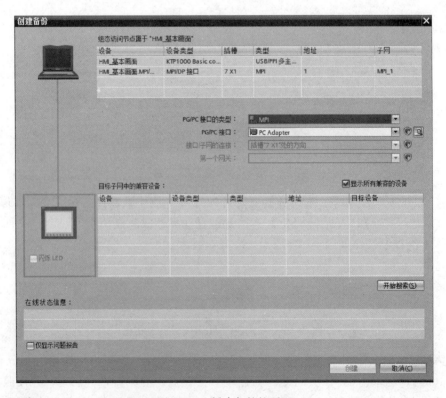

图 36-31　创建备份的页面

恢复 HMI 数据的操作，单击【在线】→【设备维护】→【恢复】选项，选择要恢复的备份文件即可，【备份/恢复】功能是为 MMC、SD 存储卡和 USB 大容量存储设备而启用的，操作如图 36-32 所示。

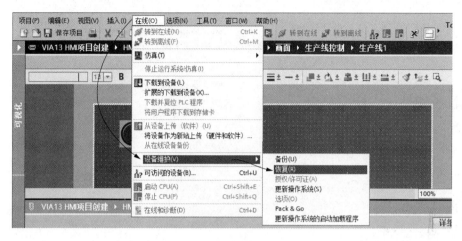

图 36-32　恢复数据的操作

参 考 文 献

[1]　王兆宇. 西门子 PLC 电气设计与编程自学宝典［M］. 北京：中国电力出版社，2015.

[2]　张越，陶飞. 手把手教你做项目一步一步学 PLC 编程（西门子 MicroWIN）［M］. 北京：中国电力出版社，2013.

[3]　樊占锁，王兆宇，张越. 彻底学会西门子 PLC、变频器、触摸屏综合应用［M］. 北京：中国电力出版社，2015.